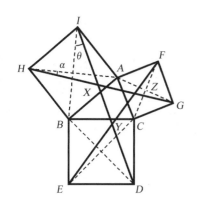

平面几何天天练

中卷·基础篇

（涉及圆）

田永海 编著

Everyday Practice
of Plain Geometry Volume
II : Foundation Part (Circle)

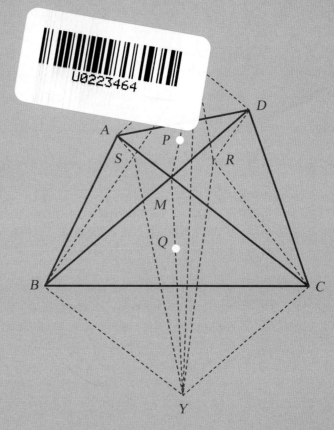

哈尔滨工业大学出版社
HARBIN INSTITUTE OF TECHNOLOGY PRESS

内 容 简 介

平面几何是一门具有特殊魅力的学科,主要是训练人的理性思维的.本书以天天练为题,在每天的练习中,突出重点,使学生在练习中学会并吃透平面几何知识.

本书适合初、高中师生学习参考,以及专业人员研究、使用和收藏.

图书在版编目(CIP)数据

平面几何天天练.中卷,基础篇.涉及圆/田永海编著.
—哈尔滨:哈尔滨工业大学出版社,2013.1(2025.3重印)
ISBN 978-7-5603-4007-4

Ⅰ.①平…　Ⅱ.①田…　Ⅲ.①平面几何－习题集
Ⅳ.①O123.1－44

中国版本图书馆 CIP 数据核字(2013)第 025847 号

策划编辑	刘培杰　张永芹
责任编辑	张永芹　宋晓翠
封面设计	孙茵艾
出版发行	哈尔滨工业大学出版社
社　　址	哈尔滨市南岗区复华四道街 10 号　邮编 150006
传　　真	0451－86414749
网　　址	http://hitpress.hit.edu.cn
印　　刷	哈尔滨市颉升高印刷有限公司
开　　本	787 mm×1 092 mm　1/16　印张 17　字数 320 千字
版　　次	2013 年 1 月第 1 版　2025 年 3 月第 11 次印刷
书　　号	ISBN 978-7-5603-4007-4
定　　价	28.00 元

前言

数学是思维的体操,几何是思维的艺术体操。平面几何,几乎所有的常人都熟悉的名词,它始终是初中教育的重要内容。

几何主要是训练人的理性思维的。几何学得好的人,表现是言之有理,持之有据,办事顺理成章。

平面几何是一门具有特殊魅力的学科,从许多数学家成才的道路来看,平面几何往往起着重要的启蒙作用。

大科学家爱因斯坦唯独在学习平面几何时,感到十分地惊讶和欣喜,认为在这杂乱无章的世界里,竟然还存在着这样结构严密而又十分完美的体系,从而引发了他对宇宙间的体系研究。他曾经赞叹欧几里得几何"使人类理智获得了为取得以后的成就所必需的信心"。

我国老一辈著名数学家苏步青从小就对几何学习产生了浓厚的兴趣,不管寒冬酷暑,霜晨晓月,他都用心看书、解题。为了证明"三角形三内角之和等于两直角"这一定理,他用了20种方法,写成了一篇论文,送到省里展览,这年他才15岁。后来终于成为世界著名的几何大家。

杨乐院士到了初二,数学开了平面几何。几何严密的逻辑推理对他的思维训练起了积极的作用,引起他对数学学习的极大兴趣,老师布置的课外作业,他基本上在课内就能完成,课外驰骋在数学天地里,看数学课外读物,做各种数学题,为后来攀登数学高峰奠定了基础。

还有科学家说得更直接:"自己能在科学领域里射中鸿鹄,完全得益于在中学里学几何时对思维的严格训练。"

平面几何造就了大量的数学家!

社会的发展需要创新型人才,一题多解是创新型人才的必由之路。

国家教育部 2001 年 7 月颁布的《全日制义务教育数学课程标准(实验稿)》将平面几何部分的内容做了大量的删减,从内容上看,要求是降低的,从能力上看,要求是更高的。新课程要求初中数学少一些学科本位、少一些系统性,要求学生有更多的思考、更多的实践和更高的创新意识。

应试教育强调会做题、得高分,总是满足于"会",新课程更强调创新,不仅仅满足于"会"。在"会"的基础上,还要再思考,还要再想一想,还有别的什么解法吗? 当你改变一下方向,调整一下思路,你常常会发现:哇,崭新的解法更简捷、更漂亮!

为了帮助广大师生走进平面几何,习惯一题多解,我们编撰了这套《平面几何天天练》。

《平面几何天天练》既适合初、高中师生学习参考,也适合专业人员研究、使用和收藏。

为了提高本书的广泛适用性,我们注意把握由浅入深的原则,特别是在基础篇每一版块的开始,都编入较多比较简单(层次较低,甚至是一目了然)的问题,即使是初学者,本书也有相当多的内容可以读懂、可以参考,具有很强的基础性、启发性、引导性,便于初学者入门使用;

为了满足广大数学爱好者(高年级学生、学有余力)系统提高的需求,在提高篇我们广泛收集了历年来自国内、外中学生数学竞赛使用过的一些问题,具有综合性、灵活性、开创性;

为了保证本书的权威性,我们大量编入传统的名题、成题,特别是对于一些"古老的难题"我们尽量做到"传统的精华不丢弃,罕见的创新再开发",使本书具有较高的收藏价值;

对于一些引人注目的题目,我们在解答之后还列出"题目出处",会给专业人员的进一步深入研究带来方便,这是本书的诱人的特色之一;

使用图标的方法给出全书的目录,可以说是数学书籍的首创。它不仅使全书 366 天的内容一目了然,也是直观的内容索引,为使用者提供了极大的方便。见到图形就知道题目的内容,这是广大数学爱好者,特别是数学教师的专业敏感。

我们这套《平面几何天天练》是在《初中平面几何关键题一题多解214例》一书的基础上编撰完成的。《初中平面几何关键题一题多解214例》一书出版于1998年,此后这十几年来,我们一直没有停止对平面几何一题多解的再研究,我们始终关注国内、外中学数学教育信息,每年订阅中学数学期刊二十多种,跟踪研究了数千册新出版的中学数学期刊,搜集了大量丰富的材料,并对《初中平面几何关键题一题多解214例》再审视、再修改,删去少量糟粕,新增大量精华,整理、编辑了这套《平面几何天天练》。故此,在科学性、前瞻性、创新性等方面都是有十分把握的!

我在教学与研究岗位工作的40年,是对平面几何研究的40年,《平面几何天天练》是我40年的研究成果与积累。在我退休、离开教学研究岗位的时候,田阿芳、逄路平两位同志极力倡导、勤奋工作,我们三个人共同把它整理出来,奉献给广大数学爱好者,奉献给社会,算是我们对平面几何的一份贡献吧!我们相信更多的平面几何爱好者独树一帜,我们期盼热心的一题多解参与者硕果累累!

由于时间仓促,特别是水平有限,书中的纰漏与不足在所难免,欢迎热心的朋友批评指正。

本书参阅了《数学通报》、《数学教学》、《中等数学》、《中学生数学》等大量中、小学数学教学期刊,在此对有关期刊、作者一并表示感谢。

田永海

2011 年 4 月

目录

⊙

圆与它的弦

圆与它的切线

圆与其他的圆

圆与它的弦

第 137 天

已知:AB 是 $\odot O$ 的直径,两弦 $AD = AC$.

求证:$\angle CAB = \angle DAB$.

证明 1   如图 137.1,由 $AD = AC$,可知弧 AD 与弧 AC 相等.

由 AB 为 $\odot O$ 的直径,可知弧 ADB 与弧 ACB 相等,有弧 $ADB -$ 弧 $AD =$ 弧 $ACB -$ 弧 AC,于是弧 BD 与弧 CB 相等.

所以 $\angle CAB = \angle DAB$.

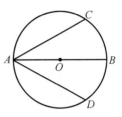

图 137.1

证明 2   如图 137.2,过 O 分别作 AD,AC 的垂线,F,E 为垂足.

由 $AD = AC$,可知 $OF = OE$,有 $\angle CAB = \angle DAB$.

所以 $\angle CAB = \angle DAB$.

证明 3   如图 137.3,连 BD,BC.

由 $AD = AC$,可知弧 AD 与弧 AC 相等.

由 AB 为 $\odot O$ 的直径,可知弧 ADB 与弧 ACB 相等,有弧 BD 与弧 CB 相等,于是 $BD = BC$.

显然 $\triangle ABD \cong \triangle ABC$,可知 $\angle CAB = \angle DAB$.

所以 $\angle CAB = \angle DAB$.

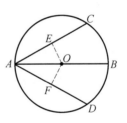

图 137.2

证明 4   如图 137.4,连 OD,OC.

由 $AD = AC,OD = OC,AO$ 为公用边,可知 $\triangle AOD \cong \triangle AOC$.

所以 $\angle CAB = \angle DAB$.

证明 5   如图 137.5,连 CD.

由 $AD = AC$,可知弧 AD 与弧 AC 相等.

由 AB 为 $\odot O$ 的直径,可知弧 ADB 与弧 ACB 相等,有弧 BD 与弧 CB 相等,于是 AB 是 DC 的中垂线,所以 $\angle CAB = \angle DAB$.

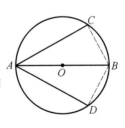

图 137.3

证明 6   如图 137.6,连 DC,OD,OC.

由 $AD = AC$,可知 A 为 DC 的中垂线上的一点.

由 $OD=OC$,可知 O 为 DC 的中垂线上的一点,有 AB 为 CD 的中垂线.

所以 $\angle CAB=\angle DAB$.

证明7 如图 137.7,过 A 作 $\odot O$ 的切线 PQ.

由 AB 为 $\odot O$ 的直径,可知 $\angle PAB=90°=\angle QAB$.

由 $AD=AC$,可知弧 AD 与弧 AC 相等,有 $\angle PAC=$ $\angle QAD$,于是 $\angle PAB-\angle PAC=\angle QAB-\angle QAD$,就是 $\angle CAB=\angle DAB$.

所以 $\angle CAB=\angle DAB$.

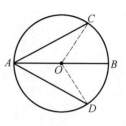

图 137.4

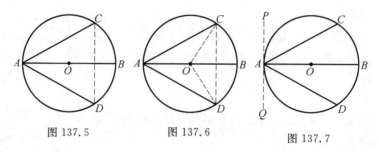

图 137.5   图 137.6   图 137.7

本文参考自:

《中小学数学》1985 年 6 期 5 页.

第 138 天

如图 138.1,AB,CD 是 ⊙O 的两条平行弦,MN 是 AB 的中垂线. 求证: MN 垂直平分 CD.

证明 1 如图 138.1,由 MN 是 AB 的中垂线,可知 NM 为 ⊙O 的直径.

由 $AB /\!/ CD$,$MN \perp AB$,可知 $MN \perp CD$,有 MN 平分 CD.

所以 MN 垂直平分 CD.

证明 2 如图 138.2,连 MC,MD,OC,OD.

由 MN 是 AB 的中垂线,可知 NM 为 ⊙O 的直径,有弧 $MCA =$ 弧 MDB.

由 $AB /\!/ CD$,可知弧 $CA =$ 弧 DB,有弧 $MCA -$ 弧 $CA =$ 弧 $MDB -$ 弧 DB,就是弧 $MC =$ 弧 MD,于是 $MC = MD$.

显然 $OC = OD$,可知 MN 为 CD 的中垂线.

所以 MN 垂直平分 CD.

证明 3 如图 138.3,连 MC,MD,NC,ND.

由 MN 是 AB 的中垂线,可知 NM 为 ⊙O 的直径,有弧 $MCA =$ 弧 MDB,弧 $NA =$ 弧 NB.

由 $AB /\!/ CD$,可知弧 $CA =$ 弧 DB,有弧 $MCA -$ 弧 $CA =$ 弧 $MDB -$ 弧 DB,弧 $NA +$ 弧 $AC =$ 弧 $NB +$ 弧 DB,于是弧 $MC =$ 弧 MD,弧 $NAC =$ 弧 NBD,得 $MC = MD$,$NC = ND$.

显然 MN 为 CD 的中垂线.

所以 MN 垂直平分 CD.

证明 4 如图 138.4,连 MC,MD.

由 MN 是 AB 的中垂线,可知 NM 为 ⊙O 的直径,有弧 $MCA =$ 弧 MDB,弧 $NA =$ 弧 NB.

由 $AB /\!/ CD$,可知弧 $CA =$ 弧 DB,有弧 $MCA -$ 弧 $CA =$ 弧 $MDB -$ 弧 DB,

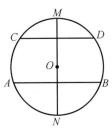

图 138.1

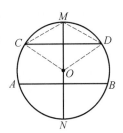

图 138.2

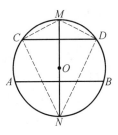

图 138.3

弧 NA ＋弧 AC ＝弧 NB ＋弧 DB，于是弧 MC ＝弧 MD，
弧 NAC ＝弧 NBD，得 $MC = MD$，$\angle CMN = \angle DMN$.

显然 MN 为等腰三角形 MCD 的顶角 $\angle CMD$ 的平分线，可知 MN 为 CD 的中垂线.

所以 MN 垂直平分 CD.

证明 5　如图 138.5，设直线 DO 交 $\odot O$ 于 E，连 CE.

显然 DE 为 $\odot O$ 的直径，可知 $CE \perp CD$.

由 $CD \parallel AB$，可知 $CE \perp AB$.

由 $MN \perp AB$，可知 $CE \parallel MN$.

由 MN 平分 DE，可知 MN 平分 CD.

由 $CD \parallel AB$ 及 $MN \perp AB$，可知 $MN \perp CD$.

所以 MN 垂直平分 CD.

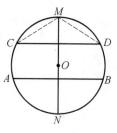

图 138.4

证明 6　如图 138.6，若 $AC \parallel DB$，可知四边形 $ABDC$ 为矩形，显然 MN 垂直平分 CD.

若 AC 与 BD 不平行，设直线 AC，BD 相交于 P.

易知 $\angle PAB = \angle PBA$，可知 $PB = PA$，有点 P 在 AB 的中垂线 MN 上.

由 $AC = DB$，可知 $PC = PA - AC = PB - DB = PD$，有 P 在 CD 的中垂线上.

由 $CD \parallel AB$，$MN \perp AB$，可知 $MN \perp CD$，有直线 PMN 为 CD 的中垂线.

所以 MN 垂直平分 CD.

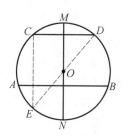

图 138.5

证明 7　如图 138.7，连 MA，MB，CA，DB，CM，MD.

由 $CD \parallel AB$，可知四边形 $ABDC$ 为等腰梯形，有 $CA = DB$，$\angle CAB = \angle DBA$.

由 MN 为 AB 的中垂线，可知 $MA = MB$，有 $\angle MAB = \angle MBA$，于是 $\angle CAB - \angle MAB = \angle DBA - \angle MBA$，即 $\angle MAC = \angle MBD$.

显然 $\triangle MAC \cong \triangle MBD$，可知 $MC = MD$.

由 $CD \parallel AB$，$MN \perp AB$，可知 $MN \perp CD$，有 MN 垂直平分 CD.

所以 MN 垂直平分 CD.

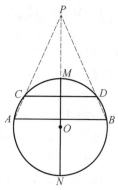

图 138.6

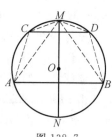

图 138.7

第 139 天

如图 139.1,⊙O 的弦 AB,CD 相交于 E,$AD = BC$. 求证:$AB = CD$.

证明 1 如图 139.1,显然 $\angle A = \angle C$,$\angle D = \angle B$.

由 $AD = BC$,可知 $\triangle ADE \cong \triangle CBE$,有 $EA = EC$,$ED = EB$,于是 $EA + EB = EC + ED$,即 $AB = CD$.

所以 $AB = CD$.

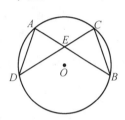

图 139.1

证明 2 如图 139.2,连 AC,BD.

由 $AD = BC$,可知弧 $AD =$ 弧 BC,有 $AC \parallel DB$,于是四边形 $ADBC$ 为等腰梯形,得 $AB = CD$.

所以 $AB = CD$.

证明 3 如图 139.3,连 DB.

由 $AD = BC$,可知 $\angle ABD = \angle CDB$.

显然 $\angle ABC = \angle ADC$,可知 $\angle ABC + \angle ABD = \angle ADC + \angle CDB$,即 $\angle CBD = \angle ADB$.

由 $AD = BC$,$DB = DB$,$\angle CBD = \angle ADB$,可知 $\triangle ADB \cong \triangle CBD$,有 $AB = CD$.

所以 $AB = CD$.

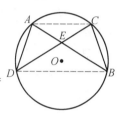

图 139.2

证明 4 如图 139.4,连 AC.

由 $AD = BC$,可知 $\angle ACD = \angle CAB$.

显然 $\angle DCB = \angle DAB$,可知 $\angle DCB + \angle ACD = \angle DAB + \angle CAB$,即 $\angle ACB = \angle CAD$.

由 $AD = CB$,$AC = CA$,$\angle CAD = \angle ACB$,可知 $\triangle CAD \cong \triangle ACB$,有 $DC = AB$.

所以 $AB = CD$.

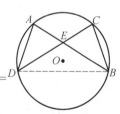

图 139.3

证明 5 如图 139.5,设直线 AD,BC 相交于 P.

由 $AD = BC$,可知 $\angle ABD = \angle CDB$.

显然 $\angle ABC = \angle ADC$,可知 $\angle ABC + \angle ABD = \angle ADC + \angle CDB$,即 $\angle CBD = \angle ADB$,有 $PD = PB$,于是 $PD - AD = PB - CB$,即 $PA = PC$.

显然 $\triangle PAB \cong \triangle PCD$,可知 $AB = CD$.

所以 $AB = CD$.

证明 6 如图 139.6,过 O 分别作 AD, BC 的垂线, P, Q 为垂足, 连 PQ 分别交 CD, AB 于 M, N, 连 OP, OQ, OM, ON, AC.

显然 P, Q 分别为 AD, BC 的中点.

由 $AD = BC$, 可知 $OP = OQ$, $PA = QC$, 有 $\angle OPQ = \angle OQP$.

易知四边形 $APQC$ 为等腰梯形, 可知 $PQ // AC$, 有 M, N 分别为 CD, AB 的中点, 于是 $OM \perp CD$, $ON \perp AB$, $PM = \dfrac{1}{2}AC = QN$.

显然 $\triangle OPM \cong \triangle OQN$, 可知 $OM = ON$.

所以 $AB = CD$.

证明 7 如图 139.7, 连 OA, OB, OC, OD.

由 $AD = CB$, $OA = OC$, $OD = OB$, 可知 $\triangle AOD \cong \triangle COB$, 有 $\angle AOD = \angle COB$, 于是 $\angle COD = \angle AOB$.

显然 $\triangle AOB \cong \triangle COD$, 可知 $AB = CD$.

所以 $AB = CD$.

证明 8 如图 139.1, 由 $AD = BC$, 可知弧 AD = 弧 BC, 有弧 CAD = 弧 BCA, 于是 $DC = AB$.

所以 $AB = CD$.

证明 9 如图 139.1, 显然 $\triangle EAD \backsim \triangle ECB$, 可知 $\dfrac{EA}{EC} = \dfrac{ED}{EB} = \dfrac{AD}{CB} = 1$, 有 $EA = EC$, $ED = EB$, 于是 $EA + EB = EC + ED$, 即 $AB = CD$.

所以 $AB = CD$.

证明 10 如图 139.7, 连 OA, OB, OC, OD.

显然 $\angle AOD = \angle COB$, 可知 $\angle COD = \angle AOB$. 有 $AB = CD$.

所以 $AB = CD$.

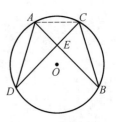

图 139.4

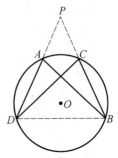

图 139.5

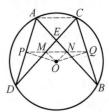

图 139.6

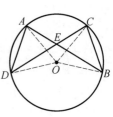

图 139.7

第 140 天

如图 140.1,在 $\odot O$ 中,弦 AB 所对的劣弧为圆的 $\frac{1}{3}$,圆的半径为 2 cm. 求 AB 的长.

解 1 如图 140.1,过 O 作 AB 的垂线,C 为垂足,连 OA,OB.

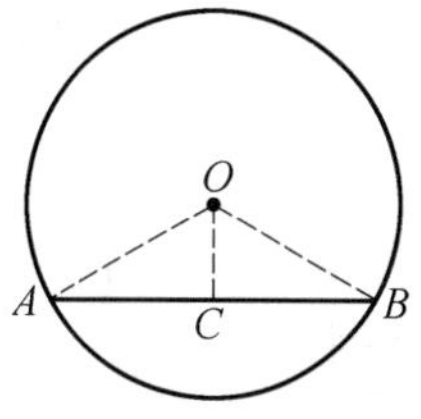

显然 $\angle AOB = 120°$,C 为 AB 的中点.

由 $OA = OB$,可知 $\angle OBA = \angle OAB = 30°$.

在 Rt$\triangle OAC$ 中,$AC = OA\cos\angle A$,可知 $AB = 2AC = 2OA\cos\angle A = 2\sqrt{3}$.

所以 AB 的长为 $2\sqrt{3}$ cm.

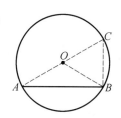

图 140.1

解 2 如图 140.2,设直线 AO 交 $\odot O$ 于 C,连 OB,CB.

显然 $\angle AOB = 120°$.

由 $OA = OB$,可知 $\angle OBA = \angle OAB = 30°$.

在 Rt$\triangle BAC$ 中,$AB = AC\cos\angle A = 2\sqrt{3}$.

所以 AB 的长为 $2\sqrt{3}$ cm.

图 140.2

解 3 如图 140.3,过 O 作 AB 的垂线交 $\odot O$ 于 C,D,连 OA,OB,AD.

显然弧 $AC =$ 弧 $BC =$ 弧 $ADB = 120°$,可知 $\angle D = 60°$,有 $\triangle OAD$ 为正三角形.

在 Rt$\triangle ADE$ 中,$AE = AD\sin 60°$.

显然 CD 平分 AB,可知 $AB = 2AE = 2\sqrt{3}$.

所以 AB 的长为 $2\sqrt{3}$ cm.

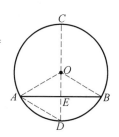

图 140.3

解 4 如图 140.4,设 C 为弧 AB 的中点,连 OC 交 AB 于 D,连 AC,AO,BO.

由弦 AB 所对的劣弧为圆的 $\frac{1}{3}$,可知 $\angle AOC = 60°$,有 $\triangle AOC$ 为正三角

形,且 AD 为 OC 边上的高,D 为 AB 的中点.

显然 $AD = AO\sin 60° = \sqrt{3}$,可知 $AB = 2\sqrt{3}$.

所以 AB 的长为 $2\sqrt{3}$ cm.

解5 如图140.5,过 O 作 AB 的垂线交 $\odot O$ 于 C,D,E 为垂足,连 AC,AD.

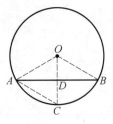

图 140.4

显然弧 $AC = 120°$,可知 $\angle D = 60°$.

在 Rt$\triangle ACD$ 中,$AC = CD\sin D = 2\sqrt{3}$.

易知 $AB = AC = 2\sqrt{3}$.

所以 AB 的长为 $2\sqrt{3}$ cm.

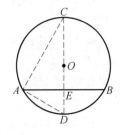

图 140.5

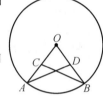

如图 141.1, OA, OB 为 $\odot O$ 的半径, C, D 分别为 OA, OB 的中点. 求证: $AD = BC$.

证明 1 如图 141.1, 由 OA, OB 为 $\odot O$ 的半径, 可知 $OA = OB$, 有 $\frac{1}{2}OA = \frac{1}{2}OB$, 于是 $OC = OD$.

由 $OA = OB$, $OD = OC$, $\angle AOD = \angle COB$, 可知 $\triangle AOD \cong \triangle COB$, 有 $AD = BC$.

所以 $AD = BC$.

图 141.1

证明 2 如图 141.2, 连 AB.

由 OA, OB 为 $\odot O$ 的半径, 可知 $OA = OB$, 有 $\angle OBA = \angle OAB$, $\frac{1}{2}OA = \frac{1}{2}OB$, 于是 $AC = BD$.

由 $AB = BA$, $AC = BD$, $\angle CAB = \angle DBA$, 可知 $\triangle CAB \cong \triangle DBA$, 有 $BC = AD$.

所以 $AD = BC$.

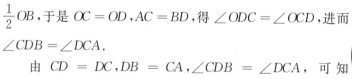

证明 3 如图 141.3, 连 CD.

由 OA, OB 为 $\odot O$ 的半径, 可知 $OA = OB$, 有 $\frac{1}{2}OA = $ 图 141.2

$\frac{1}{2}OB$, 于是 $OC = OD$, $AC = BD$, 得 $\angle ODC = \angle OCD$, 进而 $\angle CDB = \angle DCA$.

由 $CD = DC$, $DB = CA$, $\angle CDB = \angle DCA$, 可知 $\triangle CDB \cong \triangle DCA$, 有 $BC = AD$.

所以 $AD = BC$.

证明 4 如图 141.4, 连 CD, AB.

图 141.3

由 OA, OB 为 $\odot O$ 的半径, 可知 $OA = OB$, 有 $\angle OBA = \angle OAB$.

由 C, D 分别为 OA, OB 的中点, 可知 $CD \parallel AB$, 可知四边形 $ABDC$ 为等腰梯形, 有 $AD = BC$.

所以 $AD = BC$.

证明5 如图 141.5，设直线 AO 交 $\odot O$ 于 F，直线 BO 交 $\odot O$ 于 E，连 EA，AB，BF.

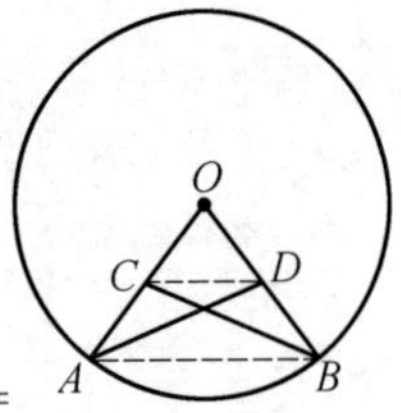

显然 $OF = OE$.

由 OA，OB 为 $\odot O$ 的半径，可知 $OA = OB$，有 $\frac{1}{2}OA = \frac{1}{2}OB$，于是 $OC = OD$，得 $OC + OF = OD + OE$，即 $CF = DE$.

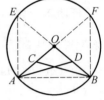

图 141.4

显然 $\angle OBA = \angle OAB$，可知 $EA = FB$.

由 $DE = CF$，$EA = FB$，$\angle E = \angle F$，可知 $\triangle EDA \cong \triangle FCB$，有 $AD = BC$.

所以 $AD = BC$.

图 141.5

第 142 天

如图 142.1,已知在 $\odot O$ 中,弦 AB 的长为 8 cm,圆心 O 到 AB 的距离为 3 cm. 求圆的半径.

解 1 如图 142.1,过 O 作 AB 的垂线,E 为垂足,连 AO.

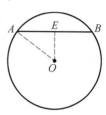

显然 $OE \perp AB$,$AE = \dfrac{1}{2}AB = 4$,$OE = 3$.

在 Rt△AOE 中,由勾股定理,可知 $AO^2 = AE^2 + OE^2$,

有 $AO = \sqrt{AE^2 + OE^2} = \sqrt{4^2 + 3^2} = \sqrt{25} = 5$.

所以圆的半径为 5 cm.

图 142.1

解 2 如图 142.2,过 O 作 AB 的垂线交 $\odot O$ 于 C,D 两点,E 为垂足,设 R 为 $\odot O$ 的半径长.

显然 E 为 AB 的中点,可知 $EA = EB = \dfrac{1}{2}AB = 4$.

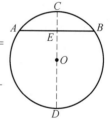

显然 $OE = 3$,可知 $EC = OC - OE = R - 3$,$ED = OD + OE = R + 3$.

依相交弦定理,可知 $EC \cdot ED = EA \cdot EB$,有 $(R - 3)(R + 3) = 4 \times 4$,于是 $R^2 - 9 = 16$,或 $R^2 = 25$,得 $R = 5$.

所以圆的半径为 5 cm.

图 142.2

解 3 如图 142.3,过 O 作 AB 的垂线,E 为垂足,设直线 AO 交 $\odot O$ 于 C,连 BC.

显然 $OE = 3$.

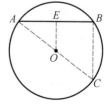

显然 E 为 AB 的中点,O 为 AC 的中点,可知 OE 为 △ABC 的中位线,有 $OE = \dfrac{1}{2}BC$,于是 $BC = 2EO = 6$.

显然 AC 为 $\odot O$ 的直径,可知 $\angle ABC = 90°$.

在 Rt△ABC 中,由勾股定理,可知 $AC^2 = AB^2 + BC^2$,

图 142.3

有 $AC = \sqrt{AB^2 + BC^2} = \sqrt{8^2 + 6^2} = \sqrt{100} = 10$,于是 $2AO = 10$,得 $AO = 5$.

所以圆的半径为 5 cm.

第 143 天

如图 143.1,在 $\odot O$ 中,AB,AC 为互相垂直的两条相等的弦,$OD \perp AB$,$OE \perp AC$,D,E 为垂足. 求证:四边形 $ADOE$ 为正方形.

证明 1 如图 143.1,由 AB,AC 为互相垂直的两条相等的弦,$OD \perp AB$,$OE \perp AC$,可知 $\angle EAD$,$\angle ADO$,$\angle AEO$ 均为直角,有四边形 $ADOE$ 为矩形.

由 $AB = AC$,可知 $OD = OE$,有四边形 $ADOE$ 为正方形.

所以四边形 $ADOE$ 为正方形.

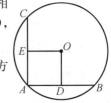

图 143.1

证明 2 如图 143.2,设直线 AO 交 $\odot O$ 于 F,连 FC,FB.

由 $AC \perp AB$,可知 $\angle BFC = 180° - \angle BAC = 90°$.

显然 AF 为 $\odot O$ 的直径,可知 $\angle ABF = 90°$,有四边形 $ABFC$ 为矩形.

由 $AC = AB$,可知四边形 $ABFC$ 为正方形.

由 D 为 AB 的中点,E 为 AC 的中点,O 为 AF 的中点,可知四边形 $ADOE$ 与四边形 $ABFC$ 对应边成比例.

由四边形 $ADOE$ 与四边形 $ABFC$ 对应角都相等,可知四边形 $ADOE$ 为正方形.

所以四边形 $ADOE$ 为正方形.

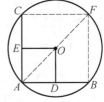

图 143.2

证明 3 如图 143.3,连 AO.

由 $OD \perp AB$,$OE \perp AC$,可知 D,E 分别为 AB,AC 的中点.

由 $AB = AC$,可知 $AD = \frac{1}{2}AB = \frac{1}{2}AC = AE$.

由 $AB = AC$,可知 $OD = OE$,有 AO 平分 $\angle BAC$,于是 $\angle OAD = 45°$,得 $\angle AOD = 45° = \angle OAD$,进而 $AD = OD$.

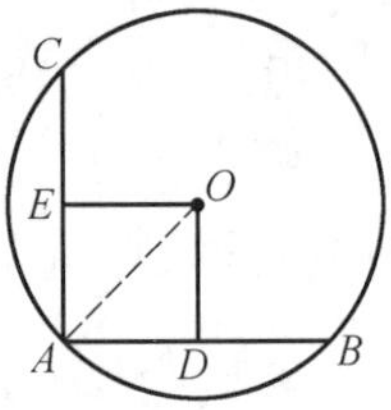

显然四边形 $ADOE$ 为菱形,又为矩形.

所以四边形 $ADOE$ 为正方形.

图 143.3

证明 4 如图 143.4,连 BC.

由 $AC \perp AB$,可知 BC 为⊙O 的直径,即 O 为 BC 的中点.

由 $AB = AC$,可知 $\angle C = \angle B = 45°$.

由 $OD \perp AB$,$OE \perp AC$,可知 $\triangle ODB$ 与 $\triangle CEO$ 为两个全等的等腰直角三角形,有 $EC = EO = DB = DO$.

显然 D,E 分别为 AB,AC 的中点,可知 $DA = DB$,$EA = EC$,有四边形 $ADOE$ 为菱形.

由 $AB \perp AC$,可知四边形 $ADOE$ 为正方形.

所以四边形 $ADOE$ 为正方形.

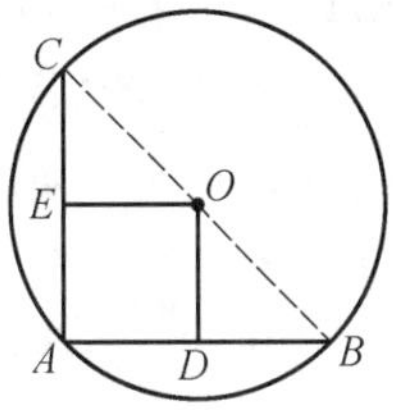

图 143.4

证明 5 如图 143.5,连 AO,DE.

由 $OD \perp AB$,$OE \perp AC$,可知 D 为 AB 的中点,E 为 AC 的中点.

由 AB,AC 为互相垂直的两条相等的弦,可知 $OD = OE$,$AD = AE$,故 AO 为 DE 的中垂线.

由 $\angle EAO = 45°$,可知 $\angle EOA = 45° = \angle EAO$,有 $EA = EO$.

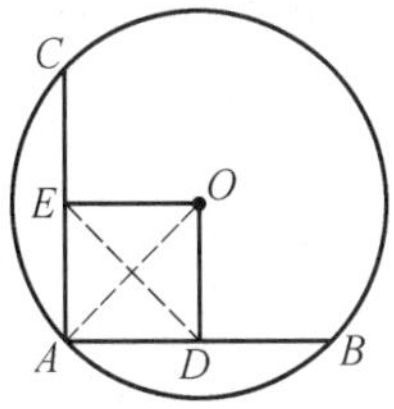

同理 $DA = DO$,可知 ED 为 AO 的中垂线,有四边形 $ADOE$ 为菱形.

由 $AC \perp AB$,可知四边形 $ADOE$ 为正方形.

所以四边形 $ADOE$ 为正方形.

图 143.5

证明 6 如图 143.6,连 BC,DE,AO.

由 $OD \perp AB$,$OE \perp AC$,$AC \perp AB$,可知四边形 $ADOE$ 为矩形.

由 $OD \perp AB$,$OE \perp AC$,可知 D 为 AB 的中点,E 为 AC 的中点,有 $DE \parallel BC$.

由 AB,AC 为互相垂直的两条相等的弦,可知 $AO \perp BC$,有 $AO \perp DE$,有四边形 $ADOE$ 为正方形.

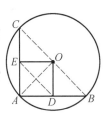

图 143.6

所以四边形 $ADOE$ 为正方形.

证明 7 如图 143.7,过 C 作 AB 的平行线交⊙O 于 F,交直线 OD 于 G,连 FB 交直线 EO 于 H.

显然 $\angle C = 180° - \angle A = 90°$,$\angle F = 180° - \angle A = 90°$,可知四边形 $ABFC$ 为矩形.

由 $AB = AC$,可知四边形 $ABFC$ 为正方形.

由 $OD \perp AB$,$OE \perp AC$,可知 D 为 AB 的中点,E 为 AC 的中点,有直线

EH, GD 将正方形 $ABFC$ 分割为四个全等的正方形.

所以四边形 $ADOE$ 为正方形.

证明 8　如图 143.8,设直线 AO 交 ⊙O 于 F,连 FB,
FC, BC.

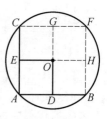

由 $AC \perp AB$,可知点 O 为 BC 的中点,有四边形 $ABFC$
为平行四边形.

显然 $AF = BC$,可知四边形 $ABFC$ 为矩形.

图 143.7

由 $AB = AC$,可知四边形 $ABFC$ 为正方形.

显然 $CF = 2EO$, $FB = 2OD$, $AB = 2AD$, $AC = 2AE$,四边
形 $ADOE$ 的四个角与四边形 $ABFC$ 的四个角分别对应相
等,可知四边形 $ADOE$ 与四边形 $ABFC$ 相似.

所以四边形 $ADOE$ 为正方形.

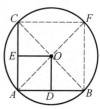

图 143.8

如图 144.1,已知 AB 和 CD 为 $\odot O$ 的两条直径,弦 $CE\parallel AB$,弧 $EC=40^\circ$. 求 $\angle BOD$ 的度数.

解 1 如图 144.1,由 AB 为 $\odot O$ 的直径,可知

弧 $AE+$ 弧 $EC+$ 弧 $BC=180^\circ$

由 $CE\parallel AB$,可知

弧 $AE=$ 弧 $BC=\dfrac{1}{2}(180^\circ-40^\circ)=70^\circ$

由 CD 为 $\odot O$ 的直径,可知弧 $DB+$ 弧 $BC=180^\circ$,有

弧 $DB=180^\circ-$ 弧 $BC=110^\circ$.

所以 $\angle BOD=110^\circ$.

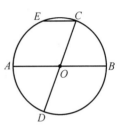

图 144.1

解 2 如图 144.2,连 OE.

由弧 $EC=40^\circ$,可知 $\angle EOC=40^\circ$.

由 $EC\parallel AB$,可知 $\angle BOC=\angle AOE=\dfrac{1}{2}(180^\circ-$

$40^\circ)=70^\circ$,有 $\angle BOD=180^\circ-\angle BOC=110^\circ$.

所以 $\angle BOD=110^\circ$.

解 3 如图 144.3,过 O 作 AB 的垂线交 $\odot O$ 于 P, Q 两点.

由 $CE\parallel AB$,可知 $PQ\perp EC$,有弧 $QC=$ 弧 $QE=$

$\dfrac{1}{2}$ 弧 $EC=20^\circ$,于是弧 $DP=20^\circ$,得 $\angle POD=20^\circ$.

所以 $\angle BOD=110^\circ$.

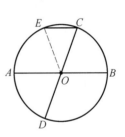

图 144.2

解 4 如图 144.4,连 ED.

由 CD 为 $\odot O$ 的直径,可知 $\angle DEC=90^\circ$.

由弧 $EC=40^\circ$,可知 $\angle EDC=20^\circ$.

由 $EC\parallel AB$,可知 $ED\perp AB$,有 $\angle DFO=90^\circ$,于

是 $\angle BOD=\angle DFO+\angle EDC=110^\circ$.

所以 $\angle BOD=110^\circ$.

解 5 如图 144.5,设直线 EO 交 $\odot O$ 于 F.

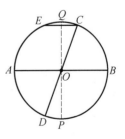

图 144.3

由弧 $EC = 40°$,可知 $\angle EOC = 40°$,有 $\angle DOF = 40°$.

由 $EC /\!/ AB$,可知 $\angle AOE = \angle BOC = \dfrac{1}{2}(180° - 40°) = 70°$,有 $\angle BOF =$

$\angle AOE = 70°$,于是 $\angle BOD = \angle DOF + \angle BOF = 110°$.

所以 $\angle BOD = 110°$.

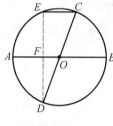

图 144.4

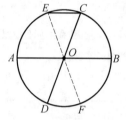

图 144.5

第 145 天

如图 145.1,AB 是 $\odot O$ 的直径,CD 是弦,$AE \perp CD$,垂足为 E,$BF \perp CD$,垂足为 F.

求证:$EC = DF$.

证明 1 如图 145.1,过 O 作 CD 的垂线,M 为垂足.

由 $AE \perp CD$,$BF \perp CD$,可知 $AE \parallel OM \parallel BF$.

显然 O 为 AB 的中点,可知 M 为 EF 的中点.

由 $MC = MD$,可知 $ME - MC = MF - MD$,就是 $EC = DF$.

所以 $EC = DF$.

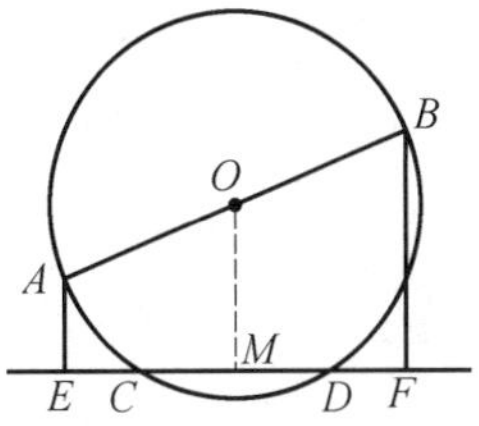

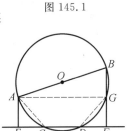

图 145.1

证明 2 如图 145.2,设 G 为 BF 与 $\odot O$ 的交点,连 CA,AG,GD.

由 AB 为 $\odot O$ 的直径,可知 $BF \perp AG$.

由 $BF \perp CD$,可知 $AG \parallel CD$,有弧 $AC =$ 弧 GD,于是 $AC = GD$,得四边形 $ACDG$ 为等腰梯形,进而 $\angle ACD = \angle GDE$.

显然 $AE \parallel BF$,可知四边形 $AEFG$ 为矩形,有 $AE = GF$.

显然 $\angle ACE = \angle GDF$,可知 $\mathrm{Rt}\triangle ACE \cong \mathrm{Rt}\triangle GDF$,有 $EC = DF$.

所以 $EC = DF$.

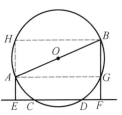

图 145.2

证明 3 如图 145.3,设 G 为 BF 与 $\odot O$ 的交点,H 为直线 AE 与 $\odot O$ 的交点,连 AG,BH.

由 AB 为 $\odot O$ 的直径,可知 $BF \perp AG$.

由 $BF \perp CD$,可知 $AG \parallel CD$.

同理 $HB \parallel CD$.

由 $AE \perp CD$,$BF \perp CD$,可知 $AE \parallel BF$,有四边形 $AEFG$ 与四边形 $EFBH$ 均为矩形,于是 $EA = FG$,$EH = FB$.

由 $EC \cdot ED = EA \cdot EH = FG \cdot FB = FD \cdot FC$,可知 $EC \cdot ED = FD \cdot FC$,

图 145.3

或 $EC \cdot (EC+CD)=FD \cdot (FD+CD)$，有 $EC^2+EC \cdot CD=FD^2+FD \cdot CD$，

或 $(EC-FD) \cdot (EC+FD+CD)=0$，即 $(EC-FD) \cdot EF=0$，亦即 $EC=FD$.

所以 $EC=DF$.

第 146 天

已知:平行四边形 $ABCD$ 内接于 $\odot O$.

求证:四边形 $ABCD$ 为矩形.

证明1 如图 146.1.

由四边形 $ABCD$ 为平行四边形,可知 $\angle C = \angle A$.

由四边形 $ABCD$ 内接于 $\odot O$,可知 $\angle C + \angle A = 180°$,

有 $\angle C = 90°$,于是四边形 $ABCD$ 为矩形.

所以四边形 $ABCD$ 为矩形.

证明2 如图 146.2,连 AC,BD.

由四边形 $ABCD$ 为平行四边形,可知 $AB \parallel DC$.

由四边形 $ABCD$ 内接于圆,可知弧 $AD =$ 弧 BC,有

弧 $ADC =$ 弧 BCD,于是 $AC = BD$.

显然平行四边形 $ABCD$ 的对角线相等,可知四边形

$ABCD$ 为矩形.

所以四边形 $ABCD$ 为矩形.

证明3 如图 146.3,连 OA,OB,OC,OD.

由四边形 $ABCD$ 为平行四边形,可知 $AD = CB$,$AB = DC$.

由四边形 $ABCD$ 内接于圆,可知 $OA = OB = OC =$

OD,有 $\triangle AOD \cong \triangle BOC$,$\triangle AOB \cong \triangle DOC$,于是

$\angle OAD = \angle OBC = \angle OCB = \angle ODA$,$\angle OAB = \angle OBA =$

$\angle OCD = \angle ODC$,得 $\angle OAD + \angle OAB = \angle OBC +$

$\angle OBA = \angle OCB + \angle OCD = \angle ODA + \angle ODC$,即

$\angle DAB = \angle ABC = \angle BCD = \angle CDA$.

由 $\angle DAB + \angle ABC + \angle BCD + \angle CDA = 360°$,可知 $\angle DAB = 90°$.

所以四边形 $ABCD$ 为矩形.

证明4 如图 146.4,设 K 为 AC,BD 的交点.

由四边形 $ABCD$ 为平行四边形,可知 $KA = KC$,$KB = KD$.

由四边形 $ABCD$ 内接于圆,依相交弦定理,可知 $KA \cdot KC = KB \cdot KD$,有

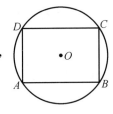

图 146.1

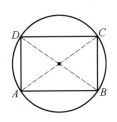

图 146.2

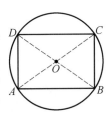

图 146.3

$KA^2 = KB^2$，于是 $KA = KB$，得 $2KA = 2KB$，即 $AC = BD$.

所以四边形 $ABCD$ 为矩形.

证明5   如图146.1，由四边形 $ABCD$ 为平行四边形，可知 $AB \parallel CD$，$AD \parallel BC$.

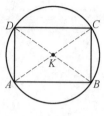

图 146.4

由四边形 $ABCD$ 内接于圆，可知弧 AD = 弧 BC，弧 AB = 弧 DC，有弧 ADC = 弧 DCB = 弧 CBA = 弧 BAD，于是 $\angle B = \angle A = \angle D = \angle C$.

由 $\angle B + \angle A + \angle D + \angle C = 360°$，可知 $\angle B = 90°$.

所以四边形 $ABCD$ 为矩形.

第 147 天

求证:以等腰三角形的一腰为直径的圆,平分底边.

已知:在 $\triangle ABC$ 中, $AB = AC$,以 AB 为直径的圆交 BC 于 D . 求证: $BD = DC$.

证明 1 如图 147.1,连 AD .

由 AB 为圆的直径,可知 $AD \perp BC$.

由 $AB = AC$,可知 AD 为 BC 边上的中线,即 $BD = DC$.

所以 $BD = DC$.

证明 2 如图 147.2,连 OD , DA .

显然 $OD = OB$,可知 $\angle ODB = \angle OBD$.

由 $AB = AC$,可知 $\angle C = \angle ABC = \angle ODB$,有 $OD \parallel AC$.

显然 O 为 AB 的中点,可知 D 为 BC 的中点.

所以 $BD = DC$.

证明 3 如图 147.3,设 E 为 AC 与圆的交点,连 DA , DE .

由 AB 为圆的直径,可知 $AD \perp BC$.

由 $AB = AC$,可知 AD 为 $\angle BAC$ 的平分线,有 $DB = DE$.

由 $AB = AC$,可知 $\angle C = \angle B$.

显然 $\angle DEC = \angle B$,可知 $\angle DEC = \angle C$,有 $DC = DE$,于是 $BD = DC$.

所以 $BD = DC$.

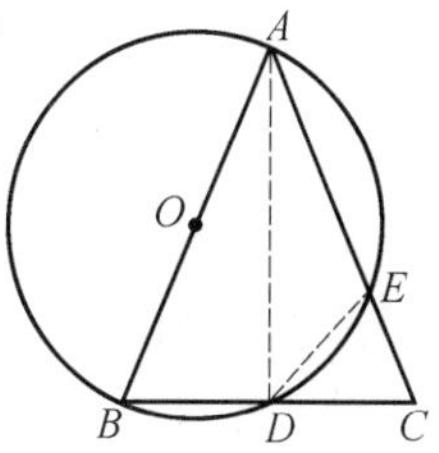

证明 4 如图 147.4,设直线 DO 交圆于 E ,连 EA , EB , AD .

由 AB 为圆的直径,可知 $AD \perp BC$.

由 $AB = AC$,可知 AD 为 $\angle BAC$ 的平分线,有 $\angle DAC = \angle BAD = \angle EDA$,于是 $ED \parallel AC$.

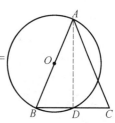

图 147.1

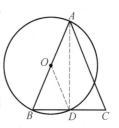

图 147.2

图 147.3

显然 $AD \perp AE$,可知 $AE \parallel BC$,有四边形 $ACDE$ 为平行四边形,于是 $DC = AE$.

显然四边形 $ADBE$ 为矩形,可知 $BD = AE$,有 $BD = DC$.

所以 $BD = DC$.

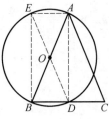

图 147.4

证明 5 如图 147.5,分别以 BA,BD 为邻边作平行四边形 $ABDE$,连 AD.

显然 $BD = AE$.

由 AB 为圆的直径,可知 $AD \perp BC$.

由 $AB = AC$,可知 AD 为 $\angle BAC$ 的平分线,有 $\angle DAC = \angle BAD = \angle EDA$,于是 $\text{Rt}\triangle DAE \cong \text{Rt}\triangle ADC$,得 $DC = AE$,进而 $BD = DC$.

所以 $BD = DC$.

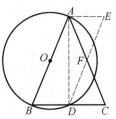

图 147.5

证明 6 如图 147.6,过 O 作 BC 的平行线交 AC 于 E,连 OD.

由 $OD = OB$,可知 $\angle ODB = \angle OBD$.

由 $AB = AC$,可知 $\angle C = \angle B$,有 $\angle ODB = \angle C$,于是 $OD \parallel AC$,得四边形 $CDOE$ 为平行四边形,进而 $DC = OE$.

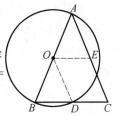

图 147.6

显然 OE 为 $\triangle ABC$ 的中位线,可知 $OE = \dfrac{1}{2}BC$,有 $DC = \dfrac{1}{2}BC$,于是 $BD = \dfrac{1}{2}BC = DC$.

所以 $BD = DC$.

第 148 天

如图 148.1,设 P 为 $\triangle ABC$ 的外接圆上一点,$\angle APC = \angle CPB = 60°$.

求证:$\triangle ABC$ 为等边三角形.

证明 1　如图 148.1.

显然 $\angle ABC = \angle APC = 60°$,$\angle BAC = \angle BPC = 60°$,可知 $\angle ACB = 180° - \angle ABC - \angle BAC = 60°$,即 $\angle ABC = \angle BAC = \angle ACB$,有 $AC = BC = AB$.

所以 $\triangle ABC$ 为等边三角形.

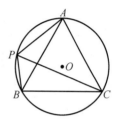

图 148.1

证明 2　如图 148.2,连 OA,OB,OC.

由 $\angle AOC = 2\angle APC = 120°$,$\angle BOC = 2\angle BPC = 120°$,可知 $\angle AOB = 360° - \angle AOC - \angle BOC = 120°$,有 $\angle AOC = \angle BOC = \angle AOB$.

由 $OA = OB = OC$,可知 $\triangle AOC \cong \triangle BOC \cong \triangle BOA$,有 $AC = BC = AB$.

所以 $\triangle ABC$ 为等边三角形.

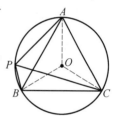

图 148.2

证明 3　如图 148.3,设 Q 为 BP 延长线上的一点.

显然 $\angle BAC = \angle BPC = 60°$,$\angle ABC = \angle APC = 60°$,$\angle ACB = \angle APQ = 180° - \angle APB = 60°$,可知 $\angle BAC = \angle ABC = \angle ACB$,有 $BC = AC = AB$.

所以 $\triangle ABC$ 为等边三角形.

证明 4　如图 148.4,过 C 作 $\triangle ABC$ 的外接圆的切线 MN.

显然 $\angle BAC = \angle BCN = \angle BPC = 60°$,$\angle ABC = \angle ACM = \angle APC = 60°$,$\angle ACB = 180° - \angle ACM - \angle BCN = 60°$,可知 $\angle BAC = \angle ABC = \angle ACB$,有 $BC = AC = AB$.

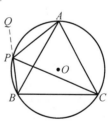

图 148.3

所以 $\triangle ABC$ 为等边三角形.

证明 5　如图 148.1.

由 $\angle APC = \angle BPC$,可知 $CA = CB$.

由 $\angle ACB = 180° - \angle APB = 60°$,可知 $\triangle ABC$ 为正三角形.

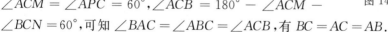

所以 $\triangle ABC$ 为等边三角形.

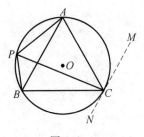

图 148.4

第 149 天

在 $\triangle ABC$ 中，E 是内心，$\angle A$ 的平分线和 $\triangle ABC$ 的外接圆相交于点 D.
求证：$DE = DB$.

证明 1 如图 149.1，连 BE.

显然 $\angle DBC = \angle DAC = \angle DAB$.

由 BE 平分 $\angle ABC$，可知 $\angle EBA = \angle EBC$，有
$\angle EBA + \angle EAB = \angle EBC + \angle DBC = \angle DBE$.

由 $\angle DEB = \angle EBA + \angle EAB$，可知 $\angle DEB = \angle DBE$，有 $DE = DB$.

所以 $DE = DB$.

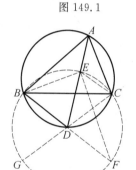

图 149.1

证明 2 如图 149.2，设 $\triangle BCE$ 的外接圆分别交直线 BD，CD 于 F，G，连 EB，EC，EF.

显然 $\angle CBD = \angle CAD$，$\angle BFE = \angle BCE$，可知 $\angle FBE = \angle CBE + \angle CBD = \angle CBE + \angle CAD$，有

$$\angle BFE + \angle FBE$$
$$= \angle BCE + \angle CBE + \angle CAD$$
$$= \frac{1}{2}\angle ACB + \frac{1}{2}\angle ABC + \frac{1}{2}\angle BAC$$
$$= \frac{1}{2}(\angle ACB + \angle ABC + \angle BAC) = 90°$$

图 149.2

于是 BF 为 $\triangle BCE$ 的外接圆的直径.

同理 CG 为 $\triangle BCE$ 的外接圆的直径，可知 D 为 $\triangle BCE$ 的外心，有 $DE = DB$.

所以 $DE = DB$.

证明 3 如图 149.3，以 D 为圆心，以 DB 为半径作圆交 AD 于 I，连 BI，CD.

由 AD 平分 $\angle BAC$，可知 $DC = DB$，有点 C 在 $\odot D$ 上.

显然 $\angle ADC = \angle ABC$，$\angle IBC = \frac{1}{2}\angle ADC$，可知 $\angle IBC = \frac{1}{2}\angle ABC$，即 BI 为 $\angle ABC$ 的平分线，有点 I 就是 $\triangle ABC$ 的内心 E.

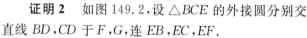
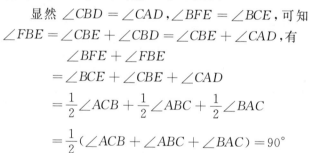

由 $DI = DB$,可知 $DE = DB$.

所以 $DE = DB$.

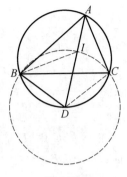

图 149.3

第 150 天

$\triangle ABC$ 的高 AD, BE 相交于 H, AD 的延长线交外接圆于点 G. 求证: D 为 HG 的中点.

证明 1　如图 150.1, 连 BG.

由 AD, BE 为 $\triangle ABC$ 的高线, 可知 $\angle EBC = 90° - \angle C = \angle GAC$.

显然 $\angle GBC = \angle GAC = \angle EBC$.

由 $BD \perp GH$, 可知 G 与 H 关于 BC 对称.

所以 D 为 HG 的中点.

证明 2　如图 150.2, 连 GB, GC, HC.

易知 $\angle HCB = \angle HAB = \angle GCB$.

同理 $\angle HBC = \angle GBC$, 可知 G 与 H 关于 BC 对称, 有 D 为 GH 的中点.

所以 D 为 HG 的中点.

证明 3　如图 150.3, 设直线 AO 交 $\triangle ABC$ 的外接圆于 K, KH, BC 相交于 M, 连 KB, KC, HC, KG.

显然 AK 为圆的直径, 可知 $\angle ABK = 90°$.

由 $AD \perp BC$, $\angle AKB = \angle ACB$, 可知 $\angle BAK = \angle GAC$.

显然 $\angle BCK = \angle BAK$, $\angle EBC = \angle GAC$, 可知 $\angle BCK = \angle EBC$, 有 $KC /\!/ BE$.

同理 $KB /\!/ CH$, 可知四边形 $BKCH$ 为平行四边形, 有 M 为 KH 的中点.

显然 $KG /\!/ BC$, 可知 D 为 GH 的中点.

所以 D 为 HG 的中点.

证明 4　如图 150.4, 过 D 作 OD 的垂线交 $\triangle ABC$ 的外接圆于 M, N, 连 MA, MH, MG, GN, HN.

显然 D 为 MN 的中点.

由 $\mathrm{Rt}\triangle BDH \backsim \mathrm{Rt}\triangle ADC$, 可知

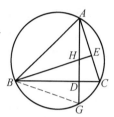

图 150.1

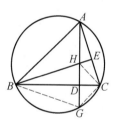

图 150.2

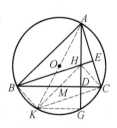

图 150.3

$$DH \cdot DA = DB \cdot DC$$

显然 $DB \cdot DC = DM \cdot DN = DM^2$,可知 $\triangle MDH \backsim \triangle ADM$,有

$$\angle HMN = \angle MAG = \angle MNG$$

于是 $MH \parallel GN$.

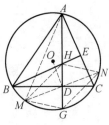

图 150.4

同理 $MG \parallel HN$,可知四边形 $MGNH$ 为平行四边形,有 MN 与 HG 互相平分.

所以 D 为 HG 的中点.

证明 5 如图 150.5.

显然 $\mathrm{Rt}\triangle BDH \backsim \mathrm{Rt}\triangle ADC$,可知 $DH \cdot DA = DB \cdot DC$,有

$$DH = \frac{DB \cdot DC}{DA}$$

依相交弦定理,可知 $DG \cdot DA = DB \cdot DC$,有

$$DG = \frac{DB \cdot DC}{DA} = DH$$

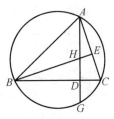

图 150.5

所以 D 为 HG 的中点.

证明 6 如图 150.6,设直线 CO 交 $\triangle ABC$ 的外接圆于 K,过 O 作 BC 的垂线,M 为垂足,过 O 作 AG 的垂线,L 为垂足,连 KA,KB.

显然 M 为 BC 的中点,L 为 AG 的中点.

显然四边形 $DMOL$ 为矩形,可知 $LD = OM$.

由 KC 为圆的直径,可知 $KA \perp AC$.

由 $BE \perp AC$,可知 $KA \parallel BE$.

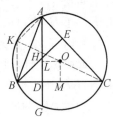

图 150.6

同理 $KB \parallel AH$,可知四边形 $AKBH$ 为平行四边形,有 $AH = KB = 2OM$.

显然 $DG = LG - LD = \frac{1}{2}AG - \frac{1}{2}AH = \frac{1}{2}HG$.

所以 D 为 HG 的中点.

证明 7 如图 150.1,连 BG.

由 AD,BE 为 $\triangle ABC$ 的高线,可知 $\angle BHG = \angle AHE = 90° - \angle GAC = 90° - \angle GBC = \angle G$,有 $BG = BH$.

由 $BC \perp GH$,可知 BD 为等腰三角形 BGH 的底边 GH 上的高,有 BD 也是 GH 上的中线.

所以 D 为 HG 的中点.

证明 8 如图 150.1,连 BG.

显然 $\text{Rt}\triangle BDH \backsim \text{Rt}\triangle ADC$，可知 $DH \cdot DA = DB \cdot DC$，有 $DH = \dfrac{DB \cdot DC}{DA}$.

显然 $\text{Rt}\triangle BDG \backsim \text{Rt}\triangle ADC$，可知 $DG \cdot DA = DB \cdot DC$，有 $DG = \dfrac{DB \cdot DC}{DA} = DH$，即 $DG = DH$.

所以 D 为 HG 的中点.

第 151 天

在一个正五角星中,相邻两个顶点间的距离是 a,不相邻的两个顶点的距离是 b.

求证:$a^2 + ab = b^2$.

证明 1 如图 151.1,连 BA,BC.

由 $\angle CPB = 2\angle ACB = \angle CBP$,可知 $CP = CB = a$,有 $AP = b - a$.

显然 $\triangle PAB \backsim \triangle BAC$,可知 $AB^2 = AP \cdot AC$,有 $a^2 = (b - a) \cdot b$.

所以 $a^2 + ab = b^2$.

证明 2 如图 151.2,连 AB,BC,CD.

易知 $DP = DC = a$,$AD = AC = b$,$CP = b - a$.

显然 $\triangle PDC \backsim \triangle DAC$,可知 $CD^2 = CP \cdot CA$,有 $a^2 = (b - a) \cdot b$.

所以 $a^2 + ab = b^2$.

证明 3 如图 151.2,连 AB,BC,CD.

由托勒密定理,可知 $AB \cdot CD + AD \cdot BC = AC \cdot BD$,就是 $a^2 + ab = b^2$.

所以 $a^2 + ab = b^2$.

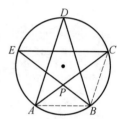

图 151.1

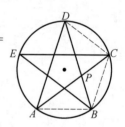

图 151.2

第 152 天

如图 152.1,△ABC 内接于 ⊙O,CE 为 ⊙O 的一条直径,过 B 作 CE 的垂线交 AC 于 D,交 ⊙O 于 F. 求证:$BC^2 = CD \cdot CA$.

证明 1 如图 152.1,由 CE 为直径,$BF \perp CE$,可知弧 CB = 弧 CF,有 $\angle A = \angle FBC$,于是 △$ABC \backsim$ △BDC,得 $\dfrac{AC}{BC} = \dfrac{BC}{CD}$.

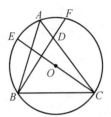

图 152.1

所以 $BC^2 = CD \cdot CA$.

证明 2 如图 152.2,设 G 为垂足,连 EB,EA.

由 CE 是圆的直径,可知 $EA \perp AC$.

由 $BF \perp CE$,可知 G,D,A,E 四点共圆,有 $CD \cdot CA = CG \cdot CE = BC^2$.

所以 $BC^2 = CD \cdot CA$.

证明 3 如图 152.3,连 FA,FC.

由 CE 为直径,$BF \perp CE$,可知弧 CB = 弧 CF,有 $\angle BFC = \angle FAC$,于是 △$ACF \backsim$ △FCD,得 $\dfrac{AC}{FC} = \dfrac{FC}{DC}$,故 $FC^2 = CD \cdot CA$.

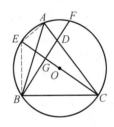

图 152.2

显然 $BC = FC$.

所以 $BC^2 = CD \cdot CA$.

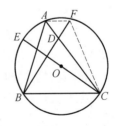

图 152.3

第 153 天

如图 153.1, AD 是 $\triangle ABC$ 的高, AE 是 $\triangle ABC$ 的外接圆直径.

求证: $AB \cdot AC = AE \cdot AD$.

证明 1　如图 153.1, 连 BE.

由 AE 是 $\triangle ABC$ 的外接圆直径, 可知 $\angle ABE = 90°$.

由 AD 是 $\triangle ABC$ 的高, 可知 $\angle ADC = 90° = \angle ABE$.

显然 $\angle C = \angle E$, 可知 $\mathrm{Rt}\triangle ADC \backsim \mathrm{Rt}\triangle ABE$, 有

$\dfrac{AD}{AB} = \dfrac{AC}{AE}$, 于是 $AB \cdot AC = AE \cdot AD$.

所以 $AB \cdot AC = AE \cdot AD$.

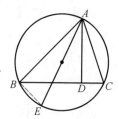

图 153.1

证明 2　如图 153.2, 连 EC.

由 AE 是 $\triangle ABC$ 的外接圆直径, 可知 $\angle ACE = 90°$.

由 AD 是 $\triangle ABC$ 的高, 可知 $\angle ADB = 90° = \angle ACE$.

显然 $\angle B = \angle E$, 可知 $\mathrm{Rt}\triangle ABD \backsim \mathrm{Rt}\triangle AEC$, 有

$\dfrac{AD}{AC} = \dfrac{AB}{AE}$, 于是 $AB \cdot AC = AE \cdot AD$.

所以 $AB \cdot AC = AE \cdot AD$.

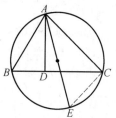

图 153.2

证明 3　如图 153.3, 设直线 BO 交 $\triangle ABC$ 的外接圆于 F, 连 AF.

由 BF 是 $\triangle ABC$ 的外接圆直径, 可知 $BF = AE$, $\angle BAF = 90°$.

由 AD 是 $\triangle ABC$ 的高, 可知 $\angle ADC = 90° = \angle BAF$.

显然 $\angle C = \angle F$, 可知 $\mathrm{Rt}\triangle ADC \backsim \mathrm{Rt}\triangle BAF$, 有

$\dfrac{AD}{AB} = \dfrac{AC}{BF} = \dfrac{AC}{AE}$, 即 $\dfrac{AD}{AB} = \dfrac{AC}{AE}$, 于是 $AB \cdot AC = AE \cdot AD$.

所以 $AB \cdot AC = AE \cdot AD$.

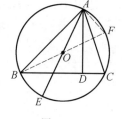

图 153.3

证明 4　如图 153.4,设直线 CO 交 $\triangle ABC$ 的外接圆于 F,连 AF.

由 CF 是 $\triangle ABC$ 的外接圆直径,可知 $CF = AE$,$\angle CAF = 90°$.

由 AD 是 $\triangle ABC$ 的高,可知 $\angle ADC = 90° = \angle CAF$.

显然 $\angle B = \angle F$,可知 $\mathrm{Rt}\triangle ADB \backsim \mathrm{Rt}\triangle CAF$,有 $\dfrac{AD}{AC} = \dfrac{AB}{CF} = \dfrac{AB}{AE}$,即 $\dfrac{AD}{AC} = \dfrac{AB}{AE}$,于是 $AB \cdot AC = AE \cdot AD$.

所以 $AB \cdot AC = AE \cdot AD$.

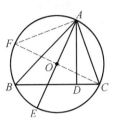

图 153.4

证明 5　如图 153.5,过 O 作 AB 的垂线,F 为垂足,连 OB.

显然 OF 平分 AB.

由 $AO = BO$,可知 OF 平分 $\angle AOB$,有 $\angle C = \dfrac{1}{2}\angle AOB = \angle AOF$.

显然 $\mathrm{Rt}\triangle ADC \backsim \mathrm{Rt}\triangle AFO$,可知 $\dfrac{AD}{AF} = \dfrac{AC}{AO}$,有 $\dfrac{AD}{AB} = \dfrac{AD}{2AF} = \dfrac{AC}{2AO} = \dfrac{AC}{AE}$,即 $\dfrac{AD}{AB} = \dfrac{AC}{AE}$,于是 $AB \cdot AC = AE \cdot AD$.

所以 $AB \cdot AC = AE \cdot AD$.

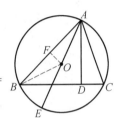

图 153.5

证明 6　如图 153.6,设直线 AD 交 $\triangle ABC$ 的外接圆于 F,连 BF、BE.

由 $\mathrm{Rt}\triangle ABE \backsim \mathrm{Rt}\triangle BDF$,$\mathrm{Rt}\triangle BDF \backsim \mathrm{Rt}\triangle ADC$,推得 $\mathrm{Rt}\triangle ABE \backsim \mathrm{Rt}\triangle ADC$.

（以下略！）

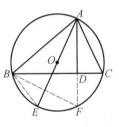

图 153.6

证明 7　如图 153.7,设直线 AD 交 $\triangle ABC$ 的外接圆于 F,连 FE、FC.

由 $BC \parallel EF$,可知 $\dfrac{AG}{AD} = \dfrac{AE}{AF}$,有

$$AD \cdot AE = AG \cdot AF$$

易知 $\triangle ABG \backsim \triangle AFC$,可知 $\dfrac{AG}{AC} = \dfrac{AB}{AF}$,有

$$AB \cdot AC = AG \cdot AF$$

于是 $AB \cdot AC = AE \cdot AD$.

所以 $AB \cdot AC = AE \cdot AD$.

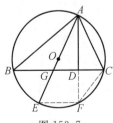

图 153.7

第 154 天

正三角形 $\triangle ABC$ 的一边 AB 是 $\odot O$ 的直径,E,F 两点将半圆三等分,CE,CF 分别交 AB 于 M,N. 求证:$AM = MN = NB$.

证明 1 如图 154.1,连 AE,EO,OQ.

由 E,F 两点将半圆三等分,有 $\angle AOE = 60°$,$\triangle AOE$ 为正三角形.

由 $\angle OQB = \angle OBQ = 60°$,可知 $\triangle BOQ$ 为正三角形,有 $\angle QOB = 60° = \angle AOE$,于是 E,O,Q 三点共线.

由 $EQ = AB = AC$,$EQ \parallel AC$,可知四边形 $AEQC$ 为平行四边形,有 $\dfrac{AM}{MO} = \dfrac{AC}{OE} = \dfrac{2}{1}$.

所以 $AM = MN = NB$.

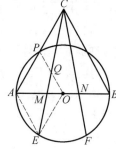

图 154.1

证明 2 如图 154.2,设 OP 与 CE 相交于 Q,连 OE,EA.

显然 $\angle AOE = 60°$,$\triangle AOE$ 为正三角形.

由 $\angle OPA = \angle OAP = 60°$,可知 $\triangle AOP$ 为正三角形,有四边形 $AEOP$ 为菱形,于是 $OE = \dfrac{1}{2} AC$.

显然 $AC \parallel EO$,可知 $\dfrac{OM}{AM} = \dfrac{OE}{AC} = \dfrac{1}{2}$,或 $AM = 2OM$.

同样地,有 $BN = 2ON$.

所以 $AM = MN = NB$.

证明 3 如图 154.3,设直线 AE,BF 相交于 P.

由 E,F 两点将半圆三等分,可知 $\triangle APB$ 为正三角形,有四边形 $CAPB$ 为菱形,$BF = BO = \dfrac{1}{2} AB = \dfrac{1}{2} AC$.

由 $\dfrac{AC}{FB} = \dfrac{AN}{NB} = \dfrac{2}{1}$,可知 $AN = 2NB$.

同理 $MB = 2AM$.

所以 $AM = MN = NB$.

证明 4　如图 154.4,设直线 CA 与 FE 交于 P,直线 CB 与 EF 交于 Q,连 AE,EO,OF,FB.

由 E,F 两点将半圆三等分,有 $\angle AOE = 60° = \angle BOF$,可知 $EF \parallel AB$, $\triangle AOE$,$\triangle BOF$,$\triangle OEF$ 为三个全等的正三角形,进而 $\triangle APE$ 与 $\triangle BFQ$ 也是与它们全等的正三角形,于是 $PE = EF = FQ$.

易知 $\dfrac{AM}{PE} = \dfrac{MN}{EF} = \dfrac{NB}{FQ}$,所以 $AM = MN = NB$.

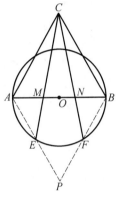

图 154.3

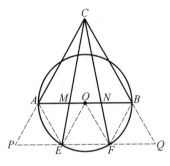

图 154.4

第 155 天

已知:如图 155.1,$\triangle ABC$ 中,$AC = AB$,以 AB 为直径作圆交 BC 于 M,D 为 AB 上一点,$\dfrac{AD}{AB} = \dfrac{1}{3}$,$AM$ 与 CD 交于 P,求证:$PA = PM$.

证明 1 如图 155.1,过 M 作 CD 的平行线交 AB 于 E.

由 AB 为直径,可知 $AM \perp BC$.

由 $AC = AB$,可知 $CM = MB$,有 $DE = EB$.

由 $\dfrac{AD}{AB} = \dfrac{1}{3}$,可知 $AD = DE$,于是 $PA = PM$.

所以 $PA = PM$.

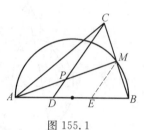

图 155.1

证明 2 如图 155.2,过 A 作 DC 的平行线交直线 BC 于 E.

由 AB 为直径,可知 $AM \perp BC$.

由 $AC = AB$,可知 $CM = MB$.

由 $\dfrac{AD}{AB} = \dfrac{1}{3}$,可知 $DB = 2AD$,有 $2CM = CB = 2EC$,于是 $CM = EC$,得 CP 为 $\triangle MEA$ 的中位线.

所以 $PA = PM$.

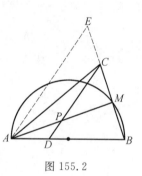

图 155.2

证明 3 如图 155.3,过 B 作 MA 的平行线交直线 CD 于 E.

由 AB 为直径,可知 $AM \perp BC$.

由 $AC = AB$,可知 $CM = MB$,有 $PM = \dfrac{1}{2}EB$.

由 $\dfrac{AD}{AB} = \dfrac{1}{3}$,可知 $\dfrac{PA}{EB} = \dfrac{AD}{DB} = \dfrac{1}{2} = \dfrac{PM}{EB}$.

所以 $PA = PM$.

证明 4 如图 155.4,过 A 作 CB 的平行线交直线 CD 于 E.

由 AB 为直径,可知 $AM \perp BC$.

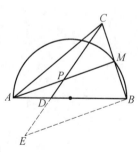

图 155.3

由 $AC=AB$,可知 $CM=MB=\dfrac{1}{2}CB$.

由 $\dfrac{AD}{AB}=\dfrac{1}{3}$,可知 $DB=2AD$,有 $2CM=CB=$

$2AE$,或 $CM=AE$,于是 $\dfrac{PA}{PM}=\dfrac{AE}{CM}=1$.

所以 $PA=PM$.

证明 5 如图 155.5,过 M 作 AB 的平行线交 CD
于 E .

由 AB 为直径,可知 $AM\perp BC$.

由 $AC=AB$,可知 $CM=MB$,有 EM 为 $\triangle BCD$

的中位线,于是 $EM=\dfrac{1}{2}DB$.

由 $\dfrac{AD}{AB}=\dfrac{1}{3}$,可知 $AD=EM$.

显然 $\angle EMP=\angle DAP$, $\angle MEP=\angle ADP$,可
知 $\triangle PME\cong\triangle PAD$,有 $PA=PM$.

所以 $PA=PM$.

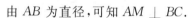

图 155.4

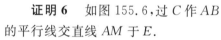

图 155.5

证明 6 如图 155.6,过 C 作 AB
的平行线交直线 AM 于 E .

由 AB 为直径,可知 $AM\perp BC$.

由 $AC=AB$,可知 $CM=MB$.

显然 $\angle MAB=\angle E$, $\angle MBA=$
$\angle MCE$,可知 $\triangle MAB\cong\triangle MEC$,有
$CE=AB$, $AM=EM$.

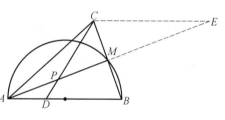

图 155.6

由 $\dfrac{AD}{AB}=\dfrac{1}{3}$,可知 $\dfrac{PA}{PE}=\dfrac{AD}{CE}=\dfrac{AD}{AB}=\dfrac{1}{3}$,有 $PE=3PA$,或 $PA+PE=4PA$,

即 $2MA=AE=4PA$,亦即 $MA=2PA$,于是 $PA=PM$.

所以 $PA=PM$.

证明 7 如图 155.7,过 C 作 AM 的平行线交直线 BA 于 E .
由 AB 为直径,可知 $AM\perp BC$.

由 $AC=AB$,可知 $CM=MB$,有 $EA=AB$,于是 $AM=\dfrac{1}{2}EC$.

由 $\dfrac{AD}{AB}=\dfrac{1}{3}$,可知 $AD=\dfrac{1}{4}ED$,有 $PA=\dfrac{1}{4}EC=\dfrac{1}{2}AM$.

所以 $PA=PM$.

证明 8 如图 155.8,过 B 作 DC 的平行线交直线 AM 于 E.

由 AB 为直径,可知 $AM \perp BC$.

由 $AC = AB$,可知 $CM = MB$,有 $MP = ME = \frac{1}{2}PE$.

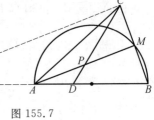

图 155.7

由 $\frac{AD}{AB} = \frac{1}{3}$,可知 $\frac{AP}{AE} = \frac{1}{3}$,有 $AP = \frac{1}{3}AE = \frac{1}{2}PE$.

所以 $PA = PM$.

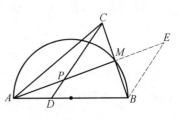

图 155.8

证明 9 如图 155.9,过 P 作 BC 的平行线分别交 AC,AB 于 E,F.

由 AB 为直径,可知 $AM \perp BC$.

由 $AC = AB$,可知 $CM = MB$,AP 平分 $\angle CAD$,有 $\frac{PD}{CP} = \frac{AD}{AC} = \frac{AD}{AB} = \frac{1}{3}$,于是 $\frac{PF}{CB} = \frac{PD}{CD} = \frac{PD}{PD+CP} = \frac{1}{4}$,得 $2MB = CB = 4PF$,进而 $MB = 2PF$.

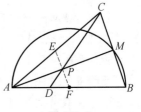

图 155.9

显然 PF 是 $\triangle ABM$ 的中位线,可知 $PA = PM$.

所以 $PA = PM$.

证明 10 如图 155.10,过 A 作 CB 的平行线交直线 CD 于 E.

由 AB 为直径,可知 $AM \perp BC$.

由 $AC = AB$,可知 $CM = MB$.

由 $\frac{AD}{AB} = \frac{1}{3}$,可知 $DB = 2AD$,有 $2CM = CB = 2AE$,于是 $CM = AE$,得四边形 $AEMC$ 为平行四边形.

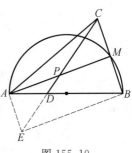

图 155.10

所以 $PA = PM$.

证明 11 如图 155.11,过 D 作 AM 的平行线交 CB 于 E.

由 AB 为直径,可知 $AM \perp BC$.

由 $AC = AB$,可知 $CM = MB$.

由 $\frac{AD}{AB} = \frac{1}{3}$,可知 $\frac{AM}{DE} = \frac{AB}{DB} = \frac{3}{2}$,有 $AM = \frac{3}{2}DE$.

显然 $DB=2AD$,有 $EB=2ME$,$CM=MB=$ $3ME$.

易知 $\dfrac{PM}{DE}=\dfrac{CM}{CE}=\dfrac{CM}{ME+MB}=\dfrac{3}{4}$,可知 $PM=$ $\dfrac{3}{4}DE=\dfrac{1}{2}AM$.

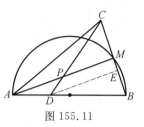

图 155.11

所以 $PA=PM$.

证明 12 如图 155.12,过 D 作 BC 的平行线交 AM 于 E.

由 AB 为直径,可知 $AM \perp BC$.

由 $AC=AB$,可知 $CM=MB$.

由 $\dfrac{AD}{AB}=\dfrac{1}{3}$,可知 $AB=3AD$,有 $AM=3AE$,

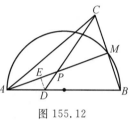

图 155.12

$CM=BM=3DE$,于是 $PM=3PE$,得 $AM+PM=$ $3AE+3PE=3(AE+PE)=3AP$,即 $AP+2PM=3AP$.

所以 $PA=PM$.

证明 13 如图 155.13,过 P 作 AB 的平行线分别交 AC,BC 于 E,F.

由 AB 为直径,可知 $AM \perp BC$.

由 $AC=AB$,可知 $CM=MB$,AP 平分 $\angle CAD$.

显然 $\dfrac{PD}{CP}=\dfrac{AD}{AC}=\dfrac{AD}{AB}=\dfrac{1}{3}$,可知 $\dfrac{PF}{DB}=\dfrac{3}{4}$,有 $\dfrac{PF}{AB}=$

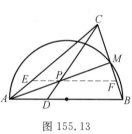

图 155.13

$\dfrac{PF}{AD+DB}=\dfrac{PF}{\frac{3}{2}DB}=\dfrac{2}{3}\cdot\dfrac{3}{4}=\dfrac{1}{2}$,于是 PF 为 $\triangle MAB$

的中位线.

所以 $PA=PM$.

证明 14 如图 155.14,过 P 作 AC 的平行线分别交 AB,CB 于 E,F.

由 AB 为直径,可知 $AM \perp BC$.

由 $AC=AB$,可知 $CM=MB$,AP 平分 $\angle CAD$.

显然 $\dfrac{PD}{CP}=\dfrac{AD}{AC}=\dfrac{AD}{AB}=\dfrac{1}{3}$,可知 $\dfrac{PE}{CA}=\dfrac{PD}{CD}=\dfrac{1}{4}$,

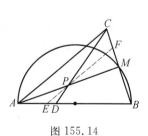

图 155.14

$\dfrac{DE}{DA}=\dfrac{1}{4}$,有 $DA=4DE$,$DB=8DE$,$\dfrac{EF}{AC}=\dfrac{EB}{AB}=$

$\dfrac{9DE}{12DE}=\dfrac{3}{4}$,于是$\dfrac{PF}{AC}=\dfrac{EF-PE}{AC}=\dfrac{3}{4}-\dfrac{1}{4}=\dfrac{1}{2}$,故 PF 为 $\triangle MAC$ 的中位线.

所以 $PA=PM$.

证明 15 如图 155.15,过 B 作 AC 的平行线分别交直线 CD, AM 于 E, F.

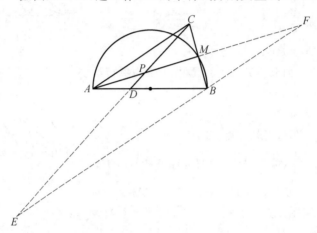

图 155.15

由 AB 为直径,可知 $AM\perp BC$.

由 $AC=AB$,可知 $CM=MB$, AP 平分 $\angle CAD$,有 $\angle BAF=\angle CAF=\angle F$,于是 $BF=AB=AC$, $MF=AM$.

由 $\dfrac{AD}{AB}=\dfrac{1}{3}$,可知 $DB=2AD$,有 $EB=2AC$,于是 $EF=3AC$,得 $PF=3PA$,或 $2AM=AF=4PA$,进而 $AM=2PA$.

所以 $PA=PM$.

证明 16 如图 155.16,过 D 作 AC 的平行线分别交 AM, BC 于 F, E.

由 AB 为直径,可知 $AM\perp BC$.

由 $AC=AB$,可知 $CM=MB$, AP 平分 $\angle CAD$,有

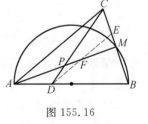

图 155.16

$\dfrac{PD}{CP}=\dfrac{AD}{AC}=\dfrac{AD}{AB}=\dfrac{1}{3}$,于是

$$PA=3PF,PC=3PD$$

由 $\dfrac{AD}{AB}=\dfrac{1}{3}$,可知 $DB=2AD$,有 $EB=2CE$, $CB=3CE$,或 $2CM=3CE$,于是

$$\dfrac{MF}{MA}=\dfrac{ME}{MC}=\dfrac{1}{3}$$

显然 $AM = 3FM$，$PA = 3PF$，可知 $3FM + 3PF = AM + PA$，有 $3PM = (AP + PM) + PA$，于是 $PM = PA$.

所以 $PA = PM$.

证明 17   如图 155.17.

直线 DPC 截 $\triangle ABM$ 的三边，依梅涅劳斯定理，

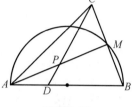

可知 $\dfrac{BC}{CM} \cdot \dfrac{MP}{PA} \cdot \dfrac{AD}{DB} = 1$.

由 $BC = 2CM$，$DB = 2AD$，可知 $\dfrac{MP}{PA} = 1$.

所以 $PA = PM$.

图 155.17

第 156 天

如图 156.1，AB 是 $\odot O$ 的直径，过 O 作 AB 的垂线交 $\odot O$ 于 P，弦 PN 与 AB 相交于点 M.

求证：$AB^2 = 2PM \cdot PN$.

证明 1 如图 156.1.

在 Rt$\triangle POM$ 中，由勾股定理，可知 $PM^2 = OP^2 + OM^2$.

依相交弦定理，有 $MP \cdot MN = MA \cdot MB$，于是

$$
\begin{aligned}
&2PM \cdot PN \\
&= 2PM(PM + MN) \\
&= 2PM^2 + 2PM \cdot MN \\
&= 2(PO^2 + OM^2) + 2MA \cdot MB \\
&= 2PO^2 + 2OM^2 + 2(AO - OM)(BO + OM) \\
&= 2PO^2 + 2OM^2 + 2(PO^2 - OM^2) \\
&= 4PO^2 = AB^2
\end{aligned}
$$

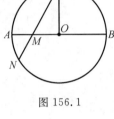

图 156.1

所以 $AB^2 = 2PM \cdot PN$.

证明 2 如图 156.2，设直线 PO 交 $\odot O$ 于 Q，连 NQ.

由 PQ 为 $\odot O$ 的直径，可知 $\angle N = 90°$.

由 $PQ \perp AB$，可知 $\angle MOQ = 90°$，有

$$\angle Q = 90° - \angle P = \angle PMO$$

于是 Rt$\triangle PNQ \backsim$ Rt$\triangle POM$，得

$$PM \cdot PN = PO \cdot PQ = \frac{1}{2}PQ^2 = \frac{1}{2}AB^2$$

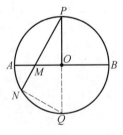

图 156.2

所以 $AB^2 = 2PM \cdot PN$.

中卷·基础篇(涉及圆)

ZHONGJUAN · JICHUPIAN(SHEJIYUAN)

证明3　如图156.3,过O作PN的垂线,Q为垂足.

显然 $PQ = \dfrac{1}{2}PN$.

由 $AB^2 = 4PO^2 = 4PQ \cdot PM = 2PN \cdot PM$.

所以 $AB^2 = 2PM \cdot PN$.

证明4　如图156.4,设PO交⊙O于Q,过Q作⊙O的切线交直线PN于R,连NQ.

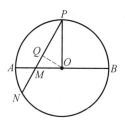

图 156.3

显然 $QR \parallel BA$.

由 O 为 PQ 中点,可知 M 为 PR 的中点,即 $PR = 2PM$.

易知 $AB^2 = PQ^2 = PN \cdot PR = 2PM \cdot PN$.

所以 $AB^2 = 2PM \cdot PN$.

证明5　如图156.5,设Q为PM的中点,连ON,OQ.

由 $\angle POQ = \angle P = \angle N$,可知 $\triangle POQ \backsim \triangle PNO$,有 $PO^2 = PQ \cdot PN = \dfrac{1}{2}PM \cdot PN$,于是 $2PM \cdot PN = 4PO^2 = AB^2$.

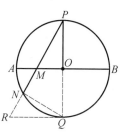

图 156.4

所以 $AB^2 = 2PM \cdot PN$.

证明6　如图156.6,连QM,ON.

由 $OP = ON$,可知 $\angle N = \angle P$.

显然 Q 与 P 关于 AB 对称,可知 $\angle Q = \angle P$,有 $\angle Q = \angle N$,于是 $\triangle PON \backsim \triangle PMQ$,得

$$PM \cdot PN = PO \cdot PQ = \dfrac{1}{2}AB^2$$

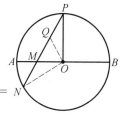

图 156.5

所以 $AB^2 = 2PM \cdot PN$.

证明7　如图156.7,连PA,PB,NA.

显然 $PB = PA$,$\angle N = \angle B = \angle PAM$,可知 $\triangle PAM \backsim \triangle PNA$,有 $PA^2 = PM \cdot PN$,于是

$$\left(\dfrac{\sqrt{2}}{2}AB\right)^2 = PM \cdot PN$$

所以 $AB^2 = 2PM \cdot PN$.

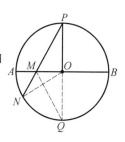

图 156.6

证明8　如图156.2,设直线PO交⊙O于Q,连QN.

由 PQ 为 ⊙O 的直径,可知 $\angle N = 90°$.

由 $PQ \perp AB$,可知 $\angle MOQ = 90°$,有 O,M,N,Q 四点共圆.

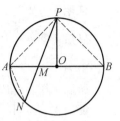

图 156.7

显然 $PM \cdot PN = PO \cdot PQ = \dfrac{1}{2}PQ^2 = \dfrac{1}{2}AB^2$.

所以 $AB^2 = 2PM \cdot PN$.

证明 9 如图 156.2,设直线 PO 交 $\odot O$ 于 Q,连 QN.

易知 $\mathrm{Rt}\triangle PNQ \backsim \mathrm{Rt}\triangle POM$,可知 $\dfrac{MO}{QN} = \dfrac{PO}{PN}$,有

$QN = \dfrac{MO \cdot PN}{PO}$,于是在 $\mathrm{Rt}\triangle PQN$ 中

$$PQ^2 = PN^2 + NQ^2 = PN^2 + \frac{MO^2 \cdot PN^2}{PO^2}$$

$$= PN^2\left(1 + \frac{MO^2}{PO^2}\right) = PN^2 \cdot \frac{PO^2 + MO^2}{PO^2}$$

$$= PN^2 \cdot \frac{PM^2}{PO^2}$$

得 $PQ^2 \cdot PO^2 = PM^2 \cdot PN^2$,或 $4AB^2 \cdot PO^2 = 4PM^2 \cdot PN^2$.

所以 $AB^2 = 2PM \cdot PN$.

第 157 天

ABCD 是圆内接四边形,P 为圆上一点,过 P 分别作 AB,BC,CD,DA 的垂线,E,F,G,H 为垂足. 求证:$PE \cdot PG = PF \cdot PH$.

证明 1 如图 157.1,设圆的直径为 d,连 PA,PB,PC.

在 $\triangle PAB$ 中,有 $PA \cdot PB = d \cdot PE$.

同理 $PB \cdot PC = d \cdot PF$,$PC \cdot PD = d \cdot PG$,

$PD \cdot PA = d \cdot PH$,于是 $PE \cdot PG = \dfrac{1}{d^2} PA \cdot PB \cdot PC \cdot PD = PF \cdot PH$.

所以 $PE \cdot PG = PF \cdot PH$.

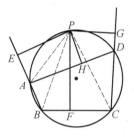

图 157.1

证明 2 如图 157.2,连 PB,PD.

由 $PF \perp BC$,$PG \perp CD$,$\angle PBF = \angle PDG$,可知 Rt$\triangle PBF \backsim$ Rt$\triangle PDG$,有 $PF \cdot PD = PG \cdot PB$.

同理 Rt$\triangle PEB \backsim$ Rt$\triangle PHD$,可知 $PE \cdot PD = PB \cdot PH$,于是
$$PE \cdot PD \cdot PG \cdot PB = PB \cdot PH \cdot PF \cdot PD$$

所以 $PE \cdot PG = PF \cdot PH$.

证明 3 如图 157.3,连 PA,PC.

(证明方法同证明 2,略)

证明 4 如图 157.4,连 PB,PD,EF,HG.

显然 P,F,B,E 四点共圆,可知
$$\angle FPE + \angle FBE = 180°, \angle PEF = \angle PBF$$

显然 P,G,D,H 四点共圆,可知
$$\angle GPH + \angle GDH = 180°, \angle PHG = \angle PDG$$

由 $\angle ABF = \angle ADG$,可知 $\angle EPF = \angle HPG$.

由 $\angle PBF = \angle PDG$,可知 $\angle PEF = \angle PHG$,有 $\triangle PEF \backsim \triangle PHG$.

所以 $PE \cdot PG = PF \cdot PH$.

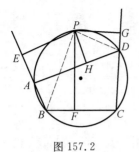

图 157.2

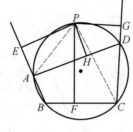

图 157.3

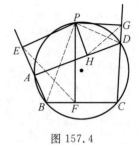

图 157.4

第 158 天

如图 158.1，AM，AT 分别为 $\triangle ABC$ 的中线及角平分线，$\triangle AMT$ 的外接圆分别与 AB，AC 相交于 E，F. 求证：$BE = CF$.

证明 1　如图 158.1.

由 AT 为 $\angle BAC$ 的平分线，可知 $\dfrac{BT}{CT} = \dfrac{BA}{CA}$，有

$\dfrac{BT}{BA} = \dfrac{CT}{CA}$.

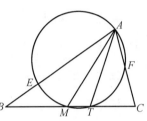

图 158.1

显然 $BE \cdot BA = BM \cdot BT$，可知 $BE = BM \cdot \dfrac{BT}{BA} = BM \cdot \dfrac{CT}{CA}$.

显然 $CF \cdot CA = CT \cdot CM$，可知 $CF = CM \cdot \dfrac{CT}{CA} = BM \cdot \dfrac{CT}{CA} = BE$. 所以 $BE = CF$.

证明 2　如图 158.2，设 G 为 MF 上一点，$MG = ME$，连 GC.

显然 $\angle GMC = \angle FMT = \angle FAT$，$\angle EMB = \angle TAE$.

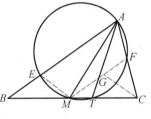

图 158.2

由 AT 平分 $\angle BAC$，可知 $\angle FAT = \angle TAE$，有 $\angle GMC = \angle EMB$.

由 M 为 BC 的中点，可知 $\triangle EMB \cong \triangle MGC$，有 $CG = BE$.

显然 $\angle MEB = \angle MGC$，可知 $\angle CGF = \angle AEM = \angle CFG$，有 $CF = CG$，于是 $BE = CF$.

所以 $BE = CF$.

证明 3　如图 158.3，过 B 作 AC 的平行线交直线 FM 于 D，连 ED.

由 M 为 BC 的中点，可知 M 为 DF 的中点，有 $\triangle MDB \cong \triangle MFC$，于是 $BD = CF$.

显然 $\angle MEA = \angle MFC = \angle MDB$，可知 B，D，M，E 四点共圆，有

$$\angle BDE = \angle BME = \angle TAE = \angle TAC$$

$$= \angle TMF = \angle BMD$$
$$= \angle BED$$

即 $\angle BDE = \angle BED$，于是 $BE = BD$，得 $BE = CF$.

所以 $BE = CF$.

证明 4 如图 158.4，连 ME，MF.

显然 $\angle BME = \angle TAB = \angle TAC = \angle TMF$，

$MB = MC$，可知 $\dfrac{S_{\triangle MBE}}{S_{\triangle MCF}} = \dfrac{MB \cdot ME}{MC \cdot MF} = \dfrac{ME}{MF}$.

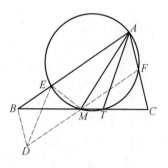

图 158.3

显然 $\angle MEB = \angle MFC$，可知 $\dfrac{S_{\triangle MBE}}{S_{\triangle MCF}} =$

$\dfrac{BE \cdot ME}{FC \cdot MF}$，有 $\dfrac{BE \cdot ME}{FC \cdot MF} = \dfrac{ME}{MF}$，于是 $BE = CF$.

所以 $BE = CF$.

证明 5 如图 158.5，设 K 为 AM 延长线上一点，$MK = MA$，连 KB 交直线 FM 于 H，连 KC，HE，ME.

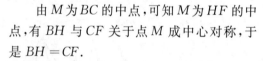

图 158.4

由 AM 为 $\triangle ABC$ 的中线，可知四边形 $ABKC$ 为平行四边形.

由 M 为 BC 的中点，可知 M 为 HF 的中点，有 BH 与 CF 关于点 M 成中心对称，于是 $BH = CF$.

显然 $\angle HBM = \angle MFC = \angle MEA$，可知 B，H，M，E 四点共圆.

显然 $\angle BMH = \angle CMF = \angle TAC = \angle TAB = \angle BME$，可知 $BE = BH = CF$.

所以 $BE = CF$.

（与证明 3 对照，这还是舍近求远的证明！）

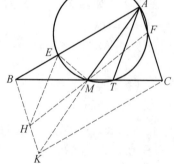

图 158.5

本文参考自：

江西《中学数学研究》1984 年 4 期 8 页.

第 159 天

设 H 为 $\triangle ABC$ 的垂心,O 为 $\triangle ABC$ 的外心,M 为 BC 边的中点. 求证: $AH = 2OM$.

证明1　如图 159.1,设直线 CO 交 $\odot O$ 于 G,连 GA,GB.

显然 GC 为 $\odot O$ 的直径,可知 $GA \perp AC$.

由 $BE \perp AC$,可知 $BE /\!/ GA$.

同理 $GB /\!/ AD$,可知四边形 $AGBH$ 为平行四边形,有 $AH = GB$.

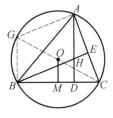

图 159.1

由 M 为 BC 的中点,O 为 GC 的中点,可知 $GB = 2OM$.

所以 $AH = 2OM$.

类似地,设直线 BO 交 $\odot O$ 于 G,连 GA,GC(如图 159.2),证明方法一样.

证明2　如图 159.3,设 P 为 AC 的中点,N 为 HC 的中点,连 PO,PN,MN.

显然 $AH /\!/ PN$,$AH = 2PN$.

由 M 为 BC 的中点,可知 $OM \perp BC$.

由 $AD \perp BC$,可知 $PN \perp BC$,有 $PN /\!/ OM$.

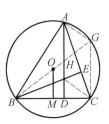

图 159.2

同理 $OP /\!/ MN$,可知四边形 $OMNP$ 为平行四边形,有 $OM = PN$.

所以 $AH = 2OM$.

类似地,作 $\triangle AHE$ 的中位线(如图 159.4),作 $\triangle AHF$ 的中位线(如图 159.5),作 $\triangle AHB$ 的中位线(如图 159.6),证明方法一样.

证明3　如图 159.7,设 N,P,Q 分别为 AB,AH,CH 的中点,连 NM,NO,QP.

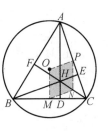

图 159.3

由 M 为 BC 的中点,可知 $MN = \dfrac{1}{2}AC = PQ$.

由 N 为 AB 的中点,可知 $ON \perp AB$.

由 $CH \perp AB$,可知 $ON \parallel CH$.

显然 $MN \parallel PQ$,可知 $\angle ONM = \angle HQP$.

同理可知 $\angle OMN = \angle HPQ$,有

$$\triangle OMN \cong \triangle HPQ$$

于是 $OM = PH = \dfrac{1}{2}AH$.

所以 $AH = 2OM$.

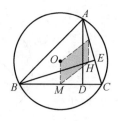

图 159.4　　　　　　　　图 159.5

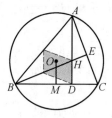
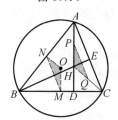

图 159.6　　　　　　　　图 159.7

证明 4　如图 159.8,设 N 为 AC 的中点,连 NO, NM.

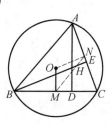

显然 $ON \perp AC$.

由 $BE \perp AC$,可知 $BE \parallel ON$.

同理 $OM \parallel AD$,可知 $\angle MON = \angle AHB$.

由 M 为 BC 的中点,可知 $MN \parallel AB$,有 $\angle ONM = \angle HBA$,于是 $\triangle OMN \backsim \triangle HAB$,得

图 159.8

$$\frac{AH}{MO} = \frac{AB}{MN} = \frac{2}{1}$$

所以 $AH = 2OM$.

证明 5　如图 159.9,分别过 A, B, C 作对边的平行线得 $\triangle A_1B_1C_1$.

显然 $\triangle ABC \backsim \triangle A_1B_1C_1$,且相似比为 $\dfrac{BC}{B_1C_1} = \dfrac{1}{2}$.

显然 O 为 $\triangle ABC$ 的外心,H 为 $\triangle A_1B_1C_1$ 的外心,OM 与 HA 为对应线

段,可知 $\dfrac{OM}{HA}=\dfrac{1}{2}$.

所以 $AH=2OM$.

证明 6 如图 159.10,设直线 AD 交 $\odot O$ 于 K,N 为 AK 的中点,连 ON,BK.

显然 $ON \perp AK$.

由 M 为 BC 的中点,可知 $OM \perp BC$.

由 $AD \perp BC$,可知四边形 $OMDN$ 为矩形,有 $ND=OM$.

显然 $\angle KBC = \angle KAC = \angle HBC$.

由 $AK \perp BC$,可知 K 与 H 关于 BC 对称,有 $DK=DH$.

易知
$$AH = AK - HK = 2NK - 2DK$$
$$= 2(NK - DK) = 2ND = 2OM$$

所以 $AH=2OM$.

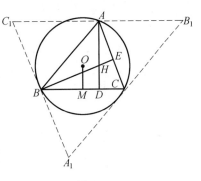

图 159.9

证明 7 如图 159.11,设直线 AO 交 $\odot O$ 于 N,连 NB,NC,NM,MH.

显然 AN 为 $\odot O$ 的直径,可知 $BN \perp AB$.

由 $CH \perp AB$,可知 $BN \parallel HC$.

同理 $NC \parallel BE$,可知四边形 $BNCH$ 为平行四边形,有 NH,BC 互相平分,或 NH 经过 BC 的中点.

由 M 为 BC 的中点,可知 M 在 NH 上,有 $OM=\dfrac{1}{2}AH$.

所以 $AH=2OM$.

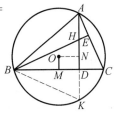

图 159.10

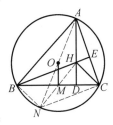

图 159.11

证明 8 如图 159.12,设直线 CH 交 $\odot O$ 于 G,过 O 作 AG 的垂线,N 为垂足,连 OC,OA,OG.

由 $\angle BAC = \dfrac{1}{2}\angle BOC = \angle MOC$,$OM \perp BC$,$CF \perp AB$,可知 $\angle OCM = \angle ACF$.

显然 $\angle NOA = \dfrac{1}{2}\angle GOA = \angle GCA = \angle MCO$.

由 $OA=OC$,可知 $\mathrm{Rt}\triangle OAN \cong \mathrm{Rt}\triangle OCM$,有 $OM=$

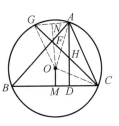

图 159.12

$$AN = \frac{1}{2}AG.$$

显然 $\angle AGC = \angle ABC = \angle CHD = \angle AHG$，可知 $AH = AG$.

所以 $AH = 2OM$.

第 160 天

设 D 为等边三角形 ABC 的 BC 边上一点,AD 交 $\triangle ABC$ 的外接圆于 P.
求证:$PB + PC = PA$.

证明 1 如图 160.1,过 B 作 PC 的平行线交 PA 于 Q.

显然 $\angle PQB = \angle APC = \angle ABC = 60°$,$\angle QPB = \angle ACB = 60°$,可知 $\triangle BPQ$ 为正三角形,有 $PQ = PB$,$\angle PBQ = 60°$.

显然 $\angle ABQ = \angle ABC - \angle QBC = \angle PBQ - \angle QBC = \angle CBP$,$\angle BAQ = \angle BCP$,$BA = BC$,可知 $\triangle ABQ \cong \triangle CBP$,有 $QA = PC$,于是

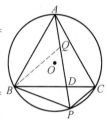

图 160.1

$$PA = QA + PQ = PC + PB$$

所以 $PB + PC = PA$.

证明 2 如图 160.2,过 C 作 PB 的平行线交 PA 于 Q.

由 $\angle PQC = \angle APB = \angle ACB = 60°$,$\angle QPC = \angle ABC = 60°$,可知 $\triangle QPC$ 为正三角形,有 $PQ = PC$,$\angle PCQ = 60°$.

显然 $\angle QCA = \angle BCA - \angle BCQ = \angle PCQ - \angle BCQ = \angle PCB$,$\angle QAC = \angle PBC$,$CA = CB$,可知 $\triangle QCA \cong \triangle PCB$,有 $QA = PB$,于是 $PB + PC = QA + PQ = PA$.

所以 $PB + PC = PA$.

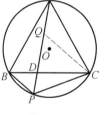

图 160.2

证明 3 如图 160.3,过 A 作 PB 的平行线交直线 PC 于 Q.

由 $\angle PAQ = \angle APB = \angle ACB = 60°$,$\angle APQ = \angle ABC = 60°$,可知 $\triangle APQ$ 为正三角形,有

$$PQ = QA = PA$$

显然 $\angle PAB = \angle CAB - \angle CAP = \angle QAP - \angle CAP = \angle QAC$,$AB = AC$,可知 $\triangle PAB \cong \triangle QAC$,有 $PB = CQ$,于是 $PB + PC = CQ + PC = PQ = PA$.

所以 $PB + PC = PA$.

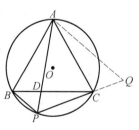

图 160.3

证明4 如图160.4,过A作PC的平行线交直线PB于Q.

由$\angle PAQ = \angle APC = \angle ABC = 60°$,$\angle APQ = \angle ACB = 60°$,可知$\triangle AQP$为正三角形,有$PQ = QA = PA$.

显然$\angle BAQ = \angle PAQ - \angle PAB = \angle CAB - \angle PAB = \angle CAP$,$AB = AC$,可知$\triangle AQB \cong \triangle APC$,有$QB = PC$,于是$PB + PC = PB + QB = PQ = PA$.

所以$PB + PC = PA$.

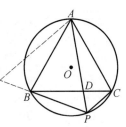

图160.4

证明5 如图160.5,过B作AP的平行线交直线CP于Q.

显然$\angle Q = \angle APC = \angle ABC = 60°$,$\angle BPQ = \angle BAC = 60°$,可知$\triangle PBQ$为正三角形,有$PQ = PB$,$\angle PBQ = 60°$.

显然$BA = BC$,$\angle ABP = \angle ABC + \angle CBP = \angle PBQ + \angle CBP = \angle CBQ$,$\angle BAP = \angle BCQ$,可知$\triangle ABP \cong \triangle CBQ$,有$PA = QC = PQ + PC = PB + PC$.

所以$PB + PC = PA$.

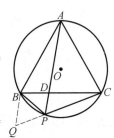

图160.5

证明6 如图160.6,过C作AP的平行线交直线BP于Q.

由$\angle Q = \angle APB = \angle ACB = 60°$,$\angle CPQ = \angle BAC = 60°$,可知$\triangle PCQ$为正三角形,有

$$PQ = PC = QC, \angle PCQ = 60°$$

显然$CA = CB$,$\angle ACP = \angle ACB + \angle BCP = \angle PCQ + \angle BCP = \angle BCQ$,$\angle PAC = \angle QBC$,可知$\triangle PAC \cong \triangle QBC$,有$PA = QB = PQ + PB = PC + PB$.

所以$PB + PC = PA$.

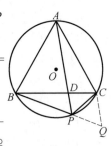

图160.6

证明7 如图160.7.

显然$AB = BC = CA$.

依托勒密定理,可知$PB \cdot CA + PC \cdot AB = PA \cdot BC$,于是

$$PB + PC = PA$$

所以$PB + PC = PA$.

证明8 如图160.8.

由$\angle PAC = \angle PBC$,可知$\angle ADB = \angle PAC + 60° = \angle PBC + 60° =$

$\angle ABP$,有 $\sin \angle ADB = \sin \angle ABP$.

由 $\angle ACP = 180° - \angle ABP$，可知 $\sin \angle ACP = \sin \angle ABP$.

易知

$$S_{ABPC} = \frac{1}{2} PA \cdot BC \sin \angle ADB$$

$$S_{\triangle PAB} = \frac{1}{2} BP \cdot BA \sin \angle ABP$$

$$S_{\triangle PAC} = \frac{1}{2} CP \cdot CA \sin \angle ACP$$

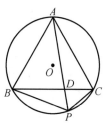

图 160.7

显然 $S_{ABPC} = S_{\triangle PAB} + S_{\triangle PAC}$,可知

$$\frac{1}{2} PA \cdot BC \sin \angle ADB$$

$$= \frac{1}{2} BP \cdot BA \sin \angle ABP +$$

$$\frac{1}{2} CP \cdot CA \sin \angle ACP$$

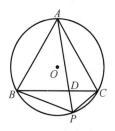

图 160.8

代入 $AB = BC = CA$,及

$$\sin \angle ADB = \sin \angle ABP = \sin \angle ACP$$

就得 $PA = BP + CP$.

所以 $PB + PC = PA$.

本文参考自:

《数学教学通讯》1980 年 4 期 26 页.

第 161 天

如图 161.1，AB 为半圆的直径，O 为圆心，D，F 为半圆上任意两点，$CD \perp AB$，$EF \perp AB$，$FG \perp OD$，C，E，G 为垂足. 求证：$GE = CD$.

证明 1 如图 161.1. 连 OF.

由 $EF \perp AB$，$FG \perp OD$，可知 O，E，F，D 四点共圆，OF 是圆 $OEFD$ 的直径，EG 是圆周角 $\angle F$ 所对的弦.

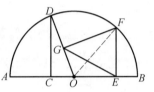

图 161.1

显然 CD 为以 OD 为直径的圆中圆周角 $\angle COD$ 所对的弦.

由 $CD = OF$，$\angle COD = \angle F$，可知 $GE = CD$.

所以 $GE = CD$.

证明 2 如图 161.2，设直线 DC，FE 分别交 $\odot O$ 于 D_1，F_1，直线 DO 交 $\odot O$ 于 K，直线 FG 交 $\odot O$ 于 H，连 HF_1，KD_1.

由 $EF \perp AB$，$FG \perp OD$，可知 E，G 分别为 FF_1，FH 的中点，可知有 $GE \parallel HF_1$，有 $GE = \frac{1}{2}HF_1$.

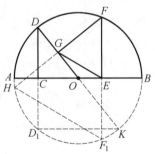

图 161.2

由 $CD \perp AB$，可知 C 为 DD_1 的中点.

显然 O 为 DK 的中点，可知

$$CO \parallel D_1K, \quad CD = \frac{1}{2}D_1D$$

显然 $\angle D_1KD = \angle AOD = \angle F$，可知 $D_1D = HF_1$，有 $GE = CD$.

所以 $GE = CD$.

证明 3 如图 161.3，设 GH 为 $\triangle EFG$ 的外接圆的直径，连 EH，OF.

由 $FE \perp AB$，可知 OF 为 $\triangle EFG$ 的外接圆的直径，有 $GH = OF = OD$.

显然 $\angle DOC = \angle F = \angle GHE$，可知 $\text{Rt}\triangle DOC \cong \text{Rt}\triangle GHE$，有 $CD = GE$.

所以 $GE = CD$.

证明 4 如图 161.4，过 D 作 AB 的平行线，P 为垂足，连 PG，FD，FO.

由 $CD \perp AB, EF \perp AB$,可知四边形 $CDFE$ 为矩形,有 $CD = EP$.

由 $EF \perp AB, FG \perp OD$,可知 G, O, E, F 四点共圆,有 $\angle OEG = \angle OFG$,于是

$$\angle PEG = 90° - \angle OEG$$
$$= 90° - \angle OFG$$
$$= \angle FOD$$

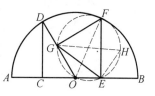

图 161.3

显然 $\angle PDG = \angle GOC = \angle PFG$,可知 P, F, D, G 四点共圆,有 $\angle ODF = \angle EPG$,于是 $\triangle DOF \backsim \triangle PEG$,得 $\dfrac{EP}{OD} = \dfrac{EG}{OF}$.

由 $OD = OF$,可知 $GE = EP = CD$.

所以 $GE = CD$.

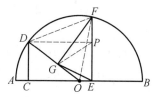

图 161.4

本文参考自:

《数学通讯》1983 年 4 期 19 页.

第 162 天

如图 162.1,已知半圆 O 的直径 $AB = 8$ cm,$AD = CD = 2$ cm. 求弦 BC 的长.

解 1 如图 162.1,设直线 AD,BC 相交于 E,过 O 作 BD 的垂线交 BC 于 F,G 为垂足,连 AC.

由 AB 为半圆 O 的直径,可知 $AD \perp DB$.

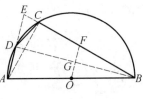

图 162.1

由 $DC = AD$,可知 DB 平分 $\angle CBA$,有 E 与 A 关于 DB 对称,于是 $DE = AD = 2$,$EB = AB = 8$.

显然 $OF /\!/ AE$,由 O 为 AB 的中点,可知 $OG = \dfrac{1}{2} AD = 1$,$OB = 4 = AE$.

显然 $AC \perp EC$,$\angle EAC = \angle DBC = \angle DBA$,可知 Rt$\triangle ACE \cong$ Rt$\triangle BGO$,有 $EC = OG = 1$,于是 $BC = BE - CE = 7$.

所以弦 BC 的长为 7 cm.

解 2 如图 162.2,连 DO,DB,AC.

由 AB 为半圆 O 的直径,可知 $AD \perp DB$.

由 $AB = 8$,$AD = 2$,依勾股定理,可知
$$DB^2 = AB^2 - AD^2 = 60$$

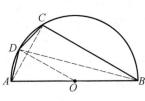

图 162.2

由 $DC = AD$,可知 $\angle DAC = \angle DCA = \angle DBO = \angle BDO$,有 $\triangle DAC \backsim \triangle OBD$,于是
$$\frac{AC}{DB} = \frac{AD}{OB} = \frac{2}{4} = \frac{1}{2}$$

得 $AC = \dfrac{1}{2} DB$. 显然 $AC \perp BC$.

在 Rt$\triangle ABC$ 中,依勾股定理,可知
$$BC = \sqrt{AB^2 - AC^2} = 7$$

所以弦 BC 的长为 7 cm.

解 3 如图 162.3,设 AC,OD 相交于 M.

由 AB 为半圆 O 的直径,可知 $AC \perp CB$.

由 $DA=DC$, O 为圆心,可知 OD 为 AC 的中垂线,有
$$AO^2-OM^2=AM^2=AD^2-DM^2$$
$$=AD^2-(OD-OM)^2$$

于是 $OM=\dfrac{7}{2}$.

显然 $OM \parallel BC$.

由 O 为 AB 的中点,可知 $BC=2OM=7$.

所以弦 BC 的长为 7 cm.

图 162.3

解4 如图 162.4,设直线 AD, BC 相交于 E,连 BD.

由 AB 为半圆 O 的直径,可知 $AD \perp DB$.

由 $DC=AD$,可知 DB 平分 $\angle CBA$,有 E 与 A 关于 DB 对称,于是 $EB=AB$, $DE=AD=DC$.

显然 $\angle E=\angle A=\angle DCE$,可知 $\triangle DCE \backsim$ $\triangle BAE$,有 $\dfrac{CE}{AE}=\dfrac{CD}{AB}$,于是 $CE=1$,得 $BC=7$.

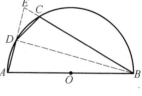
图 162.4

所以弦 BC 的长为 7 cm.

解5 如图 162.5,连 BD.

由 AB 为半圆 O 的直径,可知 $AD \perp DB$.

由 $AB=8$, $AD=2$,依勾股定理,可知
$$DB^2=AB^2-AD^2=60$$

在 $\text{Rt}\triangle ABD$ 中,显然 $\cos A=\dfrac{AD}{AB}=\dfrac{2}{8}=\dfrac{1}{4}$.

由 $\angle A+\angle C=180°$,可知

$$\cos C=-\cos A=-\dfrac{1}{4}$$

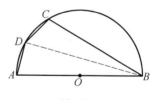
图 162.5

在 $\triangle BCD$ 中,依余弦定理,可知
$$BD^2=CD^2+CB^2-2CD \cdot CB \cos C$$

有 $BC=7$.

所以弦 BC 的长为 7 cm.

解6 如图 162.6,连 AC, BD.

由 AB 为半圆 O 的直径,可知 $AD \perp DB$.

由 $AB=8$, $AD=2$,依勾股定理,可知
$$DB^2=AB^2-AD^2=60$$

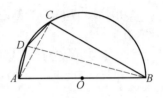

图 162.6

显然 $AC \perp CB$,可知
$$AC^2 = AB^2 - BC^2 = 64 - BC^2$$
在四边形 $ABCD$ 中,依托勒密定理,可知
$$BD \cdot AC = AD \cdot BC + AB \cdot CD$$
有
$$BD^2 \cdot AC^2 = (AD \cdot BC + AB \cdot CD)^2$$
于是
$$60 \times (64 - BC^2) = (2BC + 16)^2$$

得 $BC = 7$.

所以弦 BC 的长为 7 cm.

本文参考自:
《中学生数学》1995 年 1 期 10 页.

第 163 天

已知 $PQRS$ 是圆内接四边形,$\angle PSR = 90°$,过点 Q 作 PR,PS 的垂线,垂足分别为点 H,K.

求证:HK 平分 QS.

证明 1 如图 163.1,设 T 为 HK,QS 的交点.

由 PR 为圆的直径,可知 $RS \perp PS$.

由 $QK \perp PS$,可知 $QK \parallel RS$,有 $\angle SQK = \angle RSQ = \angle RPQ$,即 $\angle SQK = \angle RPQ$.

由 $QH \perp PR$,$QK \perp PS$,可知 Q,H,K,P 四点共圆,有 $\angle HKQ = \angle HPQ = \angle RPQ = \angle SQK$,即 $\angle HKQ = \angle SQK$,于是 $TQ = TK$.

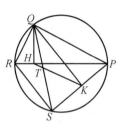

图 163.1

由 $QK \perp PS$,可知 $\angle QKS = 90° = \angle TKS + \angle TKQ = \angle TSK + \angle TQK$,有 $\angle TKS = \angle TSK$,于是 $TS = TK$,得 $TS = TQ$.

显然 KT 为 $Rt\triangle QSK$ 的斜边上的中线,即 T 为 QS 的中点.

所以 HK 平分 QS.

证明 2 如图 163.2,设直线 KH 分别交直线 SR,SQ 于 G,T,连 QG.

由 $QH \perp PR$,$QK \perp PS$,可知 Q,H,K,P 四点共圆,有 $\angle HKQ = \angle HPQ = \angle RPQ = \angle RSQ$,于是 G,S,K,Q 四点共圆.

显然四边形 $GSKQ$ 为矩形,可知 GK 与 QS 互相平分.

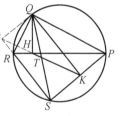

图 163.2

所以 HK 平分 QS.

证明 3 如图 163.3,设 T 为 HK,QS 的交点,O 为 PR 的中点,连 OT,OQ,OS.

由 $QH \perp PR$,$QK \perp PS$,可知 Q,H,K,P 四点共圆,有 $\angle PHK = \angle PQK$.

显然 $\angle QOS = 2\angle QPS$,可知 $\angle OQS = 90° - \angle QPS = \angle PQK$,有 $\angle OQT = \angle OQS = \angle PHK = \angle OHT$,即 $\angle OQT = \angle OHT$,于是 O,T,H,Q

四点共圆.

由 $QH \perp PR$,可知 $OT \perp QS$,有 T 为 QS 的中点.

所以 HK 平分 QS.

证明 4 如图 163.2,设直线 KH 分别交直线 SR,

SQ 于 G,T,连 QG.

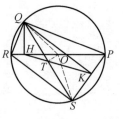

图 163.3

由 $QH \perp PR$,$QK \perp PS$,可知 Q,H,K,P 四点共

圆,有 $\angle HKQ = \angle HPQ = \angle RPQ = \angle RSQ$,于是 G,S,

K,Q 四点共圆,得 $\angle QHG = \angle QPS = \angle QRG$,即 $\angle QHG = \angle QRG$.

显然 Q,G,R,H 四点共圆.

由 $QH \perp PR$,可知 $QG \perp GS$.

由 PR 为圆的直径,可知 $RS \perp PS$.

由 $QK \perp PS$,可知四边形 $GSKQ$ 为矩形,可知 GK 与 QS 互相平分.

所以 HK 平分 QS.

本文参考自:

《中等数学》2006 年 5 期 2 页.

第 164 天

如图 164.1,AB 为半圆直径,C 为半圆上一点,由 C 引 AB 的垂线,D 为垂足.分别以 A,B 为圆心,以 AD,BD 为半径画弧交半圆于 E,F.

求证:CD 平分 EF.

证明 1　如图 164.1,分别过 E,F 作 AB 的垂线,G,H 为垂足,连 AE,AF,BE,BF.

显然 $\angle AEB = 90° = \angle AFB$,可知

$$AD^2 = AE^2 = AG \cdot AB$$
$$BD^2 = BF^2 = BH \cdot AB$$

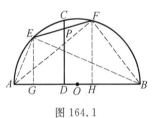

图 164.1

有

$$AD^2 - BD^2 = AG \cdot AB - BH \cdot AB$$
$$= AB \cdot (AG - BH)$$

或

$$(AD + BD) \cdot (AD - BD) = AB \cdot (AG - BH)$$

于是 $AD - BD = AG - BH$,或

$$AD - AG = BD - BH$$

就是 $CD = DH$.

显然 $EG /\!/ FG$,可知 $\dfrac{EP}{GD} = \dfrac{PF}{DH}$,有 $EP = PF$.

所以 CD 平分 EF.

证明 2　如图 164.2,分别过 E,F 作 AB 的垂线,G,H 为垂足,连 EA,ED,EB,FB.

由 $\angle AEG = \angle ABE$,$\angle AED = \angle ADE$,可知 $\angle AED - \angle AEG = \angle ADE - \angle ABE$,就是 $\angle GED = \angle BED$,即 ED 平分 $\angle GEB$,有 $\dfrac{EG}{EB} = \dfrac{GD}{DB}$.

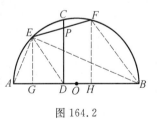

图 164.2

易知 $\dfrac{EG}{EB} = \dfrac{AE}{AB} = \dfrac{AD}{AB}$,可知

$$\frac{GD}{DB} = \frac{AD}{AB} \tag{1}$$

同理可得

$$\frac{DH}{AD} = \frac{DB}{AB} \qquad (2)$$

由(1),(2)得$\frac{GD}{AD} = \frac{DH}{AD}$,于是 $GD = DH$.

显然 $EG \parallel CD \parallel FH$.

所以 CD 平分 EF.

证明3　如图 164.3,分别过 E,F 作 AB 的垂线,G,H 为垂足,连 EA,EB,CA,CB.

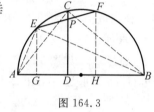

图 164.3

易知

$$AD^2 = AE^2 = AG \cdot AB$$
$$= (AD - GD) \cdot AB$$
$$= AD \cdot AB - GD \cdot AB$$
$$= AC^2 - GD \cdot AB$$

可知 $GD \cdot AB = AC^2 - AD^2 = CD^2$,有

$$GD = \frac{CD^2}{AB}$$

同理 $HD = \frac{CD^2}{AB}$,于是 $GD = HD$.

由 $EG \parallel FH$,可知 $\frac{PE}{DG} = \frac{PF}{DH}$,于是 $PE = PF$.

所以 CD 平分 EF.

本文参考自:

《厦门数学通讯》1979 年 2 期问题.

第 165 天

$\triangle ABC$ 的垂心是 H,外心是 O,$\angle A = 60°$.

求证:三直线 HO,AB,AC 围成的 $\triangle APQ$ 是正三角形.

证明 1 如图 165.1.

由 O 为 $\triangle ABC$ 的外心,可知 $\angle BOC = 2\angle BAC = 120°$.

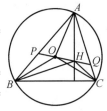

图 165.1

由 H 为 $\triangle ABC$ 的垂心,$\angle BAC = 60°$,可知 $\angle HCA = 30° = \angle HBA$,有 $\angle BHC = \angle HCA + \angle HBA + \angle BAC = 120° = \angle BOC$,于是 B,C,H,O 四点共圆,得 $\angle QHC = 30°$,进而 $\angle AQP = 60°$.

由 $\angle BAC = 60°$,可知 $\triangle APQ$ 为正三角形.

所以三直线 HO,AB,AC 围成的 $\triangle APQ$ 是正三角形.

证明 2 如图 165.2,设 $\angle BAC$ 的平分线交 $\odot O$ 于 M,直线 CO 交 $\odot O$ 于 N,OM,BC 相交于 D,连 OA,OB,MH,NA,NB.

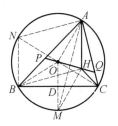

图 165.2

显然 OM 为 BC 的中垂线,可知 $OM \parallel AH$.

由 CN 为 $\odot O$ 的直径,可知 $\angle NBC = \angle NAC = 90°$.

由 $\angle BAC = 60°$,可知 $\angle NAB = 30°$,有 $\angle NCB = 30°$,于是 $NB = \frac{1}{2}NC = OB = OM$.

易证四边形 $ANBH$ 为平行四边形,可知 $AH = BN = OM = OA$.

显然四边形 $AOMH$ 为菱形,可知 AM 为 OH 的中垂线.

由 AM 为 $\angle BAC$ 的平分线,可知 P 与 Q 关于 AM 对称.

由 $\angle BAC = 60°$,可知 $\triangle APQ$ 为正三角形.

所以三直线 HO,AB,AC 围成的 $\triangle APQ$ 是正三角形.

证明 3 如图 165.3,设直线 AO 交 $\odot O$ 于 F,连 BF.

(先证明 $AH = AO$,同上)

设 $\angle BAC$ 的平分线交 $\odot O$ 于 M,直线 CO 交 $\odot O$ 于 N,OM,BC 相交于 D,连 OB,MH,NA,NB.

显然 OM 为 BC 的中垂线,可知 $OM \parallel AH$.

由 CN 为 $\odot O$ 的直径,可知 $\angle NBC = \angle NAC = 90°$.

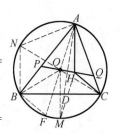

图 165.3

由 $\angle BAC = 60°$,可知 $\angle NAB = 30°$,有 $\angle NCB = 30°$,于是 $NB = \dfrac{1}{2}NC = OB = OM$.

易证四边形 $ANBH$ 为平行四边形,可知 $AH = BN = OM = OA$.

显然 $\angle AOH = \angle AHO$,可知 $\angle AOP = \angle AHQ$.

显然 $\angle PAO = 90° - \angle AFB = 90° - \angle ACB = \angle QAH$,可知 $\triangle PAO \cong \triangle QAH$,有 $AP = AQ$.

由 $\angle BAC = 60°$,可知 $\triangle APQ$ 为正三角形.

所以三直线 HO, AB, AC 围成的 $\triangle APQ$ 是正三角形.

本文参考自:

《教学通讯》1983 年 6 期 6 页.

第 166 天

四边形 $ABCD$ 内接于 $\odot O$,且 $AB=AD$,$CB=CD$,延长 AB,DC 交于 E,$\angle AED$ 的平分线交 BC 于 P,交 AD 于 K. 延长 AD,BC 交于 F,$\angle BFA$ 的平分线交 CD 于 H,交 AB 于 G.

求证:四边形 $GPHK$ 为正方形.

证明 1 如图 166.1,连 CA.

显然 $\angle 1=\angle 2$,$\angle 3=\angle 4$,可知 $\angle 1+\angle 3=\angle 2+\angle 4$,有 $\angle EHG=\angle EGH$,于是 $EH=EG$,得 EK 为 GH 的中垂线,故 $PH=PG$,$KH=KG$.

同理 $HP=HK$,可知四边形 $GPHK$ 为菱形.

由 $AB=AD$,$CB=CD$,可知 CA 为圆的直径,有 B 与 D 关于 CA 对称,进而 E 与 F 关于 CA 对称,G 与 K 关于 CA 对称,于是 $\triangle EGH\cong\triangle FPK$,得 $GH=PK$.

所以四边形 $GPHK$ 为正方形.

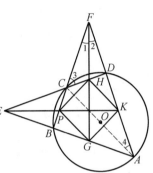

图 166.1

证明 2 如图 166.2,连 CA.

由 $AB=AD$,$CB=CD$,可知 CA 为圆的直径;B 与 D 关于 AC 对称;$\angle ABC=90°=\angle ADC$.

由 B 与 D 关于 AC 对称,可知 E 与 F 关于 CA 对称,进而 P 与 H 关于 AC 对称,G 与 K 关于 AC 对称,FG,EK 的交点 M 在对称轴 CA 上,有四个角 $\angle 1$,$\angle 2$,$\angle 3$,$\angle 4$ 都相等,且所有关于 CA 对称的线段都分别相等.

显然 $\dfrac{DK}{KA}=\dfrac{BG}{GA}=\dfrac{FB}{FA}=\dfrac{FD}{FC}=\dfrac{DH}{HC}$,可知 $HK\,/\!/\,CA$.

同理 $PG\,/\!/\,CA$,可知 $PG\,/\!/\,HK$.

由对称性,$PG=HK$,可知四边形 $GPHK$ 为平行四边形.

由对称性,可知 $HG=PK$,有四边形 $GPHK$ 为矩形.

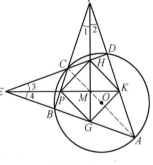

图 166.2

由证明 1,可证 EK 为 GH 的中垂线,有四边形 $GPHK$ 为正方形.

所以四边形 $GPHK$ 为正方形.

证明 3 如图 166.3,连 CA, BD.

由证明 2,可知 $\dfrac{PH}{BD} = \dfrac{CH}{CD} = \dfrac{AK}{AD} = \dfrac{GK}{BD}$,有

$PH = GK$.

由对称性,可知 $PH /\!/ GK$,有四边形 $GPHK$ 为平行四边形.

由证明 2,四边形 $GPHK$ 为正方形.

所以四边形 $GPHK$ 为正方形.

证明 4 如图 166.4,连 CA.

由证明 2,可知 CA 是整个图形的对称轴,FG, EK 的交点 M 在对称轴 CA 上,且所有关于 CA 对称的线段都分别相等.

显然 $MP = MH$, $MG = MK$.

由证明 1,可知四边形 $GPHK$ 为菱形.

所以四边形 $GPHK$ 为正方形.

本文参考自:

《中等数学》2002 年 3 期 41 页.

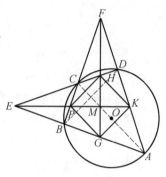

图 166.3

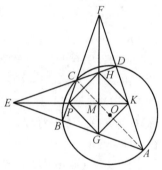

图 166.4

第 167 天

如图 167.1,圆内接四边形 $ABCD$ 的一组对边 CB,DA 延长后交于点 P,由 P 连接 CD 中点 M 交 AB 边于 E. 求证:$\dfrac{AE}{BE}=\dfrac{PA^2}{PB^2}$.

证明 1 如图 167.1,分别过 C,D 作 AB 的平行线交直线 PM 于 H,G.

显然 $DG \parallel HC$.

由 M 为 CD 的中点,可知 M 为 GH 的中点,有 $\triangle MDG \cong \triangle MCH$,于是 $DG = CH$.

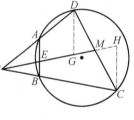

图 167.1

显然 $\dfrac{PA}{PB}=\dfrac{PC}{PD}$.

由 $\dfrac{AE}{DG}=\dfrac{PA}{PD}$,$\dfrac{CH}{BE}=\dfrac{PC}{PB}$,可知 $\dfrac{AE}{DG} \cdot \dfrac{CH}{BE}=\dfrac{PA}{PD} \cdot$

$\dfrac{PC}{PB}=\dfrac{PA}{PB} \cdot \dfrac{PC}{PD}=\dfrac{PA^2}{PB^2}$,有 $\dfrac{AE}{BE}=\dfrac{PA^2}{PB^2}$.

所以 $\dfrac{AE}{BE}=\dfrac{PA^2}{PB^2}$.

证明 2 如图 167.2,分别过 B,M 作 PD 的平行线交 PM,PC 于 F,G.

显然 $\dfrac{PA}{PB}=\dfrac{PC}{PD}$.

由 M 为 CD 的中点,可知 G 为 PC 的中点,有 $MG=\dfrac{1}{2}PD$.

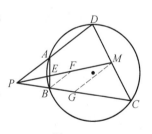

图 167.2

显然 $\dfrac{2BF}{PD}=\dfrac{BF}{GM}=\dfrac{PB}{PG}=\dfrac{2PB}{PC}$,即

$$\frac{BF}{PD}=\frac{PB}{PC}$$

显然 $\dfrac{AE}{BE}=\dfrac{PA}{BF}$,可知

$$\frac{AE}{BE}=\frac{PA}{BF} \cdot \frac{BF}{PB} \cdot \frac{PC}{PD}=\frac{PA}{PB} \cdot \frac{PC}{PD}=\frac{PA^2}{PB^2}$$

即 $\dfrac{AE}{BE}=\dfrac{PA^2}{PB^2}$

所以 $\dfrac{AE}{BE}=\dfrac{PA^2}{PB^2}$.

证明3 如图 167.3,设 $\angle DPM=\alpha$, $\angle CPM=\beta$.

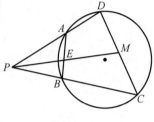

图 167.3

显然 $\dfrac{PA}{PB}=\dfrac{PC}{PD}$.

易知 $\dfrac{AE}{BE}=\dfrac{\frac{1}{2}PA\cdot PE\sin\alpha}{\frac{1}{2}PB\cdot PE\sin\beta}=\dfrac{PA}{PB}\cdot\dfrac{\sin\alpha}{\sin\beta}$,即

$$\dfrac{AE}{BE}=\dfrac{PA}{PB}\cdot\dfrac{\sin\alpha}{\sin\beta}.$$

由 M 为 CD 的中点,可知 $S_{\triangle PMD}=S_{\triangle PMC}$,有

$$\dfrac{S_{\triangle PMD}}{S_{\triangle PMC}}=\dfrac{\frac{1}{2}PD\cdot PM\sin\alpha}{\frac{1}{2}PC\cdot PM\sin\beta}=\dfrac{PD\sin\alpha}{PC\sin\beta}=1$$

于是 $\dfrac{\sin\alpha}{\sin\beta}=\dfrac{PC}{PD}$,得

$$\dfrac{AE}{BE}=\dfrac{PA}{PB}\cdot\dfrac{\sin\alpha}{\sin\beta}=\dfrac{PA}{PB}\cdot\dfrac{PC}{PD}=\dfrac{PA}{PB}\cdot\dfrac{PA}{PB}=\dfrac{PA^2}{PB^2}$$

所以 $\dfrac{AE}{BE}=\dfrac{PA^2}{PB^2}$.

第 168 天

如图 168.1,经过平行四边形 $ABCD$ 的顶点 C 的圆分别交 DC,BC 于 M,N,交对角线 AC 于 P.

求证:$CM \cdot CD + CN \cdot CB = CP \cdot CA$.

证明 1 如图 168.1,设 $\triangle PMD$ 的外接圆交 AC 于 E,连 DE,PM,PN,过 B 作 DE 的平行线交 AC 于 F.

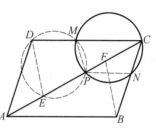

图 168.1

显然 $\triangle AED \cong \triangle CFB$,可知 $AE = CF$,$\angle DEA = \angle BFC$,有 $AF = CE$.

由 $\angle DEA = \angle PMD = \angle PNC$,可知 $\angle PNC = \angle BFC$,有 $\triangle CNP \backsim \triangle CFB$,于是
$$CN \cdot CB = CF \cdot CP$$

显然 $CM \cdot CD = CP \cdot CE$,可知
$$CM \cdot CD + CN \cdot CB$$
$$= CP \cdot CE + CF \cdot CP$$
$$= CP \cdot (CE + CF)$$
$$= CP \cdot (CE + AE)$$
$$= CP \cdot CA$$

所以 $CM \cdot CD + CN \cdot CB = CP \cdot CA$.

证明 2 如图 168.2,在 AC 上取一点 E,使 $\angle DEA = \angle PMD$,过 B 作 DE 的平行线交 AC 于 F,连 MP,NP.

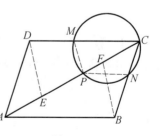

图 168.2

显然 $\triangle AED \cong \triangle CFB$,可知 $AE = CF$,$\angle DEA = \angle BFC$,有 $AF = CE$.

由 $\angle DEA = \angle PMD = \angle PNC$,可知 $\angle PNC = \angle BFC$,有 $\triangle CNP \backsim \triangle CFB$,于是 $CN \cdot CB = CF \cdot CP$.

显然 $CM \cdot CD = CP \cdot CE$,可知
$$CM \cdot CD + CN \cdot CB$$

$$= CP \cdot CE + CF \cdot CP$$
$$= CP \cdot (CE + CF)$$
$$= CP \cdot (CE + AE)$$
$$= CP \cdot CA$$

所以 $CM \cdot CD + CN \cdot CB = CP \cdot CA$.

证明 3 如图 168.3，设 CE 为圆的直径，分别由 A,B,D 向直线 CE 引垂线，F,G,H 为垂足，过 F 作 AD 的平行线交直线 DH 于 K.

显然四边形 $ADKF$ 为平行四边形，可知 $KF = DA = CB$.

显然 Rt$\triangle KFH \cong$ Rt$\triangle BCG$，可知 $FH = GC$.

易知 $CM \cdot CD = CE \cdot CH$，$CN \cdot CB = CE \cdot CG = CE \cdot FH$，可知

$$CM \cdot CD + CN \cdot CB = CE \cdot CH + CE \cdot FH$$

所以 $CM \cdot CD + CN \cdot CB = CP \cdot CA$.

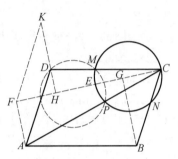

图 168.3

证明 4 如图 168.4，连 PM,PN,MN.

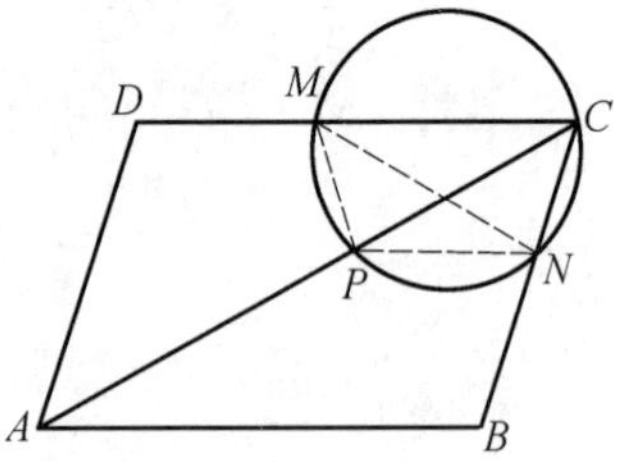

由 $\angle MPN = 180° - \angle DCB = \angle B$，$\angle PMN = \angle BCA$，可知 $\triangle PMN \backsim \triangle BCA$，有 $\dfrac{PM}{CB} = \dfrac{MN}{AC}$，于是 $CB \cdot MN = PM \cdot AC$，得

$$MN = \frac{PM \cdot AC}{CB}$$

同理 $\triangle PMN \backsim \triangle DAC$，可知

$$\frac{CD}{PN} = \frac{AD}{PM} = \frac{CB}{PM}$$

有 $CB \cdot PN = CD \cdot PM$.

由托勒密定理，可知 $PC \cdot MN = CM \cdot PN + CN \cdot PM$，有

$$PC \cdot \frac{PM \cdot AC}{CB} = CM \cdot PN + CN \cdot PM$$

于是

$$CP \cdot CA = CM \cdot PN \cdot \frac{CB}{PM} + CN \cdot PM \cdot \frac{CB}{PM}$$

$$= CD \cdot PM \cdot \frac{CM}{PM} + CN \cdot PM \cdot \frac{CB}{PM}$$

图 168.4

$$= CM \cdot CD + CN \cdot CB$$

所以 $CM \cdot CD + CN \cdot CB = CP \cdot CA.$

本文参考自:

重庆《数学教学通讯》1983 年 4 期 36 页.

第 169 天

设 O 为锐角 $\triangle ABC$ 的外心,BO 和 CO 的延长线分别交 AC 和 AB 于 D, E,若 $\angle A = 60°$.

求证:$AB \cdot BE + AC \cdot CD = BC^2$.

证明 1 如图 169.1,设 $\angle BAC$ 的平分线交 BC 于 F.

由 $\angle BOC = 2\angle BAC = 120°$,可知 $\angle DBC = \angle ECB = 30°$

由 $\angle FAC = 30° = \angle DBC$,可知 $\triangle FAC \backsim \triangle DBC$, 有

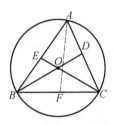

图 169.1

$$CD \cdot CA = CF \cdot CB$$

同理 $BE \cdot BA = BF \cdot BC$,可知

$$AB \cdot BE + AC \cdot CD$$
$$= BF \cdot BC + CF \cdot CB$$
$$= BC(BF + CF) = BC^2$$

所以 $AB \cdot BE + AC \cdot CD = BC^2$.

证明 2 如图 169.2,设 F 为 BA 延长线上的一点, $AF = AB$,连 CF.

如前有证 $BE = CD$.

显然 $\triangle BCE \backsim \triangle BFC$,可知 $\dfrac{BE}{BC} = \dfrac{BC}{BF}$,有 $BC^2 = BE \cdot BF = BE(AB + AF) - BE(AB + AC) = BE \cdot AB + BE \cdot AC = BE \cdot AB + CD \cdot AC$.

所以 $AB \cdot BE + AC \cdot CD = BC^2$.

证明 3 如图 169.3,设 $\triangle COD$ 的外接圆交 BC 于 F,连 FO,FD.

由 $\angle A = 60°$,$\angle EOD = \angle BOC = 120°$,可知 A,E, O,D 四点共圆,有

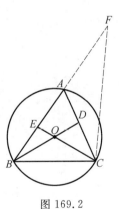

图 169.2

$$CD \cdot CA = CO \cdot CE$$

$$BE \cdot BA = BO \cdot BD = BF \cdot BC$$

由 $\angle BEO = \angle ADO = \angle OFC$,可知 B, F, O, E 四点共圆,有 $CO \cdot CE = CF \cdot CB$,于是

$$AB \cdot BE + AC \cdot CD$$
$$= BF \cdot BC + CF \cdot CB$$
$$= BC(BF + CF) = BC^2$$

所以 $AB \cdot BE + AC \cdot CD = BC^2$.

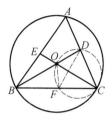

图 169.3

证明 4 如图 169.4,设直线 BD 交 $\odot O$ 于 F,直线 CE 交 $\odot O$ 于 G,连 CF, BG.

设 R 为 $\odot O$ 的半径.

显然 $\triangle OBG$ 为正三角形,$\triangle BEG \cong \triangle CDO$,可知 $GE = OD, BE = CD$.

显然 A, E, O, D 四点共圆,可知

$$AB \cdot BE + AC \cdot CD$$
$$= BO \cdot BD + CO \cdot CE$$
$$= R(R + OD + R + OE)$$
$$= R(2R + OD + OE)$$
$$= R(2R + OG)$$
$$= 3R^2$$

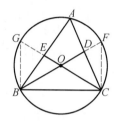

图 169.4

在 $Rt\triangle BOG$ 中,$BC^2 = CG^2 - BG^2 = 3R^2$.

所以 $AB \cdot BE + AC \cdot CD = BC^2$.

证明 5 如图 169.1,设 $\angle BAC$ 的平分线交 BC 于 F.

由 $\angle BOC = 2\angle BAC = 120°$,可知

$$\angle DBC = \angle ECB = 30°$$

显然 $\angle FAD = 30° = \angle FBD$,可知 A, B, F, D 四点共圆,有 $BC \cdot CF = AC \cdot CD$.

同理 $BE \cdot BA = BF \cdot BC$,可知

$$AB \cdot BE + AC \cdot CD$$
$$= BF \cdot BC + CF \cdot CB$$
$$= BC(BF + CF) = BC^2$$

所以 $AB \cdot BE + AC \cdot CD = BC^2$.

本文参考自:

《中学生数学》1994 年 11 期 33 页.

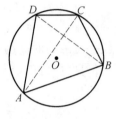

第 170 天

如图 170.1,四边形 $ABCD$ 内接于 $\odot O$.

求证：$\dfrac{AD \cdot AB + CB \cdot CD}{BA \cdot BC + DC \cdot DA} = \dfrac{AC}{BD}$.

证明1 如图 170.1,连 AC, BD.

由

$$S_{\triangle ABD} = \frac{1}{2} AD \cdot AB \sin \angle DAB$$

$$S_{\triangle CBD} = \frac{1}{2} CB \cdot CD \sin \angle BCD$$

$$S_{\triangle ABC} = \frac{1}{2} BA \cdot BC \sin \angle ABC$$

$$S_{\triangle DCA} = \frac{1}{2} DC \cdot DA \sin \angle CDA$$

$$\sin \angle DAB = \sin \angle BCD$$

$$\sin \angle ABC = \sin \angle CDA$$

可知

$$\frac{S_{\triangle ABD}}{S_{\triangle CBD}} = \frac{AD \cdot AB}{CB \cdot CD}, \frac{S_{\triangle ABC}}{S_{\triangle DCA}} = \frac{BA \cdot BC}{DC \cdot DA}$$

有

$$\frac{S_{\triangle ABD} + S_{\triangle CBD}}{S_{\triangle CBD}} = \frac{AD \cdot AB + CB \cdot CD}{CB \cdot CD}$$

$$\frac{S_{\triangle ABC} + S_{\triangle DCA}}{S_{\triangle DCA}} = \frac{BA \cdot BC + DC \cdot DA}{DC \cdot DA}$$

两式相除,得

$$\frac{AD \cdot AB + CB \cdot CD}{BA \cdot BC + DC \cdot DA} \cdot \frac{DA}{BC}$$

$$= \frac{S_{\triangle DCA}}{S_{\triangle CBD}} = \frac{AD \cdot AC}{BC \cdot BD}$$

所以 $\dfrac{AD \cdot AB + CB \cdot CD}{BA \cdot BC + DC \cdot DA} = \dfrac{AC}{BD}$.

证明2 如图 170.2,连 AC, BD.

记 $S_{\triangle ABD} = S_1$, $S_{\triangle CBD} = S_2$, $S_{\triangle ABC} = S_3$, $S_{\triangle DCA} = S_4$, 设 $\odot O$ 的半径为 R.

由公式 $R = \dfrac{abc}{4S}$,可知

$$R = \frac{DA \cdot AB \cdot BD}{4S_1}$$

$$= \frac{BC \cdot CD \cdot BD}{4S_2}$$

$$= \frac{AB \cdot BC \cdot AC}{4S_3}$$

$$= \frac{CD \cdot DA \cdot AC}{4S_4}$$

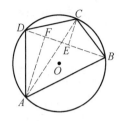

图 170.2

有 $\dfrac{DA \cdot AB}{BC \cdot CD} = \dfrac{S_1}{S_2}$,$\dfrac{AB \cdot BC}{CD \cdot DA} = \dfrac{S_3}{S_4}$.

(以下同上一证明,略)

证明 3   如图 170.2,设 AC 与 BD 相交于 P,分别过 A,C 作 BD 的垂线,F,E 为垂足.

记 $S_{\triangle ABD} = S_1$,$S_{\triangle CBD} = S_2$,$S_{\triangle ABC} = S_3$,$S_{\triangle DCA} = S_4$.

由

$$S_1 = \frac{1}{2} DB \cdot AF, S_2 = \frac{1}{2} BD \cdot CE$$

可知

$$\frac{S_1}{S_2} = \frac{AF}{CE} = \frac{AP}{CP}$$

由

$$S_1 = \frac{1}{2} AD \cdot AB \sin \angle DAB$$

$$S_2 = \frac{1}{2} CB \cdot CD \sin \angle BCD$$

$$\sin \angle DAB = \sin \angle BCD$$

可知

$$\frac{AD \cdot AB}{CB \cdot CD} = \frac{S_1}{S_2}$$

有

$$\frac{AD \cdot AB}{CB \cdot CD} = \frac{AP}{CP}$$

于是

$$\frac{AD \cdot AB + CB \cdot CD}{CB \cdot CD} = \frac{AP + CP}{CP} = \frac{AC}{CP}$$

同理 $\dfrac{BA \cdot BC + DC \cdot DA}{DC \cdot DA} = \dfrac{BD}{PD}$.

两式相除,得

$$\frac{AD \cdot AB + CB \cdot CD}{BA \cdot BC + DC \cdot DA} \cdot \frac{DC \cdot DA}{CB \cdot CD} = \frac{AC \cdot PD}{CP \cdot BD}$$

因为其中 $\dfrac{DA \cdot DC}{CB \cdot CD} = \dfrac{S_4}{S_2} = \dfrac{PD}{PC}$.

所以 $\dfrac{AD \cdot AB + CB \cdot CD}{BA \cdot BC + DC \cdot DA} = \dfrac{AC}{BD}$.

注:关于公式 $R = \dfrac{abc}{4S}$ 的证明:

证明:如图 170.3,连 AC,BD,过 D 作 BC 的垂线,E 为垂足.

在 $\triangle BCD$ 中,$BD \cdot CD = 2R \cdot DE$,两边都乘以 BC,可知

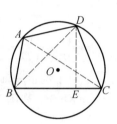

图 170.3

$$BD \cdot CD \cdot BC = 2R \cdot DE \cdot BC$$
$$= 4R \cdot S_{\triangle BCD}$$

于是 $S_{\triangle CBD} = \dfrac{BD \cdot CD \cdot BC}{4R}$.

所以 $R = \dfrac{abc}{4S}$.

本文参考自:

1.《数学通讯》1980 年 4 期 30 页.

2.《中学数学教学》1984 年 3 期 15 页.

第 171 天

求证:矩形的四个顶点在以对角线的交点为圆心的同一个圆周上.

如图 171.1,矩形 $ABCD$ 的对角线 AC 和 BD 相交于点 O. 求证:A,B,C,D 四个点在以 O 为圆心的同一个圆上.

证明 1 如图 171.1.

由四边形 $ABCD$ 为矩形,可知 $AC=BD$,$OA=OC$,$OB=OD$,有 $OD=OC=OB=OA$. 于是 A,B,C,D 四个点在以 O 为圆心以 OA 为半径的同一个圆上.

所以 A,B,C,D 四个点在以 O 为圆心的同一个圆上.

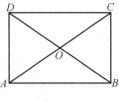

图 171.1

证明 2 如图 171.1.

由四边形 $ABCD$ 为矩形,可知 $\angle ABC=90°=\angle ADC$,可知 A,B,C,D 四点共圆.

由 $\angle ABC=90°$,可知 AC 是圆的直径.

由 O 为 AC 的中点,可知 O 为圆心.

所以 A,B,C,D 四个点在以 O 为圆心的同一个圆上.

证明 3 如图 171.1.

由四边形 $ABCD$ 为矩形,可知 $AD=BC$,$\angle DAB=90°=\angle CBA$,有 Rt$\triangle DAB \cong$ Rt$\triangle CBA$,于是 $\angle ADB=\angle BCA$,得 A,B,C,D 四点共圆.

由 $\angle DAB=90°$,可知 DB 为直径.

由 O 为 DB 的中点,可知 O 为圆的圆心.

所以 A,B,C,D 四个点在以 O 为圆心的同一个圆上.

证明 4 如图 171.1.

由四边形 $ABCD$ 为矩形,可知 $\angle DAB=90°=\angle DCB$,有 $\angle DAB+\angle DCB=180°$,于是 A,B,C,D 四点共圆.

由 $\angle DAB=90°$,可知 DB 为直径.

由 O 为 DB 的中点,可知 O 为圆的圆心.

所以 A,B,C,D 四个点在以 O 为圆心的同一个圆上.

证明 5 如图 171.2,设 E 为 AB 延长线上的一点.

由四边形 $ABCD$ 为矩形,可知 $\angle ADC = 90°$.

显然 $\angle CBA = 90°$,可知 $\angle CBE = 90° = \angle ADC$,有 A,B,C,D 四点共圆.

由 $\angle ABC = 90°$,可知 AC 是圆的直径.

由 O 为 AC 的中点,可知 O 为圆心.

所以 A,B,C,D 四个点在以 O 为圆心的同一个圆上.

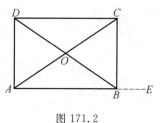

图 171.2

证明 6 如图 171.1.

由四边形 $ABCD$ 为矩形,可知 $\triangle ABC$ 为直角三角形.

显然 DB 平分 AC,可知 OB 为 Rt$\triangle ABC$ 的斜边 AC 上的中线,有 $OB = \frac{1}{2}AC = OC = OA$.

同理 $OD = OA$,可知 $OD = OC = OB = OA$. 于是 A,B,C,D 四个点在以 O 为圆心,以 OA 为半径的同一个圆上.

所以 A,B,C,D 四个点在以 O 为圆心的同一个圆上.

证明 7 如图 171.3,作 $\triangle ABC$ 的外接圆.

由四边形 $ABCD$ 为矩形,可知 $\angle ABC = 90°$,有 AC 为 $\triangle ABC$ 的外接圆的直径.

显然 $\angle ADC = 90°$,可知点 D 在 $\triangle ABC$ 的外接圆上,有 A,B,C,D 四点共圆.

显然 O 为 AC 的中点,可知 O 为 $\triangle ABC$ 的外接圆的圆心.

所以 A,B,C,D 四个点在以 O 为圆心的同一个圆上.

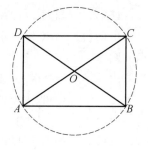

图 171.3

证明 8 如图 171.1.由四边形 $ABCD$ 为矩形,可知 $AC = BD$,$OA = OC$,$OB = OD$,有 $OD = OC = OB = OA$. 于是 $OA \cdot OB = OC \cdot OD$,有 A,B,C,D 四点共圆.

显然 $\angle ABC = 90°$,可知 AC 是圆的直径.

由 O 为 AC 的中点,可知 O 为圆心.

所以 A,B,C,D 四个点在以 O 为圆心的同一个圆上.

第 172 天

求证:菱形的各边中点在同一个圆上.

已知:如图 172.1,E,F,G,H 分别为菱形 $ABCD$ 各边中点.

求证:E,F,G,H 四点共圆.

证明 1　如图 172.1,设 AC,BD 相交于 O,连 OE, OF,OG,OH.

显然 $AC \perp DB$.

在 Rt$\triangle DOC$ 中,OG 为斜边 DC 上的直线,可知

$$OG = \frac{1}{2}CD.$$

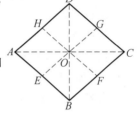

同理 $OH = \frac{1}{2}DA$,$OE = \frac{1}{2}AB$,$OF = \frac{1}{2}BC$.

图 172.1

显然 $AB = BC = CD = DA$,可知 $OE = OF = OG = OH$,于是 E,F,G,H 同在以 O 为圆心以 OE 为半径的圆上.

所以 E,F,G,H 四点共圆.

证明 2　如图 172.2,连 AC,BD,连 EF,FG,GH, HE.

显然 $AC \perp BD$.

由 E,F,G,H 分别为菱形 $ABCD$ 各边中点,可知

$$HG \mathbin{/\!/} AC,HG = \frac{1}{2}AC.$$

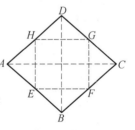

同理 $EF \mathbin{/\!/} AC$,$EF = \frac{1}{2}AC = HG$.

图 172.2

同理 $HE = GF$,可知四边形 $EFGH$ 为平行四边形.

由 $HG \mathbin{/\!/} AC$,$GF \mathbin{/\!/} DB$,$AC \perp DB$,可知 $GF \perp HG$,有四边形 $EFGH$ 为矩形.

所以 E,F,G,H 四点共圆.

证明 3　如图 172.3,设 EG,FH 相交于 O,连 HE,FG.

显然 $AB = BC = CD = DA$.

由 E,F,G,H 分别为菱形 $ABCD$ 各边中点,可知

$$DG = \frac{1}{2}DC = \frac{1}{2}AB = AE.$$

显然 $AB \parallel DC$,可知四边形 $AEGD$ 为平行四边形.

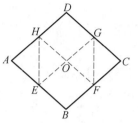

图 172.3

同理四边形 $EBGC$,四边形 $ABFH$,四边形 $CDHF$ 均为平行四边形,可知

$$\angle AHF = \angle D = \angle EGC$$

显然 $\triangle AEH \cong \triangle CGF$,可知 $\angle AHE = \angle CGF$,有 $\angle AHF - \angle AHE = \angle EGC - \angle CGF$,就是 $\angle EHF = \angle EGF$,于是 E,F,G,H 四点共圆.

所以 E,F,G,H 四点共圆.

证明 4 如图 172.4,连 EH,HF,FG,GE,DB.

由 E,F,G,H 分别为菱形 $ABCD$ 各边中点,可知 $HE \parallel DB \parallel GF$.

显然 $AB = CD$,可知 $AE = DG$,有四边形 $AEGD$ 为平行四边形,于是 $GE \parallel DA$.

同理四边形 $CDHF$ 为平行四边形,可知 $HF \parallel DC$.

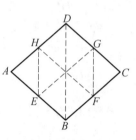

图 172.4

易知 $\angle EHF = \angle BDC$,$\angle EGF = \angle ADB$.

显然 BD 平分 $\angle ADC$,即 $\angle BDC = \angle ADB$,可知 $\angle EHF = \angle EGF$.

所以 E,F,G,H 四点共圆.

证明 5 如图 172.5,连 AC,DB,EG,HF,EH,GF.

显然 $AC \perp DB$.

由 E,F,G,H 分别为菱形 $ABCD$ 各边中点,可知 $HE \parallel DB \parallel GF$,$HE = \frac{1}{2}DB = GF$.

显然 $EF \parallel AC$,可知 $HE \perp EF$,$GF \perp EF$.

显然 $\mathrm{Rt}\triangle HEF \cong \mathrm{Rt}\triangle GFE$,可知 $\angle EHF = \angle FGE$,有 E,F,G,H 四点共圆.

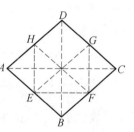

图 172.5

所以 E,F,G,H 四点共圆.

证明 6 如图 172.6,设 EG,HF 相交于 O.

显然 $AB = BC = CD = DA$.

由 E,G 分别为菱形 AB,CD 中点,可知

$$DG = \frac{1}{2}DC = \frac{1}{2}AB = AE$$

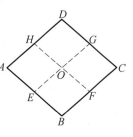

图 172.6

显然 $AB \parallel DC$,可知四边形 $AEGD$ 为平行四边形,有 $GE = DA$,$GE \parallel DA \parallel CB$.

同理 $HF = DC = DA = GE$,$HF \parallel DC \parallel AB$.

由 G 为 DC 的中点,可知 O 为 HF 的中点同理 O 为 GE 的中点,可知 $OG = OE = OH = OF$,有 E,F,G,H 四点共圆.

所以 E,F,G,H 四点共圆.

第 173 天

设 P 为正方形 $ABCD$ 的对角线 AC 上的一点,过 P 作 BC 的平行线分别交 AB,CD 于 E,F,过 P 作 AB 的平行线分别交 AD,CB 于 G,H.

求证:E,H,F,G 四点共圆.

证明 1 如图 173.1,连 OE,OH,OF,OG.

显然 B 与 D 关于 AC 对称,E 与 G 关于 AC 对称,H 与 F 关于 AC 对称,可知 $OE = OG$,$OH = OF$.

显然四边形 $ABHG$ 为矩形,O 为 EF 的中垂线上的一点,可知 $OE = OF$,于是 E,H,F,G 四点到点 O 的距离相等.

所以 E,H,F,G 四点共圆,O 就是圆心.

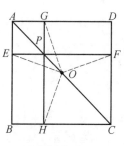

图 173.1

证明 2 如图 173.2,连 EH,GF.

显然四边形 $PGAE$ 与四边形 $PHCF$ 均为正方形,四边形 $PFGD$ 与四边形 $PHBE$ 为两个全等的矩形,可知 $Rt\triangle PFG \cong Rt\triangle PHE$,有 $\angle PGF = \angle PEH$,于是 E,H,F,G 四点共圆.

所以 E,H,F,G 四点共圆.

证明 3 如图 173.3,连 EG,HF.

显然四边形 $PEAG$ 与四边形 $PFCH$ 均为正方形,可知 $Rt\triangle PEG \cong Rt\triangle PFH$,有 $\angle PGE = 45° = \angle PFH$,所以 E,H,F,G 四点共圆.

所以 E,H,F,G 四点共圆.

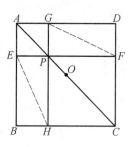

图 173.2

证明 4 如图 173.4,连 EH,HF,FG,GE.

显然 E 与 G 关于 AC 对称,H 与 F 关于 AC 对称,可知四边形 $EHFG$ 为等腰梯形.

所以 E,H,F,G 四点共圆.

证明 5 如图 173.5.

显然 E 与 G 关于 AC 对称,H 与 F 关于 AC 对称,可知 $PG = PE$,$PF = PH$.有 $PE \cdot PF = PG \cdot PH$.

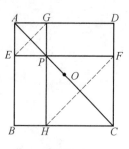

图 173.3

所以 E,H,F,G 四点共圆.

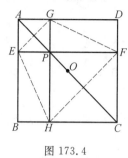 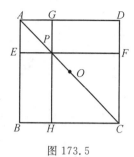

图 173.4   图 173.5

<!-- 第 174 天 -->

第 174 天

P 为正三角形 ABC 外 $\angle BAC$ 内一点，$PA = PB + PC$．求证：A, B, P, C 四点共圆．

证明 1　如图 174.1，以 AB 为一边在 $\triangle ABC$ 内作 $\triangle ABQ$，使 $AQ = CP, BQ = BP$．

显然 $\triangle ABQ \cong \triangle CBP$，可知 $\angle ABQ = \angle CBP$，有 $\angle QBP = \angle ABC = 60°$，于是 $\triangle BPQ$ 是正三角形，得 $PQ = PB$．

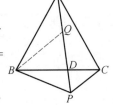

图 174.1

由 $AQ + PQ = PC + PB = PA$，可知 A, Q, P 三点共线，有 $\angle APB = \angle QPB = 60° = \angle ACB$，于是 A, B, P, C 四点共圆．

所以 A, B, P, C 四点共圆．

证明 2　如图 174.2，在 $\triangle ABC$ 内取一点 Q 使 $QA = PB, QC = PC$．

显然 $\triangle QAC \cong \triangle PBC$，可知 $\angle QCA = \angle PCB$，有 $\angle PCQ = \angle BCA = 60°$，于是 $\triangle PCQ$ 为正三角形，得 $PQ = PC$．

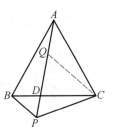

图 174.2

由 $AQ + PQ = PB + PC = PA$，可知 A, Q, P 三点共线，有 $\angle APC = \angle QPC = 60° = \angle ABC$，于是 A, B, P, C 四点共圆．

所以 A, B, P, C 四点共圆．

证明 3　如图 174.3，以 PA 为一边在 $\triangle PAB$ 外部作正三角形 $\triangle PAQ$，连 QC．

显然 $PQ = PA = PB + PC$．

由 $AQ = AP, AC = AB, \angle CAQ = 60° - \angle PAC = \angle BAP$，可知 $\triangle CAQ \cong \triangle BAP$，有 $CQ = PB$．

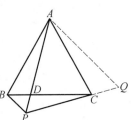

图 174.3

由 $CQ + PC = PB + PC = PQ$，可知 P, C, Q 三点共线，有 $\angle CPA = \angle QPA = 60° = \angle ABC$，于是 A, B, P, C 四点共圆．

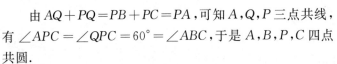

所以 A,B,P,C 四点共圆.

证明 4 如图 174.4,在 $\triangle ABC$ 外部作 $\triangle QBA$,使 $\angle QBA = \angle PCA$,$\angle QAB = \angle PAC$.

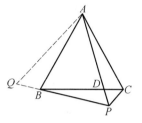

图 174.4

显然 $\triangle QBA \cong \triangle PCA$,可知 $\angle QAB = \angle PAC$,有 $\angle QAP = \angle BAC = 60°$,于是 $\triangle QAP$ 为正三角形,得 $QP = PA = PB + PC$.

由 $QB + PB = PC + PB = PQ$,可知 Q,B,P 三点共线,有 $\angle APB = \angle APQ = 60° = \angle ACB$,于是 A,B,P,C 四点共圆.

所以 A,B,P,C 四点共圆.

证明 5 如图 174.5,设 Q 为 $\triangle ABC$ 外一点,$\angle QBC = \angle PBA$,$\angle QCB = \angle PAB$,连 QP.

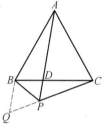

图 174.5

显然 $\triangle QBC \cong \triangle PBA$,可知 $QC = PA = PB + PC$,$BQ = BP$,$\angle QBP = \angle ABC = 60°$,有 $\triangle BQP$ 为正三角形,也是 $PQ = PB$.

由 $PQ + PC = PB + PC = CQ$,可知 Q,P,C 三点共线,有 $\angle BQC = \angle BQP = 60°$,于是 $\angle BPA = 60° = \angle BCA$,得 A,B,P,C 四点共圆.

所以 A,B,P,C 四点共圆.

证明 6 如图 174.6,以 PC 为一边在 $\triangle PCA$ 外部作正三角形 $\triangle PQC$,连 BQ.

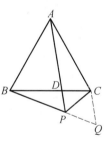

图 174.6

显然 $PQ = PC$.

显然 $\triangle BQC \cong \triangle APC$,可知 $BQ = PA = PB + PC$.

由 $PB + PQ = PB + PC = BQ$,可知 B,P,Q 三点共线,有 $\angle BQC = \angle PQC = 60°$,于是 $\angle APC = \angle BQC = 60° = \angle ABC$,得 A,B,P,C 四点共圆.

所以 A,B,P,C 四点共圆.

本文参考自:
《中学生数学》1996 年第 1 期第 20 页.

第 175 天

正方形 $ABCD$ 边长为 a，延长 BC 到 E，使 $CE = \frac{1}{2}a$，在 CD 上截取 $DF = \frac{1}{3}a$，DE 和 AF 的延长线交于 G.

求证：G 在正方形 $ABCD$ 的外接圆上.

证明 1 如图 175.1，设 O 为 AC，BD 的交点，K 为 AG，BD 的交点，过 O 作 AF 的平行线交 CD 于 H.

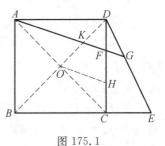

由 O 为 AC 的中点，可知 H 为 FC 的中点.

由 $DF = \frac{1}{3}a$，可知 F 为 DH 的中点，有 K 为

OD 的中点，于是 $OK = \frac{1}{2}OD = \frac{1}{2}OA$.

图 175.1

由 $CE = \frac{1}{2}CD$，可知 $\text{Rt}\triangle AOK \backsim \text{Rt}\triangle DCE$，有 $\angle OAK = \angle CDE$，于是 A，C，G，D 四点共圆，即 G 在 $\triangle ACD$ 的外接圆上.

显然 $\triangle ACD$ 的外接圆就是正方形 $ABCD$ 的外接圆.

所以 G 在正方形 $ABCD$ 的外接圆上.

证明 2 如图 175.2，设 O 为 AC，BD 的交点，K 为 AG，BD 的交点，过 F 作 DB 的平行线交 AC 于 H.

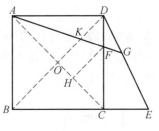

显然 $HF = HC$.

由 $OF = \frac{1}{3}a$，可知 $OH = \frac{1}{3}OC$.

由 O 为 AC 的中点，可知 $AH = \frac{4}{3}OC = \frac{2}{3}AC$，

图 175.2

或 $AH = 2HC$，即 $AH = 2HF$.

显然 $\angle AHF = 90° = \angle DCE$.

由 $DC = 2CE$，可知 $\text{Rt}\triangle AHF \backsim \text{Rt}\triangle DCE$，有 $\angle HAF = \angle CDE$，于是 A，C，G，D 四点共圆，即 G 在 $\triangle ACD$ 的外接圆上.

显然 △ACD 的外接圆就是正方形 ABCD 的外接圆.

所以 G 在正方形 ABCD 的外接圆上.

证明 3 如图 175.3,设 AC 与 BD 交于 O,BD 交 AG 于 K.

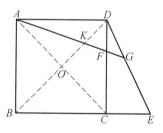

由 $\dfrac{DK}{KB}=\dfrac{DF}{AB}=\dfrac{DF}{DC}=\dfrac{1}{3}$,可知 $OK=\dfrac{1}{2}AO$,有

Rt△AOK ∽ Rt△DCE,于是 ∠CDE = ∠CAG,得 A,C,G,D 四点共圆.

所以 G 在正方形 ABCD 的外接圆上.

图 175.3

证明 4 如图 175.4,设直线 CG,AD 相交于 H,直线 BC,AG 相交于 K.

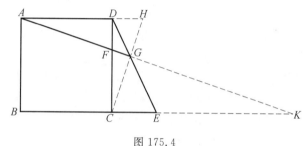

图 175.4

显然 $\dfrac{AB}{BK}=\dfrac{FC}{CK}=\dfrac{FD}{AD}=\dfrac{1}{3}$,可知 CK = 2BC.

由 $CE=\dfrac{1}{2}BC$,可知 $EK=\dfrac{3}{2}BC$,有

$$\frac{DH}{CE}=\frac{GD}{GE}=\frac{AD}{EK}=\frac{2}{3}$$

于是

$$DH=\frac{2}{3}CE=\frac{1}{3}CD$$

显然 Rt△ADF ≌ Rt△CDH,可知 ∠GAD = ∠GCD,有 A,C,G,D 四点共圆,即 G 在 △ACD 的外接圆上.

显然 △ACD 的外接圆就是正方形 ABCD 的外接圆.

所以 G 在正方形 ABCD 的外接圆上.

证明 5 如图 175.5,设直线 AG,BE 相交于 H,直线 AC,DE 相交于 K,过 K 作 BC 的平行线交直线 DC 于 L,连 LA,LH.

由 AD = 2CE,可知 DL = 2CD,LC = AD.

由 $FD=\dfrac{1}{3}a$,可知 CH = 2AD = DL.

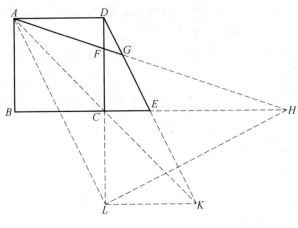

图 175.5

显然 Rt$\triangle LDA \cong$ Rt$\triangle HCL$，可知 $LA = LH$，有 $LA \perp LH$，于是 $\angle LAH = 45°$.

显然四边形 $ALKD$ 为平行四边形，有 $AL \parallel DK$，于是 $\angle AGD = \angle LAH = 45° = \angle ACD$，得 A,C,G,D 四点共圆，即 G 在 $\triangle ACD$ 的外接圆上.

显然 $\triangle ACD$ 的外接圆就是正方形 $ABCD$ 的外接圆.

所以 G 在正方形 $ABCD$ 的外接圆上.

证明 6 如图 175.6，设直线 AG,BE 相交于 H，直线 AC,DE 相交于 K，过 K 作 BC 的平行线交直线 DC 于 L，连 KH.

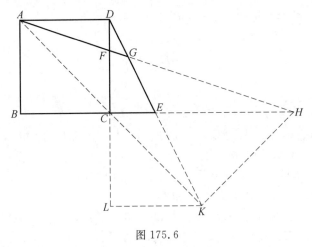

图 175.6

由 $AD = 2CE$，可知 C 为 AK 的中点，有 $CK = AC = \sqrt{2}\,CD$.

由 $DF=\dfrac{1}{3}a$，可知 $CH=2AD=\sqrt{2}AC$，有

$$\frac{CD}{CK}=\sqrt{2}=\frac{CA}{CH}$$

显然 $\angle DCK=135°=\angle ACH$，可知 $\triangle DCK \backsim \triangle ACH$，有 $\angle CDG=\angle CAG$，于是 A,C,G,D 四点共圆，即 G 在 $\triangle ACD$ 的外接圆上.

显然 $\triangle ACD$ 的外接圆就是正方形 $ABCD$ 的外接圆.

所以 G 在正方形 $ABCD$ 的外接圆上.

证明 7 如图 175.7，连 AC.

记 $\angle DAF=\alpha$，记 $\angle CDE=\beta$.

显然 $\tan \alpha=\dfrac{1}{3}$，$\tan \beta=\dfrac{1}{2}$，可知

$$\tan(\alpha+\beta)=\frac{\tan \alpha+\tan \beta}{1-\tan \alpha \cdot \tan \beta}$$

$$=\frac{\dfrac{1}{3}+\dfrac{1}{2}}{1-\dfrac{1}{3}\times\dfrac{1}{2}}=1$$

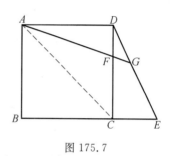

图 175.7

有 $\alpha+\beta=45°$，于是

$$\angle AGD=180°-\angle ADF-(\alpha+\beta)$$
$$=180°-90°-45°=45°=\angle ACD$$

得 A,C,G,D 四点共圆，即 G 在 $\triangle ACD$ 的外接圆上.

显然 $\triangle ACD$ 的外接圆就是正方形 $ABCD$ 的外接圆.

所以 G 在正方形 $ABCD$ 的外接圆上.

证明 8 如图 175.8，过 E 作 BC 的垂线交直线 AD 于 M，交直线 BG 于 P，交 AG 于 Q，连 CA，CG，CQ.

显然四边形 $CDME$ 与四边形 $ABEM$ 均为矩形，可知 $DM=CE=\dfrac{1}{2}a$.

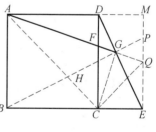

图 175.8

显然 $\dfrac{QM}{FD}=\dfrac{AM}{AD}=\dfrac{3}{2}$.

由 $DF=\dfrac{1}{3}a$，可知 $QM=\dfrac{1}{2}a=QE=CE$，有 $CQ=\sqrt{2}CE$，$\angle ACQ=90°=\angle DCE$.

显然 $CA=\sqrt{2}CB$.

由 $\dfrac{CA}{CQ}=\dfrac{\sqrt{2}\,CB}{\sqrt{2}\,CE}=\dfrac{CB}{CE}=\dfrac{CD}{CE}$，可知 $\dfrac{CA}{CQ}=\dfrac{CD}{CE}$，有 $\mathrm{Rt}\triangle ACQ \backsim \mathrm{Rt}\triangle DCE$，于是 $\angle CAG=\angle CDG$，于是 A,C,G,D 四点共圆，即 G 在 $\triangle ACD$ 的外接圆上.

显然 $\triangle ACD$ 的外接圆就是正方形 $ABCD$ 的外接圆.

所以 G 在正方形 $ABCD$ 的外接圆上.

证明 9 如图 175.9，设直线 AG，BC 相交于 N，直线 BG，AD 相交于 M，H 为 BM 与 CD 的交点.

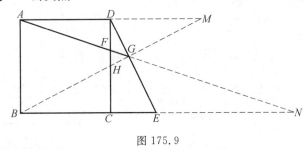

图 175.9

由 $DA=3DF$，可知 $BN=3AB$，有 $CN=2AD$.

由 $CE=\dfrac{1}{2}a$，可知 $NE=\dfrac{3}{2}a$.

显然 $\dfrac{GD}{GE}=\dfrac{AD}{NE}=\dfrac{2}{3}$，可知 $\dfrac{MD}{BE}=\dfrac{GD}{GE}=\dfrac{2}{3}$，有 $DM=BC$，于是 H 为 CD 的中点.

显然 $\mathrm{Rt}\triangle MDH \cong \mathrm{Rt}\triangle DCE$，可知 $\angle M=\angle CDE$，有 $DE \perp MH$，于是 B，C,G,D 四点共圆. 即 G 在 $\triangle BCD$ 的外接圆上.

显然 $\triangle BCD$ 的外接圆就是正方形 $ABCD$ 的外接圆.

所以 G 在正方形 $ABCD$ 的外接圆上.

本文参考自：

《厦门数学通讯》1979 年 2 期 32 页.

第 176 天

设 $ABCD$ 是圆内接四边形，$\angle A$，$\angle D$ 的平分线交于 E，过 E 作平行于 BC 的直线与 AB，DC 分别交于 M，N.

求证：$AM + DN = MN$.

证明 1 如图 176.1，在 MN 上取一点 F，使 $FN = DN$，连 FA，FD.

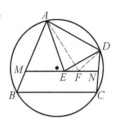

图 176.1

由
$$\angle DFN = \frac{1}{2}(180° - \angle FND)$$
$$= \frac{1}{2}(180° - \angle C) = \frac{1}{2}\angle BAD$$
$$= \angle EAD$$

可知 A，E，F，D 四点共圆，有
$$\angle AFM = \angle ADE = \frac{1}{2}\angle ADC$$
$$= \frac{1}{2}(180° - \angle B)$$
$$= \frac{1}{2}(180° - \angle AME)$$

于是
$$\angle FAM = 180° - \angle AME - \frac{1}{2}(180° - \angle AME)$$
$$= \frac{1}{2}(180° - \angle AME) = \angle AFM$$

得 $FM = AM$.

所以 $AM + DN = MN$.

证明 2 如图 176.2，设 $\triangle AME$ 的外接圆交 AD 于 G，直线 MG 交直线 CD 于 F.

由 $\angle DGE = \angle AMN = \angle B = \angle FEA$，可知 $GE \parallel FC$，有 $\angle F = \angle MGE = \angle MAE = \angle DAE$，于是 A，H，D，F 四点共圆.

在 $\triangle DEG$ 中，可知

$$\angle GED = 180° - \angle EGD - \angle GDE$$

$$= 180° - \angle GDF - \frac{1}{2}\angle ADC$$

$$= \angle GDE$$

有 $GE = GD$.

显然 $\triangle AMH \backsim \triangle GEH$, $\triangle AHG \backsim \triangle FDG$, 可知

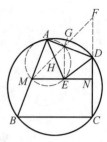

图 176.2

$\dfrac{FD}{GD} = \dfrac{AH}{GH} = \dfrac{AM}{GE}$, 有 $FD = AM$.

在 $\triangle FMN$ 中, 显然

$$\angle GME = \angle GAE = \angle DFH$$

可知 $FN = MN$, 于是

$$AM + DN = FD + DN = FN = MN$$

所以 $AM + DN = MN$.

本文参考自:

《中等数学》1997 年 4 期 45 页.

圆与它的切线

第 177 天

在 $\triangle ABC$ 中,$\angle A$ 的平分线交 BC 于 D,$\odot O$ 过点 A,且和 BC 相切于 D,和 AB,AC 分别交于 E,F. 求证:$EF \parallel BC$.

证明 1 如图 177.1.

由 AD 平分 $\angle BAC$,BC 是 $\odot O$ 的切线,可知弧 $DE =$ 弧 DF.

所以 $EF \parallel BC$.

证明 2 如图 177.2,连 DE.

显然 $\angle DEF = \angle DAC$.

由 BC 是 $\odot O$ 的切线,可知 $\angle EDB = \angle DAB$.

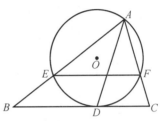

图 177.1

由 AD 平分 $\angle BAC$,可知 $\angle DAB = \angle DAC$,有 $\angle EDB = \angle DAB = \angle DAC = \angle DEF$,即 $\angle EDB = \angle DEF$.

所以 $EF \parallel BC$.

证明 3 如图 177.2,连 DE.

由 BC 是 $\odot O$ 的切线,可知 $\angle ADC = \angle AED$.

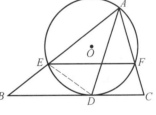

图 177.2

由 AD 平分 $\angle BAC$,可知 $\angle DAB = \angle DAC$,有 $\triangle ADC \backsim \triangle AED$,于是 $\angle C = \angle ADE = \angle AFE$.

所以 $EF \parallel BC$.

证明 4 如图 177.2,连 DE.

由 BC 是 $\odot O$ 的切线,可知

$$BD^2 = BA \cdot BE, \quad CD^2 = CA \cdot CF$$

由 AD 平分 $\angle BAC$,可知 $\dfrac{BD}{DC} = \dfrac{AB}{AC}$,有 $\dfrac{AB^2}{AC^2} = \dfrac{BD^2}{DC^2} = \dfrac{BA \cdot BE}{CA \cdot CF}$,于是 $\dfrac{AB}{AC} = \dfrac{BE}{CF}$.

所以 $EF \parallel BC$.

第 178 天

AB,CD 是 $\odot O$ 的切线,$AB \parallel CD$,EF 也是 $\odot O$ 的切线,它和 AB,CD 分别相交于点 E 和 F.求证:$\angle EOF = 90°$.

证明 1 如图 178.1.

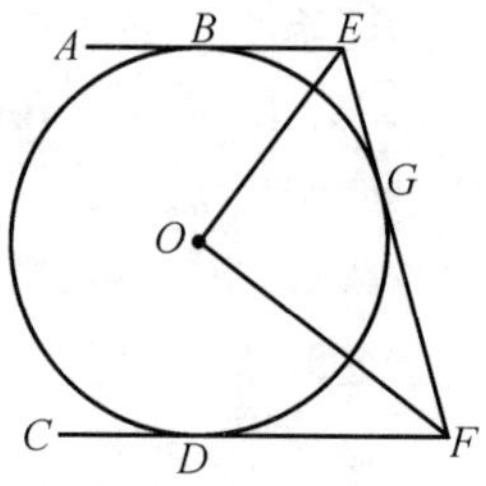

由 $AB \parallel CD$,可知 $\angle AEF + \angle CFE = 180°$.

由 AE,EF 为 $\odot O$ 的切线,可知 EO 平分 $\angle AEF$.

同理 FO 平分 $\angle CFE$,可知

$$\angle OEF + \angle OFE$$
$$= \frac{1}{2}(\angle AEF + \angle CFE) = 90°$$

在 $\triangle EOF$ 中,显然 $\angle EOF = 90°$.

所以 $\angle EOF = 90°$.

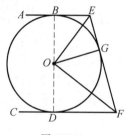

图 178.1

证明 2 如图 178.2,设 B,D,G 为三个切点,连 BD,OG.

显然 BD 为 $\odot O$ 的直径.

由 $AB \parallel CD$,可知 $\angle AEF + \angle CFE = 180°$.

由 AE,EF 为 $\odot O$ 的切线,可知 $EB = EG$,EO 平分 $\angle AEF$,有 G 与 B 关于 OE 对称,于是 $\angle EOG = \angle EOB$.

同理 $\angle FOG = \angle FOD$,可知 $\angle FOG + \angle EOG = \angle FOD + \angle EOB$.

显然 $\angle FOG + \angle EOG + \angle FOD + \angle EOB = 180°$,可知 $\angle FOG + \angle EOG = 90°$,即 $\angle EOF = 90°$.

所以 $\angle EOF = 90°$.

图 178.2

证明 3 如图 178.3,设 B,D,G 为三个切点,连 BD,GB,GD.

显然 BD 为 $\odot O$ 的直径,可知 $\angle BGD = 90°$.

由 EO 是 BG 的中垂线,OF 是 GD 的中垂线,可知 OE,DG,BG,OF 四条直线围成的是一个矩形.

所以 $\angle EOF = 90°$.

证明4 如图178.4,设 A 为直线 OF 与 BE 的交点,BD 为 $\odot O$ 的直径.

由 $AB \parallel CD$,FO 平分 $\angle EFC$,可知 $\angle A = \angle AFC = \angle AFE$,有 $EA = EF$.

在等腰三角形 EAF 中,由 EO 平分 $\angle AEF$,可知 $EO \perp AF$.

所以 $\angle EOF = 90°$.

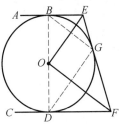

图 178.3

证明5 如图178.4,设 A 为直线 OF 与 BE 的交点,BD 为 $\odot O$ 的直径.

由 $AB \parallel CD$,FO 平分 $\angle EFC$,可知 $\angle A = \angle AFC = \angle AFE$,有 $EA = EF$.

显然 O 为 BD 的中点,可知 O 为 AF 的中点,有 EO 为等腰三角形 EAF 的底边 AF 上的高线,于是 $\angle EOF = 90°$.

所以 $\angle EOF = 90°$.

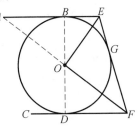

图 178.4

第 179 天

如图 179.1,P 为 ⊙O 外一点,PA,PB 为 ⊙O 的切线,A,B 是切点,BC 是直径.

求证:$AC /\!/ OP$.

证明 1 如图 179.1,连 AB.

由 PA,PB 为 ⊙O 的切线,可知 $PA = PB$,PO 平分 $\angle APB$,有 PO 为 AB 的中垂线,即 $PO \perp AB$.

由 BC 为 ⊙O 的直径,可知 $AC \perp AB$,有 $AC /\!/ OP$.

所以 $AC /\!/ OP$.

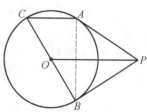

图 179.1

证明 2 如图 179.2,连 OA.

由 PA,PB 为 ⊙O 的切线,可知 $PA = PB$,PO 平分 $\angle APB$,有 A 与 B 关于 OP 对称,于是 $\angle POA = \angle POB$.

显然 $OA = OC$,可知 $\angle C = \angle OAC = \frac{1}{2}\angle AOB = \angle POB$,有 $AC /\!/ OP$.

所以 $AC /\!/ OP$.

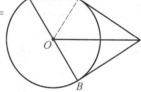

图 179.2

证明 3 如图 179.3,连 AO,AB.

由 PA,PB 为 ⊙O 的切线,可知 $PA \perp AO$,$PB \perp BO$,有 P,A,O,B 四点共圆,于是 $\angle POB = \angle PAB = \angle ACB$(弦切角).

所以 $AC /\!/ OP$.

证明 4 如图 179.4,设 D 为 PA 延长线上的一点.

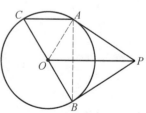

图 179.3

由 PA,PB 为 ⊙O 的切线,可知 P,A,O,B 四点共圆,有 $\angle APO = \angle ABC = \angle DAC$,于是 $AC /\!/ OP$.

所以 $AC /\!/ OP$.

证明 5 如图 179.5,连 OA,PC.

由 PA, PB 为 $\odot O$ 的切线,可知 $PA = PB$, PO 平分 $\angle APB$,有 $\triangle PAO \cong \triangle PBO$,于是

$$S_{\triangle PAO} = S_{\triangle PBO}$$

显然 O 为 BC 的中点,可知 $S_{\triangle PCO} = S_{\triangle PBO}$,有 $S_{\triangle PAO} = S_{\triangle PCO}$,于是点 C, A 到 PO 的距离相等.

所以 $AC \parallel OP$.

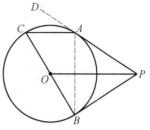

图 179.4

证明 6 如图 179.6,设 Q 为 PO 与圆的交点,连 QA, QB.

由 PA, PB 为 $\odot O$ 的切线,可知 $PA = PB$, PO 平分 $\angle APB$,有 $\triangle PQA \cong \triangle PQB$,于是 $QA = QB$,得弧 $QA =$ 弧 QB.

显然 $\angle C$ 的度数 $= \dfrac{1}{2}$ 弧 AQB 的度数 $=$ 弧 QB 的度数 $= \angle POB$ 的度数.

所以 $AC \parallel OP$.

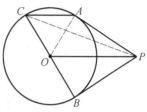

图 179.5

证明 7 如图 179.7,设 AB 与 PO 相交于 E,过 O 作 AC 的平行线, D 为垂足.

由 PA, PB 为 $\odot O$ 的切线,可知 $PA = PB$, PO 平分 $\angle APB$,有 PO 为 AB 的中垂线.

显然 $DO \parallel AB$.

由 O 为 BC 的中点,可知 $OD = \dfrac{1}{2} AB = AE$,有四边形 $AEOD$ 为矩形.

所以 $AC \parallel OP$.

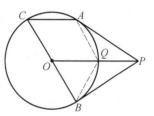

图 179.6

证明 8 如图 179.8,设 AB, PO 相交于 D.

由 PA, PB 为 $\odot O$ 的切线,可知 $PA = PB$, PO 平分 $\angle APB$,有 PO 为 AB 的中垂线,即 D 为 AB 的中点.

显然 O 为 CB 的中点,可知 $AC \parallel OP$.

所以 $AC \parallel OP$.

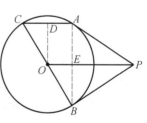

图 179.7

证明 9 如图 179.1,连 AB.

由 PA, PB 为 $\odot O$ 的切线,可知 $PA = PB$, PO 平分 $\angle APB$,有 PO 为 AB 的中垂线,即 $PO \perp AB$,于是 $\angle POB = 90° - \angle ABC$.

由 BC 为 $\odot O$ 的直径,可知 $\angle CAB = 90°$,有 $\angle C = 90° - \angle ABC = \angle POB$.

所以 $AC \parallel OP$.

证明 10　如图 179.4,设 D 为 PA 延长线上的一点.

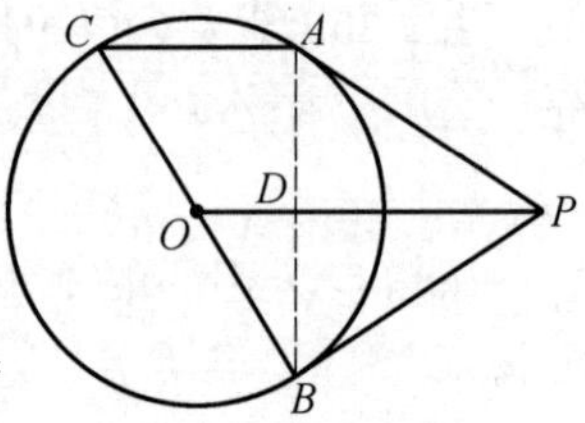

由 PA,PB 为 $\odot O$ 的切线,可知 $PA = PB$,$PA \perp AO$,$PB \perp BO$,PO 平分 $\angle APB$,有 $\angle DAC = \angle ABC = 90° - \angle PBA = \angle OPB = \angle OPA$. 即 $\angle DAC = \angle OPA$.

所以 $AC \parallel OP$.

图 179.8

第 180 天

如图 180.1,$\triangle ABC$ 的内切圆分别与 BC,AB 边相切于 D,E 两点,过 D 作 ED 的垂线分别交直线 AB,AN 于 M,N. 求证:$\dfrac{AM}{AN}=\dfrac{CD}{CN}$.

证明 1 如图 180.1,设 $\angle ABC$ 的平分线交 AC 于 P,设 Q 为 MN 与圆的交点.

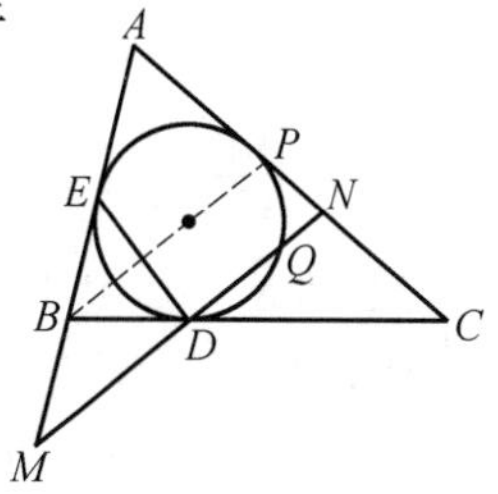

显然 $BP \perp ED$,可知 $BP \parallel MN$,有

$$\frac{AM}{AN}=\frac{AB}{AP}=\frac{CB}{CP}=\frac{CD}{CN}$$

所以 $\dfrac{AM}{AN}=\dfrac{CD}{CN}$.

证明 2 如图 180.2,设 Q 为 MN 与圆的交点,过 A 作 BC 的平行线交直线 MN 于 P,连 EQ.

由 $QE \perp AM,ED \perp MN$,可知 $\angle M=\angle DEQ=\angle NDC=\angle P$,有 $AM=AP$,于是

$$\frac{AM}{AN}=\frac{AP}{AN}=\frac{CD}{CN}$$

所以 $\dfrac{AM}{AN}=\dfrac{CD}{CN}$.

证明 3 如图 180.3,过 D 作 AB 的平行线交 AC 于 P,设 Q 为 MN 与圆的交点,连 EQ.

显然 EQ 为圆的直径,可知 $EQ \perp AM$.

由 $ED \perp MN$,可知 $\angle PDN=\angle M=\angle DEQ=\angle NDC$,即 DN 平分 $\angle PDC$,有 $\dfrac{AM}{AN}=\dfrac{PD}{PN}=\dfrac{CD}{CN}$.

所以 $\dfrac{AM}{AN}=\dfrac{CD}{CN}$.

证明 4 如图 180.4,过 B 作 AC 的平行线交 MN 于 P,设 Q 为 MN 与圆的交点,连 EQ.

由 $QE \perp AM,ED \perp MN$,可知 $\angle M=\angle DEQ=$

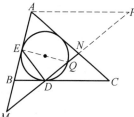

图 180.1

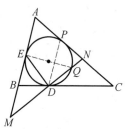

图 180.2

图 180.3

$\angle NDC = \angle BDM$，有 $BM = BD$，于是

$$\frac{AM}{AN} = \frac{BM}{BP} = \frac{BD}{BP} = \frac{CD}{CN}$$

所以 $\frac{AM}{AN} = \frac{CD}{CN}$.

证明 5 如图 180.5，过 M 作 BC 的平行线交直线 AC 于 P，设 Q 为 MN 与圆的交点，连 EQ.

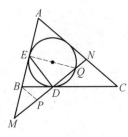

图 180.4

由 $QE \perp AM$，$ED \perp MN$，可知 $\angle AMN = \angle DEQ = \angle NDC = \angle NMP$，有 MN 为 $\angle AMP$ 的平行线，于是 $\frac{AM}{AN} = \frac{PM}{PN} = \frac{CD}{CN}$.

所以 $\frac{AM}{AN} = \frac{CD}{CN}$.

证明 6 如图 180.6，设 Q 为 MN 与圆的交点，P 为直线 MN 上的一点，使 $CP = CN$，连 EQ.

由 $QE \perp AM$，$ED \perp MN$，可知 $\angle M = \angle DEQ = \angle PDC$.

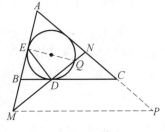

图 180.5

由 $\angle ANM = \angle PNC = \angle P$，可知 $\triangle AMN \backsim \triangle CDP$，有 $\frac{AM}{AN} = \frac{CD}{CP} = \frac{CD}{CN}$.

所以 $\frac{AM}{AN} = \frac{CD}{CN}$.

证明 7 如图 180.7，设 Q 为 MN 与圆的交点，连 EQ，过 M 作 AC 的平行线交直线 BC 于 P，在直线 MN 上取一点 R，使 $PR = PM$.

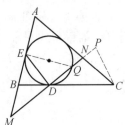

图 180.6

由 $QE \perp AM$，$ED \perp MN$，可知 $\angle AMN = \angle DEQ = \angle NDC = \angle PDM$.

由 $\angle ANM = \angle PMR = \angle R$，可知

$\triangle AMN \backsim \triangle PRD$，有 $\frac{AM}{AN} = \frac{PD}{PR} = \frac{PD}{PM} = \frac{CD}{CN}$.

所以 $\frac{AM}{AN} = \frac{CD}{CN}$.

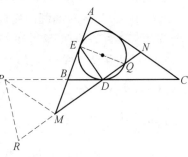

图 180.7

证明 8 如图 180.8，过 A 作 MN 的平行线，过 N 作 BC 的平行线得交点 P，设 Q 为 MN 与圆的交点，连 EQ.

由 $QE \perp AM, ED \perp MN$，可知 $\angle M = \angle DEQ = \angle NDC = \angle P$.

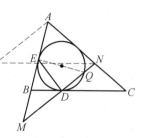

由 $\angle PAM = \angle M$，可知 $\angle ENM = \angle M$，有 $EP = EA, EN = EM$，于是 $PN = EP + EN = EA + EM = AM$.

显然 $\triangle APN \backsim \triangle NDC$，可知

$$\frac{CD}{CN} = \frac{PN}{AN} = \frac{AM}{AN}$$

所以 $\frac{AM}{AN} = \frac{CD}{CN}$.

图 180.8

证明 9 如图 180.9，过 C 作 MN 的平行线交直线 AM 于 P，设 Q 为 MN 与圆的交点，连 EQ.

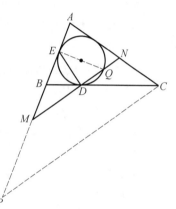

由 $QE \perp AM, ED \perp MN$，可知 $\angle P = \angle AMN = \angle DEQ = \angle NDC = \angle BCP$，有四边形 $PCDM$ 为等腰梯形，于是 $PM = CD$.

易知 $\frac{AM}{AN} = \frac{PM}{CN} = \frac{CD}{CN}$.

所以 $\frac{AM}{AN} = \frac{CD}{CN}$.

图 180.9

证明 10 如图 180.10.

直线 NDM 截 $\triangle CAB$ 的三边，依梅涅劳斯定理，可知 $\frac{AM}{MB} \cdot \frac{BD}{DC} \cdot \frac{CN}{NA} = 1$.

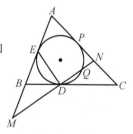

显然 BD 为 $Rt\triangle DME$ 斜边 ME 上的中线，可知 $BD = MB$，有 $\frac{AM}{DC} \cdot \frac{CN}{NA} = 1$.

所以 $\frac{AM}{AN} = \frac{CD}{CN}$.

图 180.10

第 181 天

如图 181.1,设 A 为 $\odot O$ 的直径 EF 上的一点,$OB \perp EF$,连接 BA 与 $\odot O$ 交于 P,过 P 引切线 PC 与直径 EF 的延长线交于 C.

求证:$CA = CP$.

证明1 如图 181.1,连 OP.

由 $OB \perp EF$,可知 $\angle CAP = \angle BAO = 90° - \angle B$.

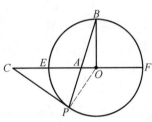

图 181.1

由 PC 为 $\odot O$ 的切线,可知 $OP \perp CP$,有

$$\angle CPA = 90° - \angle OPB$$

显然 $OP = OB$,可知 $\angle B = \angle OPB$,有 $\angle CPA = \angle CAP$,于是 $CA = CP$.

所以 $CA = CP$.

证明2 如图 181.2,过 B 作 CF 的平行线交直线 PC 于 D.

由 $OB \perp EF$,可知 $OB \perp DB$,有 DB 为 $\odot O$ 的切线.

由 PC 为 $\odot O$ 的切线,可知 $DB = DP$.

显然 $\dfrac{DB}{CA} = \dfrac{DP}{CP}$,可知 $CA = CP$.

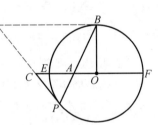

图 181.2

所以 $CA = CP$.

证明3 如图 181.3,设直线 PO 交 $\odot O$ 于 D,连 BD.

显然 PD 为 $\odot O$ 的直径,可知 $PB \perp DB$,有 $\angle PDB = 90° - \angle OPB$.

由 $BO \perp CF$,可知 $\angle BAO = 90° - \angle OBP$.

由 $OB = OP$,可知 $\angle OPB = \angle OBP$,有 $\angle BAO = \angle PDB$,于是

$$\angle CAP = \angle BAO = \angle PDB = \angle CPA$$

得 $CA = CP$.

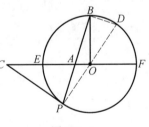

图 181.3

所以 $CA = CP$.

证明 4　如图 181.4,过 P 作 CF 的平行线交 $\odot O$ 于 D,连 OP,DB.

显然弧 $EP =$ 弧 FD.

由 $BO \perp EF$,可知弧 $BE =$ 弧 BF,有弧 $BEP =$ 弧 BFD,于是 $\angle BDP = \angle BPD$.

显然 $\angle CPA = \angle BDP$,$\angle CAP = \angle BPD$,可知 $\angle CAP = \angle BPD = \angle BDP = \angle CPA$,即 $\angle CAP = \angle CPA$,有 $CA = CP$.

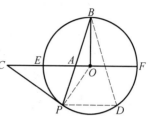

图 181.4

所以 $CA = CP$.

证明 5　如图 181.5,连 PE,PF.

由 $OB \perp EF$,可知弧 $BE =$ 弧 BF,有
$$\angle BPE = \angle BPF$$

由 PC 为 $\odot O$ 的切线,可知 $\angle EPC = \angle F$,有
$$\angle EPC + \angle BPE = \angle F + \angle BPF$$

即 $\angle CPA = \angle CAP$,于是 $CA = CP$.

所以 $CA = CP$.

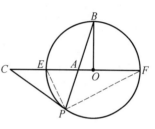

图 181.5

证明 6　如图 181.6,连 FB,FP,OP.

由 $OB \perp EF$,可知弧 $BE =$ 弧 BF,有 $\angle BFE = \angle BPF$,于是 $\angle BAF = \angle BPF + \angle PFC = \angle BFE + \angle PFC = \angle PFB$,即 $\angle BAF = \angle PFB$.

显然 $\angle CAP = \angle BAF$,$\angle CPA = \angle PFB$,可知 $\angle CAP = \angle CPA$,有 $CA = CP$.

所以 $CA = CP$.

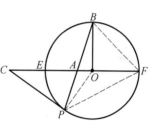

图 181.6

证明 7　如图 181.7,设直线 BO 交 $\odot O$ 于 D,连 PD.

显然 BD 为 $\odot O$ 的直径,可知 $BP \perp DP$.

由 $BO \perp EF$,可知 $\angle BAO = \angle D$.

显然 $\angle CPA = \angle D$,$\angle CAP = \angle BAO$,可知 $\angle CPA = \angle CAP$,有 $CA = CP$.

所以 $CA = CP$.

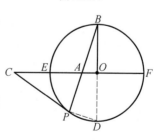

图 181.7

证明 8　如图 181.8,连 OP,PE,EB.

由 $OB \perp OC$,可知 $\angle BOE = 90°$,有

$$\angle BPE = \frac{1}{2}\angle BOE = 45°$$

由 PC 为 $\odot O$ 的切线，可知 $\angle EPC = \angle PBE$，

有

$$\angle BPC = \angle EPC + 45° = \angle PBE + 45°$$
$$= \angle PBE + \angle BEO = \angle BAO$$

即 $\angle BPC = \angle BAO = \angle CAP$.

所以 $CA = CP$.

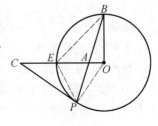

图 181.8

本文参考自：

1.《数学教学通讯》1983 年 3 期 20 页.

2.《中小学数学》2001 年 3 期 26 页.

第 182 天

已知:如图 182.1,AM 是 $\triangle ABC$ 的 $\angle A$ 的平分线,过 A 作一圆与 BC 相切于点 M,并且与 AB,AC 分别相交于 E,F.求证:$\dfrac{BE}{BM}=\dfrac{CF}{CM}$.

证明 1 如图 182.1,由切割线定理,$BM^2 = BE \cdot BA$,$CM^2 = CF \cdot CA$.

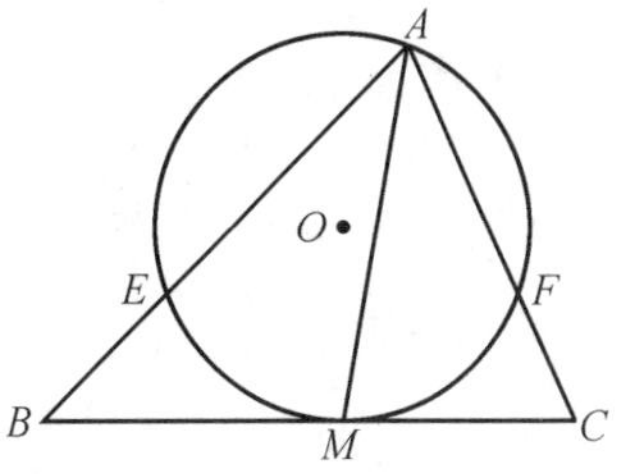

由 AM 是 $\angle BAC$ 的平分线,可知 $\dfrac{BM}{CM}=\dfrac{BA}{CA}$,

有 $\dfrac{BM^2}{CM^2}=\dfrac{BE}{CF} \cdot \dfrac{BA}{CA}=\dfrac{BE}{CF} \cdot \dfrac{BM}{CM}$,于是

$$\frac{BM}{CM}=\frac{BE}{CF}$$

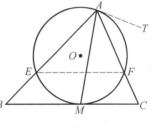

图 182.1

所以 $\dfrac{BE}{BM}=\dfrac{CF}{CM}$.

证明 2 如图 182.2,过 A 作圆的切线 AT,连 EF.

由 $\angle AEF = \angle TAF$,$\angle AMC = \angle TAM$,AM 平分 $\angle BAC$,可知

$$\angle B = \angle AMC - \angle BAM$$
$$= \angle TAM - \angle CAM$$
$$= \angle TAC = \angle AEF$$

有 $EF \parallel BC$,于是 $\dfrac{BE}{CF}=\dfrac{BA}{CA}=\dfrac{BM}{CM}$,得 $\dfrac{BE}{CF}=\dfrac{BM}{CM}$.

图 182.2

所以 $\dfrac{BE}{BM}=\dfrac{CF}{CM}$.

证明 3 如图 182.3,连 FM,ME.

由 BC 是圆的切线,可知 $\angle EMB = \angle EAM$,$\angle FMC = \angle FAM$,有 $\triangle EBC \backsim \triangle MBA$,$\triangle FCM \backsim \triangle MCA$,于是

$$\frac{BE}{BM}=\frac{BM}{BA},\frac{CF}{CM}=\frac{CM}{CA}$$

由 AM 平分 $\angle BAC$,可知 $\dfrac{BM}{BA}=\dfrac{CM}{CA}$.

所以 $\dfrac{BE}{BM}=\dfrac{CF}{CM}$.

证明 4 如图 182.4,在 EA 上取一点 D,使 $ED=FC$,连 ME,MF,MD.

由 AM 平分 $\angle BAC$,可知 $ME=MF$.

由 $\angle MEA=\angle MFC$,可知 $\triangle MED\cong$ $\triangle MFC$,有 $MD=MC$,且 $\angle EMD=\angle FMC=$ $\angle FAM=\angle EAM=\angle EMB$,即 ME 平分 $\angle DMB$,于是

$$\frac{MB}{MC}=\frac{MB}{MD}=\frac{EB}{DE}=\frac{BE}{CF}$$

即 $\dfrac{BM}{CM}=\dfrac{BE}{CF}$.

所以 $\dfrac{BE}{BM}=\dfrac{CF}{CM}$.

证明 5 如图 182.5,在 AF 上取一点 D,使 $DF=BE$,连 MD,ME,MF.

易证 $\triangle EMB\cong\triangle FMD$,可得 MF 平分 $\angle DMC$,于是 $\dfrac{BM}{CM}=\dfrac{DM}{CM}=\dfrac{DF}{CF}=\dfrac{BE}{CF}$,即 $\dfrac{BM}{CM}=$ $\dfrac{BE}{CF}$.

所以 $\dfrac{BE}{BM}=\dfrac{CF}{CM}$.

证明 6 如图 182.6,设 O 为已知圆的圆心,连 MO,ME,MF,EF.

由 AM 平分 $\angle BAC$,可知 $ME=MF$.

由 BC 为 $\odot O$ 的切线,可知 $\angle EMB=$ $\angle EAB,\angle FMC=\angle MAF$,有 $\angle EMB=\angle FMC$.

由 $OM\perp BC$,可知 OM 平分 $\angle EMF$,有 E 与 F 关于 OM 对称,于是 $EF\parallel BC$,得 $\dfrac{BE}{CF}=\dfrac{BA}{CA}=$ $\dfrac{BM}{CM}$,即 $\dfrac{BE}{CF}=\dfrac{BM}{CM}$. 所以 $\dfrac{BE}{BM}=\dfrac{CF}{CM}$.

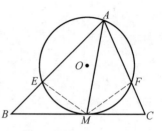

图 182.3

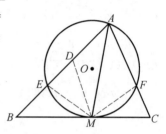

图 182.4

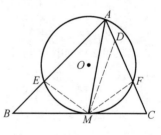

图 182.5

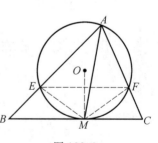

图 182.6

第 183 天

如图 183.1,已知 AB 是 $\odot O$ 的直径,AC 是弦,直线 CE 与 $\odot O$ 相切于点 C,$AD \perp CE$,D 为垂足. 求证:AC 平分 $\angle BAD$.

证明 1 如图 183.1,连 BC.

由 AB 是 $\odot O$ 的直径,可知 $\angle ACB = 90°$.

由 $AD \perp CE$,可知 $\angle D = 90°$.

由 CD 为 $\odot O$ 的切线,可知 $\angle ACD = \angle ABC$,有 $90° - \angle ACD = 90° - \angle ABC$.

由 $\angle CAB = 90° - \angle ABC$,$\angle CAD = 90° - \angle ACD$,可知 $\angle CAB = \angle CAD$.

所以 AC 平分 $\angle BAD$.

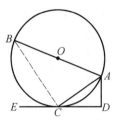

图 183.1

证明 2 如图 183.2,连 OC.

由 CD 为 $\odot O$ 的切线,可知 $OC \perp CD$.

由 $AD \perp CD$,可知 $OC \parallel AD$,有
$$\angle CAD = \angle OCA$$

由 $OC = OA$,可知 $\angle CAB = \angle OCA$,有
$$\angle CAB = \angle CAD$$

所以 AC 平分 $\angle BAD$.

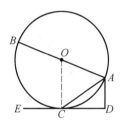

图 183.2

证明 3 如图 183.3,设直线 BC 与 AD 相交于 F.

由 AB 为 $\odot O$ 的直径,可知 $AC \perp BC$.

由 $AD \perp CD$,可知 $\angle F = \angle ACD$.

由 CD 为 $\odot O$ 的切线,可知 $\angle ACD = \angle B$,有 $\angle B = \angle F$,于是 $AF = AB$.

显然 AC 为等腰三角形 ABF 的底边上的高线,可知 AC 平分 $\angle BAF$.

所以 AC 平分 $\angle BAD$.

证明 4 如图 183.4,过 C 作 AB 的垂线,F 为垂足,连 BC.

由 AB 是 $\odot O$ 的直径,可知 $\angle ACB = 90°$.

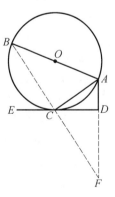

图 183.3

显然 $\angle FCA = 90° - \angle FCB = \angle B$.

由 CD 为 $\odot O$ 的切线,可知

$$\angle ACD = \angle ABC$$

有 $\angle ACD = \angle FCA$.

由 $AD \perp CE$,可知 $\angle D = 90° = \angle CFA$,有 F 与 D 关于 CA 对称,于是 AC 平分 $\angle FAD$.

所以 AC 平分 $\angle BAD$.

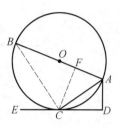

图 183.4

证明 5 如图 183.5,过 B 作 CD 的垂线交直线 AC 于 F,E 为垂足,连 CB.

由 AB 是 $\odot O$ 的直径,可知 $\angle ACB = 90°$.

由 CD 为 $\odot O$ 的切线,可知 $OC \perp CD$.

显然 $BF \parallel OC \parallel AD$.

由 O 为 BA 的中点,可知 C 为 FA 的中点,有 F 于 A 关于 BC 对称,于是 $\angle CAB = \angle F = \angle CAD$.

所以 AC 平分 $\angle BAD$.

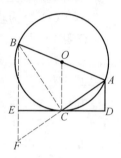

图 183.5

证明 6 如图 183.6,过 B 作 CD 的垂线交 $\odot O$ 于 G,F 为垂足,连 GA,CB,CO.

由 AB 是 $\odot O$ 的直径,可知 $\angle ACB = 90°$.

显然四边形 $AGFD$ 为矩形,可知 $GF = AD$. 有 CD 为 $\odot O$ 的切线,可知 $OC \perp CD$.

由 $AD \perp CE$,可知 $BF \parallel OC \parallel AD$.

由 O 为 BA 的中点,可知 C 为 FD 的中点,有 $\mathrm{Rt}\triangle GFC \cong \mathrm{Rt}\triangle ADC$,于是

$$\angle CAD = \angle CGF = \angle CAB$$

所以 AC 平分 $\angle BAD$.

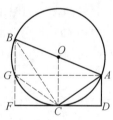

图 183.6

证明 7 如图 183.7,设直线 AD 交 $\odot O$ 于 F,连 FB,FC,BC.

由 AB 是 $\odot O$ 的直径,可知 $\angle AFB = 90°$.

由 $AD \perp CE$,可知 $\angle D = 90°$,有 $BF \parallel ED$.

由 CD 为 $\odot O$ 的切线,可知弧 CF = 弧 CB,有 $\angle CBF = \angle CFB$,于是 $\angle CAB = \angle CFB = \angle CBF = \angle CAD$,即 $\angle CAB = \angle CAD$.

所以 AC 平分 $\angle BAD$.

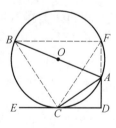

图 183.7

证明 8 如图 183.8,过 A 作 CA 的垂线交圆于 G,交直线 CD 于 F,连 BC,

BG.

由 AB 是 $\odot O$ 的直径,可知 $\angle G = \angle ACB = 90°$,

有四边形 $AGBC$ 为矩形.

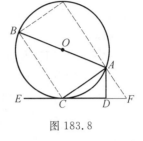

图 183.8

由 CD 为 $\odot O$ 的切线,可知

$$\angle ACD = \angle ABC = \angle GAB$$

由 $AD \perp CE$,可知 $\angle ADC = 90°$,可知

$$\angle DAF = \angle ACD = \angle GAB$$

有

$$\angle CAD = 90° - \angle DAF$$
$$= 90° - \angle GAB$$
$$= \angle CAB$$

即 $\angle CAB = \angle CAD$.

所以 AC 平分 $\angle BAD$.

证明 9 如图 183.1,连 BC.

由 AB 是直径,可知 $\angle BCA = 90°$,有

$$\angle BCE = 90° - \angle ACD$$

由 CD 为 $\odot O$ 的切线,可知

$$\angle CAB = \angle BCE = 90° - \angle ACD$$

由 $AD \perp EC$,可知

$$\angle CAD = 90° - \angle ACD = \angle CAB$$

所以 AC 平分 $\angle BAD$.

证明 10 如图 183.1,连 BC.

由 AB 是 $\odot O$ 的直径,可知 $\angle ACB = 90°$.

由 $AD \perp CE$,可知 $\angle D = 90°$.

由 CD 为 $\odot O$ 的切线,可知 $\angle ACD = \angle ABC$,有 Rt$\triangle ACD \backsim$ Rt$\triangle ABC$,

于是 $\angle CAB = \angle CAD$.

所以 AC 平分 $\angle BAD$.

证明 11 如图 183.2,连 OC.

由 CD 为 $\odot O$ 的切线,可知 $OC \perp CD$.

由 $AD \perp CD$,可知 $OC \parallel AD$,有 $\angle BAD = \angle BOC$.

由 AB 是 $\odot O$ 的直径,可知 $\angle BOC = \angle OAC + \angle OCA = 2\angle OAC$,有

$\angle BAD = 2\angle BAC$.

所以 AC 平分 $\angle BAD$.

证明 12 如图 183.4,过 C 作 AB 的垂线,F 为垂足,连 BC.

由 AB 是 $\odot O$ 的直径,可知 $\angle ACB = 90°$.

显然 $\angle FCA = 90° - \angle FCB = \angle B$.

由 CD 为 $\odot O$ 的切线,可知 $\angle ACD = \angle ABC$,有 $\angle ACD = \angle FCA$.

由 $AD \perp CE$,可知 $\angle D = 90° = \angle CFA$,有 $\text{Rt} \triangle ACD \cong \text{Rt} \triangle ACF$,于是 $CD = CF$,有 AC 为 $\angle BAD$ 的平分线.

所以 AC 平分 $\angle BAD$.

第 184 天

在 $\triangle ABC$ 中,内切圆 I 和边 BC,CA,AB 分别相切于点 D,E,F.

求证:$\angle FDE = 90° - \dfrac{1}{2}\angle A.$

证明 1 如图 184.1.

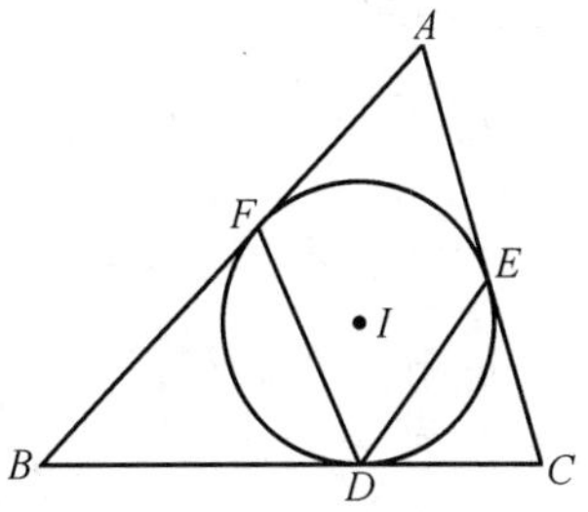

由 BD,BF 为 $\odot I$ 的切线,可知 $BD = BF$,有 $\angle BDF = \angle BFD$.

由 $\angle A + \angle B + \angle C = 180°$,可知

$$\frac{1}{2}\angle B + \frac{1}{2}\angle C = 90° - \frac{1}{2}\angle A$$

显然 $\angle BDF + \angle BFD + \angle B = 180°$,可知

$$\angle BDF = \frac{1}{2}(180° - \angle B)$$

$$= 90° - \frac{1}{2}\angle B$$

图 184.1

同理 $\angle CDE = 90° - \dfrac{1}{2}\angle C$,有

$$\angle FDE = 180° - \angle BDF - \angle CDE$$

$$= 180° - (90° - \frac{1}{2}\angle B) - (90° - \frac{1}{2}\angle C)$$

$$= \frac{1}{2}\angle B + \frac{1}{2}\angle C = 90° - \frac{1}{2}\angle A$$

所以 $\angle FDE = 90° - \dfrac{1}{2}\angle A$.

证明 2 如图 184.2,设 BI,DF 相交于 P,DE,CI 相交于 Q,M 为 BI 延长线上的一点.

由 $\angle A + \angle B + \angle C = 180°$,可知

$$\frac{1}{2}\angle B + \frac{1}{2}\angle C = 90° - \frac{1}{2}\angle A$$

由 BD,BF 为 $\odot I$ 的切线,可知 $BD = BF$,BI 平分 $\angle ABC$,有 BI 为 DF 的中垂线.

同理 CI 为 DE 的中垂线,可知 I,P,D,Q 四点
共圆,有

$$\angle FDE = \angle MIC = \angle IBC + \angle ICB$$
$$= \frac{1}{2}\angle B + \frac{1}{2}\angle C = 90° - \frac{1}{2}\angle A$$

所以 $\angle FDE = 90° - \frac{1}{2}\angle A.$

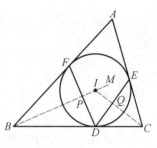

图 184.2

证明 3　如图 184.3,连 $IE,IF.$

由 AE,AF 为 $\odot I$ 的切线,可知 $IE \perp AC$,
$IF \perp AB$,有 $\angle EIF + \angle A = 180°$,于是

$$\angle FDE = \frac{1}{2}\angle FIE = \angle FDE = 90° - \frac{1}{2}\angle A$$

所以 $\angle FDE = 90° - \frac{1}{2}\angle A.$

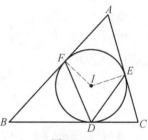

图 184.3

证明 4　如图 184.4,过 A 作 AI 的垂线交直
线 DF 于 P,交直线 DE 于 Q.

由 AE,AF 为 $\odot I$ 的切线,可知 AI 为 EF 的中
垂线,有 $PQ \parallel FE.$

显然 $AE = AF$,AI 平分 $\angle BAC$,可知

$$\angle QAE = 90° - \frac{1}{2}\angle A$$

显然 $\angle FDE = \angle FEA = \angle QAE.$

所以 $\angle FDE = 90° - \frac{1}{2}\angle A.$

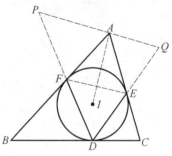

图 184.4

证明 5　如图 184.5,连 $FE.$

由 AE,AF 为 $\odot I$ 的切线,可知 $AE = AF$,
有 $\angle AEF = \angle AFE.$

由 $\angle A + \angle AEF + \angle AFE = 180°$,可知

$$\angle AEF = 90° - \frac{1}{2}\angle A$$

显然 $\angle FDE = \angle AEF$(弦切角).

所以 $\angle FDE = 90° - \frac{1}{2}\angle A.$

证明 6　如图 184.1.

由 $\angle A + \angle B + \angle C = 180°$,可知

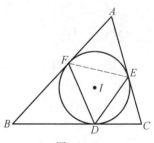

图 184.5

$$\frac{1}{2}\angle B + \frac{1}{2}\angle C = 90° - \frac{1}{2}\angle A$$

易知 $BD = BF$,可知 $\angle BFD = 90° - \frac{1}{2}\angle B$,有 $\angle AFD = 90° + \frac{1}{2}\angle B$.

同理 $\angle AED = 90° + \frac{1}{2}\angle C$.

显然 $\angle A + \angle FDE + \angle AFD + \angle AED = 360°$,可知

$$\angle FDE = 360° - \angle A - (90° + \frac{1}{2}\angle B) - (90° + \frac{1}{2}\angle C)$$

$$= \frac{1}{2}\angle B + \frac{1}{2}\angle C = 90° - \frac{1}{2}\angle A$$

所以 $\angle FDE = 90° - \frac{1}{2}\angle A$.

证明7 如图 184.4,过 A 作 AI 的垂线交直线 DF 于 P,交直线 DE 于 Q.
由 AE,AF 为 $\odot I$ 的切线,可知 AI 为 EF 的中垂线,有 $PQ \parallel FE$.
显然 $AE = AF$,AI 平分 $\angle BAC$,可知

$$\angle QAE = 90° - \frac{1}{2}\angle A$$

显然 $\angle P = \angle EFD = \angle CED$,可知 P,D,E,A 四点共圆,有 $\angle FDE = \angle EAQ = 90° - \frac{1}{2}\angle A$.

所以 $\angle FDE = 90° - \frac{1}{2}\angle A$.

第 185 天

设 PA, PB 切 $\odot O$ 于 A, B, 且 $PA \perp PB$, 以 PA 为直径的圆交 $\odot O$ 于 M. 求 $\angle AMB$ 的度数.

解1 如图 185.1, 设直线 AO 交 $\odot O$ 于 D, 连 BO, BD, AD.

由 PA, PB 是 $\odot O$ 的切线, 可知 $PA \perp OA$, $PB \perp OB$.

由 $PA \perp PB$, $OA = OB$, 可知四边形 $PAOB$ 为正方形, 可知 $\angle AOB = 90°$.

显然弧 AMB 是 $90°$ 的弧, 可知它所对的圆周角 $\angle ADB = 45°$.

由 $\angle D + \angle AMB = 180°$, 可知 $\angle AMB = 135°$.

所以 $\angle AMB = 135°$.

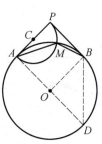

图 185.1

解2 如图 185.2, 设直线 PM, AB 相交于 C.

由 PA, PB 是 $\odot O$ 的切线, 可知 $PA \perp OA$, $PB \perp OB$, $PA = PB$.

由 PA 为 $\triangle PMA$ 的外接圆的直径, 可知 $PM \perp AM$, 有 $\angle BPC = \angle PAM = \angle MBA$, 于是 $\angle BMC = \angle BPC + \angle PBM = \angle MBA + \angle PBM = \angle PBA = 45°$, 得 $\angle AMB = \angle AMC + \angle BMC = 135°$.

所以 $\angle AMB = 135°$.

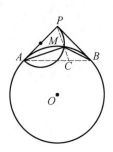

图 185.2

解3 如图 185.3, 设直线 BM 交 PA 于 C, 连 AB.

由 PA, PB 是 $\odot O$ 的切线, 可知 $PA = PB$.

由 $PA \perp PB$, 可知 $\angle PBA = \angle PAB = 45°$.

由 PB 为 $\odot O$ 的切线, 可知 $\angle PBM = \angle MAB$, 有 $\angle CMA = \angle MAB + \angle MBA = \angle MBP + \angle MBA = \angle PBA = 45°$.

由 $\angle AMB + \angle AMC = 180°$, 可知 $\angle AMB = 135°$.

所以 $\angle AMB = 135°$.

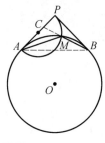

图 185.3

解 4　如图 185.4,设直线 AM 交 PB 于 C,连 AB.

由 PA,PB 是 $\odot O$ 的切线,可知 $PA = PB$.

由 $PA \perp PB$,可知 $\angle PAB = \angle PBA = 45°$.

由 PA 为 $\odot O$ 的切线,可知 $\angle PAM = \angle MBA$,有

$$\angle CMB = \angle MBA + \angle MAB$$
$$= \angle MAP + \angle MAB$$
$$= \angle PAB = 45°$$

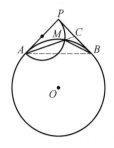

图 185.4

由 $\angle AMB + \angle BMC = 180°$,可知 $\angle AMB = 135°$.

所以 $\angle AMB = 135°$.

解 5　如图 185.5,设直线 PM 交 AB 于 C,过 C 作 AB 的垂线交 PB 于 D.

由 PA,PB 是 $\odot O$ 的切线,可知 $PA = PB$,有 $\angle PBA = \angle PAB = 45°$,于是 $\angle CDB = 45°$.

由 PA 为 $\triangle PMA$ 的外接圆的直径,可知 $PM \perp AM$,有 $\angle MCD = \angle MAB$.

由 PB 为 $\odot O$ 的切线,可知 $\angle PBM = \angle MAB$,有 $\angle PBM = \angle MCD$,于是 B,C,M,D 四点共圆,得 $\angle CMB = \angle CDB = 45°$,进而

$$\angle AMB = \angle AMC + \angle BMC = 135°$$

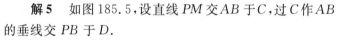

图 185.5

所以 $\angle AMB = 135°$.

解 6　如图 185.6,连 OA,OB,OM,AB.

由 PA,PB 是 $\odot O$ 的切线,可知 $PA \perp OA$,$PB \perp OB$,$PA = PB$.

由 $PA \perp PB$,可知四边形 $AOBP$ 为正方形,有 $\angle AOB = 90°$.

显然 $OA = OB = OM$,可知 $\angle OMA = \angle OAM$,$\angle OMB = \angle OBM$,有 $\angle AMB = \angle OMA + \angle OMB = \angle OAM + \angle CBM$.

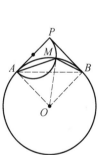

图 185.6

由 $\angle AMB + \angle OAM + \angle OBM + \angle AOB = 360°$,可知 $2\angle AMB + \angle AOB = 360°$,有 $2\angle AMB = 360° - 90° = 270°$,于是 $\angle AMB = 135°$.

所以 $\angle AMB = 135°$.

解 7　如图 185.7,设 O_1 为 PA 的中点,直线 AM 交 PB 于 D,连 O_1O 交 AM 于 C,连 OA,OB,OD,BC,PC,PM.

显然 O_1 为半圆的圆心,O_1O 为 AM 的中垂线.

由 PA,PB 是 $\odot O$ 的切线,可知 $PA \perp OA$, $PB \perp OB$, $PA = PB$.

由 $PA \perp PB$,可知四边形 $AOBP$ 为正方形,有 $AO = 2AO_1$.

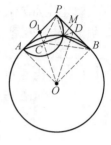

由 PA 为半圆直径,可知 $PM \perp AD$,有 $Rt\triangle APD \cong Rt\triangle OAO_1$,于是 D 为 PB 的中点,得 $Rt\triangle OBD \cong Rt\triangle OAO_1$,进而 $\angle ODB = \angle OO_1A$.

显然 C,O,B,D 四点共圆,可知 $\angle OCB = \angle ODB = \angle OO_1A = \angle COB$,有 $BC = BO = BP$.

图 185.7

显然 $PM = \dfrac{1}{2}AM = CM$,可知 P 与 C 关于 DB 对称,有 $\angle AMB = \angle PMB$,于是 $2\angle AMB + \angle PMA = 360°$,得 $\angle AMB = 135°$.

所以 $\angle AMB = 135°$.

解 8 如图 185.8,设 O_1 为 PA 的中点,直线 AM 交 PB 于 D,连 O_1O 交 AM 于 C,E 为 PM,OB 的交点,连 OA,DE,OP.

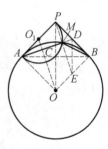

显然 O_1 为半圆的圆心,O_1O 为 AM 的中垂线.

由 PA,PB 是 $\odot O$ 的切线,可知 $PA \perp OA$, $PB \perp OB$, $PA = PB$.

由 $PA \perp PB$,可知四边形 $AOBP$ 为正方形,有 $AO = 2AO_1$.

图 185.8

由 PA 为半圆直径,可知 $PM \perp AD$,有 $Rt\triangle PBE \cong Rt\triangle APD \cong Rt\triangle OAO_1$,于是 D 为 PB 的中点,E 为 OB 的中点,得 $DE \parallel PO$.

易知 $\angle DEP = \angle OPE = \angle DAB = \angle PBM$,可知 M,E,B,D 四点共圆,有 $\angle EMB = \angle EDB = 45°$,进而 $\angle AMB = \angle AME + \angle EMB = 135°$.

所以 $\angle AMB = 135°$.

本文参考自:

《数学教学》1997 年 4 期 40 页.

第 186 天

以直角三角形的直角边 AC 为直径作 $\odot O$ 交斜边 AB 于 D,过 D 作 $\odot O$ 的切线交直角边 BC 于 E.

求证: DE 平分 BC.

证明 1　如图 186.1,设 F 为 ED 延长线上的一点,连 CD.

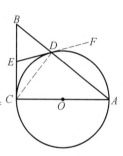

图 186.1

由 AC 为 $\odot O$ 的直径,可知 $CD \perp AB$.

由 DE 为 $\odot O$ 的切线,可知 $\angle FDA = \angle DCA$.

由 $BC \perp CA$,可知 $\angle B = \angle DCA = \angle FDA = \angle BDE$,有 $ED = EB$.

显然 ED, EC 均为 $\odot O$ 的切线,可知 $EC = ED$,有 $EC = EB$.

所以 DE 平分 BC.

证明 2　如图 186.2,连 OD, OE, CD.

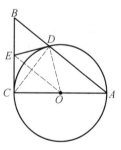

图 186.2

由 $BC \perp CA$,可知 BC 为 $\odot O$ 的切线.

由 ED 为 $\odot O$ 的切线,可知 $ED = EC$.

显然 $OD = OC$,可知 OE 为 CD 的中垂线.

由 CA 为 $\odot O$ 的直径,可知 $CD \perp AB$,有 $OE \parallel AB$.

由 O 为 CA 的中点,可知 E 为 BC 的中点.

所以 DE 平分 BC.

证明 3　如图 186.3,连 DO, DC.

由 AC 为 $\odot O$ 的直径,可知 $CD \perp AB$.

由 $CB \perp CA$,可知 $\angle B = \angle DCA$.

由 DE 为 $\odot O$ 的切线,可知 $ED \perp OD$.

显然 $BC \perp CA$,可知 E, C, O, D 四点共圆,有 $\angle BED = \angle COD$,于是 $\triangle EBD \backsim \triangle OCD$.

由 $OC = OD$,可知 $EB = ED$.

显然 ED, EC 均为 $\odot O$ 的切线,可知 $EC = ED$,有 $EC = EB$.

所以 DE 平分 BC.

证明 4 如图 186.4,连 CD.

由 AC 为 $\odot O$ 的直径,可知 $CD \perp AB$.

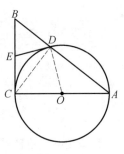

由 DE 为 $\odot O$ 的切线,可知 $\angle EDC = \angle A$,有 $\angle EDB = 90° - \angle EDC = 90° - \angle A = \angle B$,即 $\angle EDB = \angle B$,于是 $EB = ED$.

由 $BC \perp CA$,可知 ED,EC 均为 $\odot O$ 的切线,可知 $EC = ED$,有 $EC = EB$.

图 186.3

所以 DE 平分 BC.

证明 5 如图 186.5,过 A 作 $\odot O$ 的切线交直线 ED 于 F.由 FD 为 $\odot O$ 的切线,可知 $FD = FA$.

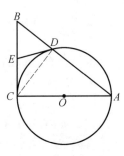

显然 $FA \perp AC$.

由 $BC \perp AC$,可知 $BC \parallel FA$,有 $\dfrac{EB}{FA} = \dfrac{ED}{FD}$,于是 $EB = ED$.

由 $BC \perp CA$,可知 ED,EC 均为 $\odot O$ 的切线,可知 $EC = ED$,有 $EC = EB$.

图 186.4

所以 DE 平分 BC.

证明 6 如图 186.6,设 F 为 ED 延长线上的一点,过 D 作 AC 的垂线交 $\odot O$ 于 G,连 GA.

由 $BC \perp AC$,可知 $BC \parallel DG$,有 $\angle ADG = \angle B$.

由 AC 为 $\odot O$ 的直径,可知 G 与 D 关于 AC 对称,有 $\angle G = \angle ADG$.

由 ED 为 $\odot O$ 的切线,可知 $\angle FDA = \angle G$.

由 $\angle EDB = \angle FDA = \angle G = \angle ADG = \angle B$,可知 $ED = EB$.

由 $BC \perp CA$,可知 ED,EC 均为 $\odot O$ 的切线,可知 $EC = ED$,有 $EC = EB$.

所以 DE 平分 BC.

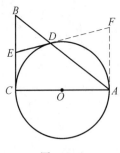

图 186.5

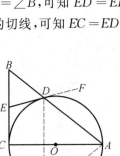

图 186.6

第 187 天

如图 187.1,MA 为 $\odot O$ 的切线,弦 $BC \parallel MA$,E,F 分别为 AB,AC 上的点,$AE = CF$,直线 EF 分别交直线 AM,BC 于 M,N,交 $\odot O$ 于 H,G.

求证:$MH = GN$.

证明 1 如图 187.1.

易知 $\dfrac{MA}{NB} = \dfrac{AE}{EB} = \dfrac{CF}{AF} = \dfrac{CN}{AM}$,可知

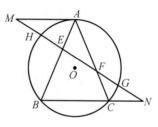

图 187.1

$$AM^2 = CN \cdot NB = NG \cdot NH$$

由 $AM^2 = MH \cdot MG$,可知 $NG \cdot NH = MH \cdot MG$,有

$$NG \cdot (MN - MH) = MH \cdot (MN - NG)$$

于是

$$NG \cdot MN - NG \cdot MH = MH \cdot MN - MH \cdot NG$$

或

$$NG \cdot MN - MH \cdot MN = NG \cdot MH - MH \cdot NG$$

得 $MN \cdot (NG - MH) = 0$.

所以 $MH = GN$.

证明 2 如图 187.2,过 F 作 AB 的平行线交 BC 于 D.

由 $AB = AC$,$AE = CF$,可知 $BE = AF$,有

$$HE \cdot EG = EA \cdot EB$$
$$= FC \cdot FA$$
$$= FG \cdot FH$$

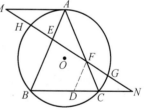

图 187.2

于是

$$HE \cdot (HG - HE) = FG \cdot (HG - FG)$$

或

$$HE \cdot HG - HE \cdot HE = FG \cdot HG - FG \cdot FG$$

得

$$HE \cdot HG - FG \cdot HG = HE \cdot HE - FG \cdot FG$$

或

$$(HE - FG) \cdot (HG - HE - FG) = 0$$

故 $HE = FG$.

由 $FD = FC = EA$, $\angle DFN = \angle BEN = \angle AEM$, $\angle FDN = \angle EAM$, 可知 $\triangle FDN \cong \triangle EAM$, 有 $FN = EM$, 于是 $FN - FG = EM - HE$, 就是 $MH = GN$.

所以 $MH = GN$.

证明 3 如图 187.3, 过 F 作 AB 的平行线交 BC 于 D, 连 DA 交 MN 于 L, 连 DE, DF.

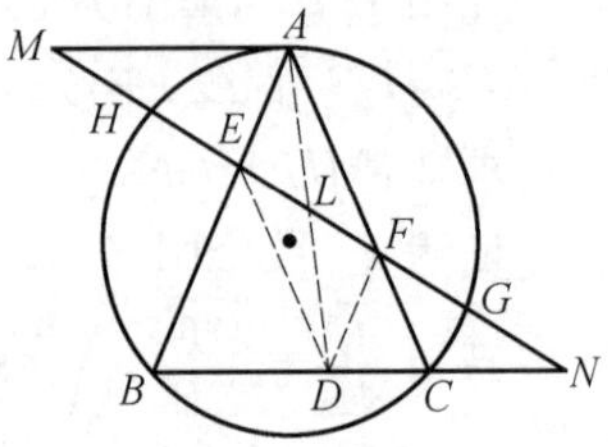

由 $FD = FC = AE$, 可知四边形 $AEDF$ 为平行四边形, 有 $AL = LD$, $EL = LF$.

由 $LA = LD$, $MA \parallel BN$, 可知 $LM = LN$, 有 $ME = FN$.

由证明 2 证得 $HE = FG$, 可知 $FN - FG = EM - HE$, 就是 $MH = GN$.

所以 $MH = GN$.

图 187.3

第 188 天

已知 PA 与 $\odot O$ 相切于 A,PO 交 $\odot O$ 于 B,C,$AD \perp PO$,D 为垂足. 求证:
$\dfrac{OB}{CD} = \dfrac{OP}{CP}$.

证明 1 如图 188.1,连 AO.

由 PA 为 $\odot O$ 的切线,可知 $OA \perp PA$.

由 $AD \perp PO$,可知 $OA^2 = OD \cdot OP$,或 $\dfrac{AO}{OD} =$

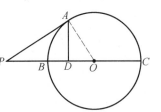

图 188.1

$\dfrac{OP}{OA}$,有 $\dfrac{BO}{OD} = \dfrac{OP}{OC}$,于是

$$\frac{BO}{OD + BO} = \frac{OP}{OC + OP}$$

即 $\dfrac{OB}{CD} = \dfrac{OP}{CP}$.

所以 $\dfrac{OB}{CD} = \dfrac{OP}{CP}$.

证明 2 如图 188.2,设 F 为 PA 延长线上的一点,连 AB,AO,AC.

由 BC 为 $\odot O$ 的直径,可知 $\angle BAC = 90°$.

由 $AD \perp BC$,可知 $\angle BAD = \angle PCA$.

由 PA 为 $\odot O$ 的切线,可知 $\angle PAB = \angle PCA = \angle BAD$,即 AB 为 $\angle PAD$ 的平分线.

由 $AB \perp AC$,可知 AC 为 $\angle PAD$ 的外角平分

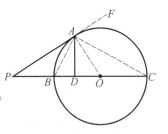

图 188.2

线,有 $\dfrac{AD}{AP} = \dfrac{CD}{CP}$.

由 $AO \perp AP$,$AD \perp PO$,可知 $\text{Rt}\triangle OAD \backsim \text{Rt}\triangle OPA$,有 $\dfrac{AD}{AP} = \dfrac{OA}{OP} =$

$\dfrac{OB}{OP}$,于是 $\dfrac{OB}{OP} = \dfrac{CD}{CP}$,得 $\dfrac{OB}{CD} = \dfrac{OP}{CP}$.

所以 $\dfrac{OB}{CD} = \dfrac{OP}{CP}$.

证明 3 如图 188.3,过 C 作 PA 的垂线,F 为垂足,连 AO,AB,AC.

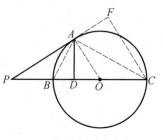

由 PA 为 $\odot O$ 的切线,可知 $AO \perp PA$,有 $AO \parallel FC$,于是 $\dfrac{OP}{CP} = \dfrac{OA}{CF}$.

由 BC 为 $\odot O$ 的直径,可知 $AB \perp AC$.

由 $AD \perp BC$,可知 $\angle DAC = \angle ABC = \angle FAC$,即 AC 为 $\angle FAD$ 的平分线.

图 188.3

由 $AD \perp PC$,可知 $CD = CF$(距离相等),有 $\dfrac{OA}{CF} = \dfrac{OB}{CD}$,于是 $\dfrac{OB}{CD} = \dfrac{OP}{CP}$.

所以 $\dfrac{OB}{CD} = \dfrac{OP}{CP}$.

证明 4 如图 188.4,过 C 作 PC 的垂线交直线 PA 于 F,连 AO.

显然 $FC \perp PC$.

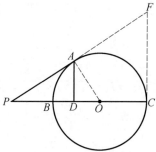

由 PA 为 $\odot O$ 的切线,可知 $FA = FC$,$AO \perp PA$,有 $\mathrm{Rt}\triangle PAO \backsim \mathrm{Rt}\triangle PCF$,于是

$$\frac{OA}{OP} = \frac{FC}{FP} = \frac{FA}{FP}$$

显然 $AD \parallel FC$,可知 $\dfrac{FA}{FP} = \dfrac{CD}{CP}$,有

$$\frac{OB}{OP} = \frac{OA}{OP} = \frac{FC}{FP} = \frac{FA}{FP} = \frac{CD}{CP}$$

图 188.4

即

$$\frac{OB}{OP} = \frac{CD}{CP}$$

所以 $\dfrac{OB}{CD} = \dfrac{OP}{CP}$.

证明 5 如图 188.5,设 F 为 PA 延长线上的一点,过 P 作 AD 的平行线交直线 CA 于 E,连 AB,AO.

由 BC 为 $\odot O$ 的直径,可知 $AB \perp AC$.

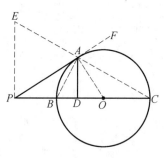

由 $AD \perp BC$,可知 $\angle DAC = \angle ABC = \angle FAC$,有 $\angle E = \angle DAC = \angle FAC = \angle PAE$,于是 $PE = PA$.

图 188.5

显然 $EP \parallel AD$,可知 $\dfrac{CD}{CP} = \dfrac{AD}{PE} = \dfrac{AD}{PA}$.

128

由 $AO \perp AP, AD \perp PO$，可知 $\mathrm{Rt}\triangle OAD \backsim \mathrm{Rt}\triangle OPA$，有 $\dfrac{AD}{AP}=\dfrac{OA}{OP}=$ $\dfrac{OB}{OP}$，于是 $\dfrac{OB}{OP}=\dfrac{CD}{CP}$，得 $\dfrac{OB}{CD}=\dfrac{OP}{CP}$.

所以 $\dfrac{OB}{CD}=\dfrac{OP}{CP}$.

证明 6 如图 188.6，过 B 作 $\odot O$ 的切线交 PA 于 E，连 EO, OA, AC.

由 PA 为 $\odot O$ 的切线，可知 $EB=EA$.

显然 $OB=OA$，可知 B 与 A 关于 EO 对称，有 OE 平分 $\angle AOB$.

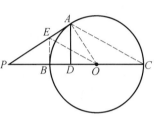

图 188.6

显然 $OC=OA$，可知

$$\angle OCA=\angle OAC=\frac{1}{2}\angle AOB=\angle BOE$$

有 $EO \parallel AC$，于是 $\mathrm{Rt}\triangle EBO \backsim \mathrm{Rt}\triangle ADC$，得

$$\frac{OP}{CP}=\frac{EP}{AP}=\frac{EO}{AC}=\frac{OB}{CD}$$

即 $\dfrac{OP}{CP}=\dfrac{OB}{CD}$.

所以 $\dfrac{OB}{CD}=\dfrac{OP}{CP}$.

证明 7 如图 188.7，连 AB, AO, AC.

由 PA 为 $\odot O$ 的切线，可知 $PA \perp AO$.

由 BC 为 $\odot O$ 的直径，可知 $AB \perp AC$.

由 $AD \perp BC$，可知 $\angle BAD=\angle PCA=\angle PAB$，有 AB 为 $\angle PAD$ 的平分线，于是 $\dfrac{AD}{AP}=\dfrac{BD}{BP}$.

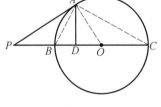

图 188.7

显然 $\mathrm{Rt}\triangle PAD \backsim \mathrm{Rt}\triangle POA$，可知 $\dfrac{AD}{AP}=\dfrac{AO}{PO}$，有 $\dfrac{AO}{PO}=\dfrac{BD}{BP}=\dfrac{BC-DC}{PC-BC}$，于是 $\dfrac{BO}{PO}=\dfrac{2BO-DC}{PC-2BO}$，得

$$BO \cdot PC-2BO^2=2BO \cdot PO-PO \cdot CD$$

进而

$$OP \cdot CD=2BO \cdot CO+2BO^2-BO \cdot PC$$
$$=OB \cdot (2PO+2BO-PC)$$

$$= OB \cdot (2PC - PC)$$
$$= OB \cdot PC$$

即 $OP \cdot CD = OB \cdot PC$.

所以 $\dfrac{OB}{CD} = \dfrac{OP}{CP}$.

证明 8 如图 188.8,连 AB,AO,AC.

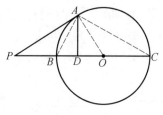

图 188.8

由 PA 为 $\odot O$ 的切线,BC 为 $\odot O$ 的直径,可知 $\triangle POA$,$\triangle ABC$ 均为直角三角形.

由 $AD \perp BC$,可知

$$PA^2 = PB \cdot PC = PD \cdot PO \qquad (1)$$
$$AD^2 = BD \cdot DC = PD \cdot DO \qquad (2)$$

由(1),可知

$$\frac{OP}{CP} = \frac{BP}{DP} \qquad (3)$$

由(2),可知 $\dfrac{CD}{OD} = \dfrac{PD}{BD}$,有 $\dfrac{CD}{CD - OD} = \dfrac{PD}{PD - BD}$,即 $\dfrac{CD}{OC} = \dfrac{PD}{PB}$,或

$$\frac{CD}{OB} = \frac{PD}{PB} \qquad (4)$$

由(3),(4),得 $\dfrac{OB}{CD} = \dfrac{OP}{CP}$.

所以 $\dfrac{OB}{CD} = \dfrac{OP}{CP}$.

证明 9 如图 188.2,设 F 为 PA 延长线上的一点,连 AB,AO,AC.

由 PA 为 $\odot O$ 的切线,可知 $\angle FAC = \angle ABC$,有 $\sin \angle PAC = \sin \angle FAC = \sin \angle ABC = \dfrac{AD}{AB}$,即 $\sin \angle PAC = \dfrac{AD}{AB}$,于是

$$\frac{OP}{CP} = \frac{S_{\triangle PAO}}{S_{\triangle PAC}} = \frac{\frac{1}{2}AP \cdot AO}{\frac{1}{2}AP \cdot AC \sin \angle PAC} = \frac{AO \cdot AB}{AC \cdot AD}$$

即

$$\frac{OP}{CP} = \frac{AO \cdot AB}{AC \cdot AD} \qquad (1)$$

显然 $\angle ABC = \angle DAC$,可知 $\sin \angle ABC = \sin \angle DAC$,有

$$\frac{OB}{CD} = \frac{S_{\triangle BAO}}{S_{\triangle DAC}} = \frac{\frac{1}{2}AB \cdot OB \sin \angle ABC}{\frac{1}{2}AD \cdot AC \sin \angle DAC} = \frac{AB \cdot OB}{AD \cdot AC}$$

即

$$\frac{OB}{CD} = \frac{AB \cdot OB}{AD \cdot AC} \tag{2}$$

对照(1),(2),就有$\dfrac{OB}{CD} = \dfrac{OP}{CP}$.

所以$\dfrac{OB}{CD} = \dfrac{OP}{CP}$.

证明 10　如图 188.1,连 AO.

由 PA 为 $\odot O$ 的切线,可知 $PA^2 = PB \cdot PC$.

显然 $PA \perp AO$. 由 $AD \perp PC$,可知 $PA^2 = PD \cdot PO$,有 $PD \cdot PO = PB \cdot PC$,于是$(PC - DC) \cdot PO = (PO - OB) \cdot PC$,即 $PC \cdot PO - CD \cdot PO = PC \cdot PO - OB \cdot PC$,得 $PO \cdot DC = CD \cdot OB$,进而$\dfrac{OB}{CD} = \dfrac{OP}{CP}$.

所以$\dfrac{OB}{CD} = \dfrac{OP}{CP}$.

本文参考自:

《数学教学》1981 年 1 期 29 页.

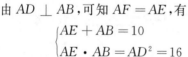

如图 189.1,BC 为半圆的直径,O 为圆心,$BC=10$,AD 与半圆相切于 D,$DA \perp AB$,$AD=4$.

(1) 试求 AE,BE 的长;

(2) 求证:$CD=DE$.

证明 1 如图 189.1,过 O 作 BA 的垂线,F 为垂足,连 OD,EC 得交点 G.

(1) 由 AD 与 $\odot O$ 相切于 D,可知 $AD \perp OD$.

由 $DA \perp AB$,可知四边形 $AFOD$ 为矩形,有 $AF=OD=5$.

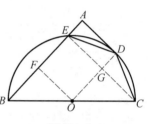

图 189.1

在 Rt$\triangle BOF$ 中,$OF=AD=4$,由勾股定理可知 $BF=3$,有 $EF=FB=3$,于是 $AE=AF-EF=2$.

所以 $AE=2$,$BE=6$.

(2) 由 $OD \perp EC$,可知 OD 为 EC 的中垂线,故 $CD=DE$.

证明 2 如图 189.2,设直线 CD 与 BA 交于 F,连 OD.

(1) 由 AD 与 $\odot O$ 相切于 D,可知 $AD \perp OD$,有 $OD \parallel AB$,于是 $\angle F = \angle ODC = \angle OCD = \angle FED$,得 $BF=BC=10$,$DE=DF$.

由 $AD \perp AB$,可知 $AF=AE$,有

$$\begin{cases} AE+AB=10 \\ AE \cdot AB=AD^2=16 \end{cases}$$

图 189.2

解得 $AE=2$,$AB=8$,于是 $BE=6$.

所以 $AE=2$,$BE=6$.

(2) 显然 OD 为 $\triangle CFB$ 的中位线,可知 $DC=DF=DE$.

所以 $CD=DE$.

证明 3 如图 189.3,过 O 作 AB 的垂线,F 为垂足,连 OD,BD.

(2) 在 Rt$\triangle ADE$ 中,由勾股定理,$ED=2\sqrt{5}$,在 Rt$\triangle BCD$ 中,由勾股定

理,$CD = 2\sqrt{5}$.

所以 $CD = DE$.

证明 4　如图 189.4,连 BD.

由 $\angle ADE = \angle DBA$,$\angle AED = \angle BCD$,可知 BD 平分 $\angle ABC$,有 $Rt\triangle ABD \backsim Rt\triangle DBC$,于是 $BD^2 = AB \cdot BC$,得 $BD^2 = 10AB$.

在 $Rt\triangle ABD$ 中,由勾股定理,$AB^2 + AD^2 = BD^2$,得 $AB^2 + 16 = BD^2$.

解 $\begin{cases} BD^2 = 10AB \\ AB^2 = 16 + BD^2 \end{cases}$,得 $AB = 8$.

由 $AD^2 = AE \cdot AB$,可知 $AE = 2$.

由 BD 平分 $\angle ABC$,就有 $DE = DC$.

所以 $CD = DE$.

证明 5　如图 189.5,连 OD 交 EC 于 F.

易知四边形 $AEFD$ 为矩形,可知 $EF = AD = 4$,有 $EC = 2EF = 8$.

在 $Rt\triangle BCE$ 中,由勾股定理 $BE = 6$,可知 $OF = 3$,$DF = 2$,于是 $AE = 2$.

OD 为垂直于弦 EC 的半径,可知 $DE = DC$.

证明 6　如图 189.6,设直线 CD 与 BA 交于 F,连 OD 交 EC 于 G.

易知 $OD \parallel AB$,O 为 BC 中点,可知 OD 是 $\triangle CFB$ 的中位线,有 D 为 FC 的中点.

显然 $AD \parallel EC$,可知 AD 是 $\triangle FEC$ 的中位线,于是 ED 是 $Rt\triangle CEF$ 斜边 FC 上的中线,故 $DE = DC$.

由 $AD = 4$,可知 $EC = 8$.

由 $BC = 10$,可知 $BE = 6$,进而 $EF = 4$,$AE = AF = 2$.

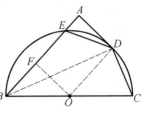

图 189.3

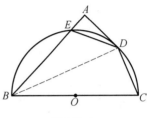

图 189.4

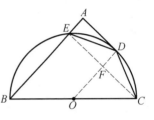

图 189.5

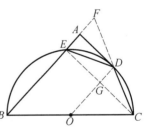

图 189.6

证明7 如图189.7,过 D 作 BC 的垂线,F 为垂足,连 BD.

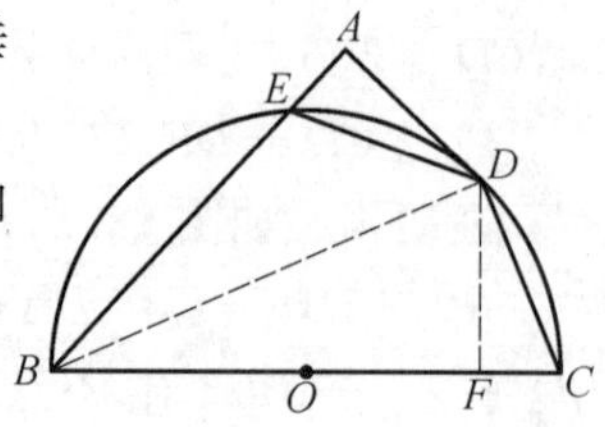

由 $\angle ADE = \angle DBA$,$\angle AED = \angle BCD$,可知 BD 平分 $\angle ABC$,有 $DF = DA = 4$.

易知 $2S_{\triangle DBC} = DB \cdot DC = DF \cdot BC = 40$.

在 $Rt\triangle DCB$ 中,由勾股定理
$$BD^2 + DC^2 = BC^2 = 100$$

由 $\begin{cases} DB \cdot DC = 40 \\ DB^2 + DC^2 = 100 \end{cases}$,得

$$BD = 4\sqrt{5},DC = 2\sqrt{5} = \frac{1}{2}BD$$

显然 $Rt\triangle DBC \backsim Rt\triangle FDC$,有 $\dfrac{FC}{DF} = \dfrac{DC}{DB} = \dfrac{1}{2}$,所以 $FC = \dfrac{1}{2}DF = 2$.

由 $Rt\triangle DAE \cong Rt\triangle DFC$,可得 $AE = FC = 2$,$BE = BA - AE = BF - AE = BC - 2AE = 6$.

显然 $DE = DC$.

本文参考自:
《中学生数学》2001 年 3 期 6 页.

图 189.7

134

第 190 天

已知:如图 190.1,$ABCD$ 是正方形,以 AB 为直径作半圆,又以 B 为圆心,BA 为半径作弧,P 为弧上一点,连接 PB 交半圆于 Q,过 P 作 AD 的垂线,T 为垂足. 求证:$PT = PQ.$

证明 1 如图 190.1,连 $AP,AQ.$

由 AD 是 $\odot O$ 的切线,可知 $\angle QAT = \angle QBA.$

由 AD 是 $\odot B$ 的切线,可知 $\angle PAT = \dfrac{1}{2} \angle PBA = \dfrac{1}{2} QAT$,即 AP 为 $\angle QAT$ 的平分线.

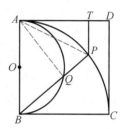

图 190.1

由 $BQ \perp AQ, PT \perp AD$,可知 $PT = PQ.$

所以 $PT = PQ.$

证明 2 如图 190.1,连 $AP,AQ.$

显然 $PT \parallel BA$,可知 $\angle APT = \angle PAB = \angle APB, PA$ 为公用边,有 $\text{Rt}\triangle PAT \cong \text{Rt}\triangle PAQ$,于是 $PT = PQ.$

所以 $PT = PQ.$

证明 3 如图 190.2,设直线 TP 交 BC 于 R,连 $AP,AQ.$

显然 $PT \parallel BA$,可知 $\angle BPR = \angle ABQ.$

由 $BP = AB, \angle PRB = 90° = \angle BQA$,可知 $\text{Rt}\triangle PBR \cong \text{Rt}\triangle BAQ$,有 $PR = BQ.$

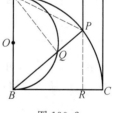

图 190.2

由 $TR = AB = PB$,可知 $TR - PR = PB - QB$,就是 $PT = PQ.$

所以 $PT = PQ.$

第 191 天

如图 191.1, AB, AC 是相等的两弦,过 C 作 $\odot O$ 的切线交 BA 的延长线于 D,自 D 作 AC 的垂线,E 为垂足. 求证:$BD = 2CE$.

证明 1　如图 191.1.

由 CD 是 $\odot O$ 的切线,可知 $CD^2 = DA \cdot DB = DA(DA + AB) = DA^2 + DA \cdot AB$.

显然 $CD^2 - AD^2 = CE^2 - AE^2 = AC(CE - AE)$,可知 $AD \cdot AB = AC(CE - AE)$.

由 $AB = AC$,可知 $AD = CE - AE$,有

$$BD = AB + AD$$
$$= AC + (CE - AE)$$
$$= AE + CE + CE - AE$$
$$= 2CE$$

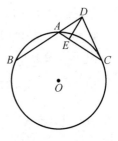

图 191.1

所以 $BD = 2CE$.

证明 2　如图 191.2,设直线 DE 交 BC 于 F,过 E 作 BC 的平行线交 BD 于 N.

由 CD 为 $\odot O$ 的切线,可知 $\angle DCA = \angle ABC$.

由 $AB = AC$,可知 $\angle ACB = \angle ABC$,有 $\angle ACB = \angle DCA$,即 AC 平分 $\angle DCB$.

由 $DE \perp AC$,可知 F 与 D 关于 AC 对称,有 E 为 DF 的中点,于是 N 为 DB 的中点.

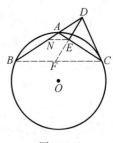

图 191.2

显然 $\dfrac{NB}{EC} = \dfrac{AB}{AC} = 1$,可知 $CE = NB = \dfrac{1}{2}BD$.

所以 $BD = 2CE$.

证明 3　如图 191.3,设直线 DE 交 BC 于 G,过 E 作 BC 的平行线交 CD 于 F,设 M 为 BC 的中点,连 ME, MF.

由 CD 为 $\odot O$ 的切线,可知 $\angle DCA = \angle ABC$.

由 $AB = AC$,可知 $\angle ACB = \angle ABC$,有 $\angle ACB = \angle DCA$,即 AC 平分 $\angle DCB$.

由 $DE \perp AC$,可知 F 与 D 关于 AC 对称,有 E 为 DF 的中点,于是 F 为 DC 的中点.

由 $\angle FMC = \angle ABC = \angle ACB$,可知四边形 $EMCF$ 为等腰梯形,有 $CE = MF = \dfrac{1}{2}BD$.

所以 $BD = 2CE$.

证明 4 如图 191.4,过 D 作 BC 的平行线交直线 CA 于 F,连 BC.

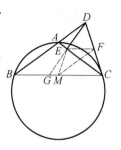

图 191.3

由 $AB = AC$,可知 $\angle ACB = \angle ABC$,有 $\angle ADF = \angle F$,于是 $AF = AD$,得 $FC = BD$.

由 CD 为 $\odot O$ 的切线,可知 $\angle DCA = \angle ABC = \angle ACB = \angle F$,有 $DF = DC$.

由 $DE \perp AC$,可知 E 为 FC 的中点,有 $CE = \dfrac{1}{2}FC = \dfrac{1}{2}BD$.所以 $BD = 2CE$.

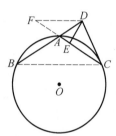

图 191.4

证明 5 如图 191.5,设 F 为 CA 延长线上的一点,$DF = DC$,连 BC.

显然 $\angle F = \angle DCA$.

由 CD 为 $\odot O$ 的切线,可知 $\angle DCA = \angle ABC$.

由 $AB = AC$,可知 $\angle ACB = \angle ABC$,有 $\angle F = \angle ACB$,于是 $FD \parallel BC$,得
$$\angle ADF = \angle ABC = \angle F$$
显然 $AD = AF$,可知 $BD = FC$.

由 $DE \perp FC$,可知 E 为 FC 的中点,有 $FC = 2CE$.
所以 $BD = 2CE$.

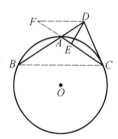

图 191.5

证明 6 如图 191.6,设 BD 的中垂线交 BC 于 M,N 为垂足,连 DM.

显然 $\angle DMC = 2\angle DBC$.

由 CD 为 $\odot O$ 的切线,可知 $\angle DCA = \angle ABC$.

由 $AC = AB$,可知 $\angle B = \angle ACB$,有
$$\angle DCB = \angle DCA + \angle ACB$$
$$= 2\angle B = \angle DMC$$
于是 $DM = DC$.

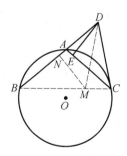

图 191.6

显然 $\angle DCA = \angle ABC = \angle MDB$.

由 $DE \perp AC$，可知 Rt$\triangle CDE \cong$ Rt$\triangle DMN$，有 $CE = ND = \dfrac{1}{2}BD$.

所以 $BD = 2CE$.

本文参考自：
《数学通讯》1980 年 4 期 28 页.

第 192 天

在 $\triangle ABC$ 中,$\angle ABC$ 的平分线交 AC 于 F,交 $\triangle ABC$ 的外接圆于 E,过 E 作圆的切线交 BC 的延长线于 D. 求证:$AE^2 = AF \cdot DE$.

证明 1 如图 192.1.

由 BE 平分 $\angle ABC$,ED 为圆的切线,可知 $AE = EC$,$\angle DEC = \angle EBC = \angle EAC = \angle ECA$,有 $ED \parallel AC$,于是 $\angle D = \angle ACB = \angle AEB$.

由 $\angle DEC = \angle EAC$,$\angle D = \angle AEB$,可知 $\triangle ECD \backsim \triangle AFE$,有 $\dfrac{AE}{DE} = \dfrac{AF}{EC} = \dfrac{AF}{AE}$,即

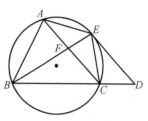

图 192.1

$$\frac{AE}{DE} = \frac{AF}{AE}$$

所以 $AE^2 = AF \cdot DE$.

证明 2 如图 192.1.

由 BE 平分 $\angle ABC$,可知 $\angle ABE = \angle EBD$,$EA = EC$.

由 ED 为圆的切线,可知 $\angle DEC = \angle EBD = \angle EAC$.

由 $\angle ECD = \angle BAE = \angle BAC + \angle EAC = \angle BAC + \angle EBC = \angle BAC + \angle ABE = \angle AFE$,即 $\angle ECD = \angle AFE$,可知 $\triangle ECD \backsim \triangle AFE$,有 $\dfrac{AE}{DE} = \dfrac{AF}{EC} = \dfrac{AF}{AE}$,即

$$\frac{AE}{DE} = \frac{AF}{AE}$$

所以 $AE^2 = AF \cdot DE$.

证明 3 如图 192.1.

由 BE 平分 $\angle ABC$,ED 为圆的切线,可知 $AE = EC$,$\angle DEC = \angle EBC = \angle EAC = \angle ECA$,有 $ED \parallel AC$,于是 $\angle D = \angle ACB = \angle AEB$.

由 BE 平分 $\angle ABD$,可知 $\angle EBD = \angle ABE$,有 $\triangle EBD \backsim \triangle ABE$,于是 $\dfrac{AE}{DE} = \dfrac{BE}{BD}$.

由 $\angle DCE = \angle BAE = \angle BAC + \angle EAC = \angle BAC + \angle ABE = \angle AFE$，可知 $180° - \angle DCE = 180° - \angle AFE$，有 $\angle BCE = \angle BFA$．

由 BE 平分 $\angle ABC$，可知 $\angle EBC = \angle ABF$，有 $\triangle BCE \backsim \triangle BFA$，于是 $\dfrac{AF}{EC} = \dfrac{BF}{BC}$．

由 $ED \parallel AC$，可知 $\dfrac{BF}{BC} = \dfrac{BE}{BD}$，有

$$\frac{AE}{DE} = \frac{AF}{EC} = \frac{AF}{AE}$$

即

$$\frac{AE}{DE} = \frac{AF}{AE}$$

所以 $AE^2 = AF \cdot DE$．

证明4 如图 192.2，分别过 A, D 作 BE 的垂线，G, H 为垂足．

由 BE 平分 $\angle ABC$，ED 为圆的切线，可知 $AE = EC$，$\angle DEC = \angle EBC = \angle EAC = \angle ECA$，有 $ED \parallel AC$，于是 $\angle AFB = \angle DEH$．

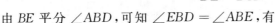
图 192.2

显然 $\mathrm{Rt}\triangle AGF \backsim \mathrm{Rt}\triangle DHE$，可知 $\dfrac{AF}{DE} = \dfrac{AG}{DH}$．

由 BE 平分 $\angle ABD$，可知 $\angle EBD = \angle ABE$，有

$\triangle EBD \backsim \triangle ABE$，于是 $\dfrac{S_{\triangle ABE}}{S_{\triangle EBD}} = \dfrac{AE^2}{DE^2}$．

显然 $\dfrac{S_{\triangle ABE}}{S_{\triangle EBD}} = \dfrac{\dfrac{1}{2} BE \cdot AG}{\dfrac{1}{2} BE \cdot DH} = \dfrac{AG}{DH} = \dfrac{AF}{DE}$，可知 $\dfrac{AE^2}{DE^2} = \dfrac{AF}{DE}$．

所以 $AE^2 = AF \cdot DE$．

证明5 如图 192.1．

由 BE 平分 $\angle ABC$，可知 $\angle EAF = \angle EBC = \angle ABE$，有 $\triangle AFE \backsim \triangle BAE$，于是 $AE^2 = EF \cdot BE$．

由 ED 为圆的切线，可知 $\angle DEC = \angle EBC = \angle EAC = \angle ECA$，有 $ED \parallel AC$，于是

$$\angle D = \angle ACB = \angle AEB$$

由 $\angle EBD = \angle EAF$，可知 $\triangle BDE \backsim \triangle EAF$，有 $\dfrac{EF}{ED} = \dfrac{AF}{BE}$，于是 $AF \cdot DE = EF \cdot BE$．

所以 $AE^2 = AF \cdot DE$.

证明 6 如图 192.1.

由 BE 平分 $\angle ABC$,ED 为圆的切线,可知 $AE = EC$,$\angle DEC = \angle EBC = \angle EAC = \angle ECA$,有 $ED \parallel AC$,于是 $\angle D = \angle FCB$.

由 $\angle CED = \angle FBC$,可知 $\triangle CED \backsim \triangle FBC$.

显然 $\triangle FAE \backsim \triangle FBC$,可知 $\triangle CED \backsim \triangle FAE$,有 $\dfrac{AE}{DE} = \dfrac{AF}{EC} = \dfrac{AF}{AE}$,即

$$\frac{AE}{DE} = \frac{AF}{AE}$$

所以 $AE^2 = AF \cdot DE$.

证明 7 如图 192.1.

由 ED 为圆的切线,可知 $\angle CED = \angle EBD$,有 $\triangle CED \backsim \triangle EBD$,于是

$$\frac{DE}{DC} = \frac{DB}{DE} \tag{1}$$

由 ED 为圆的切线,BE 平分 $\angle ABC$,可知 $\angle CED = \angle CBE = \angle ABE = \angle ACE$,有 $ED \parallel AC$,于是 $\triangle EBD \backsim \triangle FBC$,得

$$\frac{EF}{CD} = \frac{BF}{BC} \tag{2}$$

显然 $\angle AEB = \angle ACB = \angle D$,$\angle EAF = \angle EBD$,可知 $\triangle FAE \backsim \triangle EBD$,有

$$\frac{EA}{EF} = \frac{DB}{DE} \tag{3}$$

显然 $\triangle FAE \backsim \triangle FBC$,有

$$\frac{AF}{AE} = \frac{BF}{BC} \tag{4}$$

由(1),(3),可知

$$\frac{DE}{DC} = \frac{EA}{EF} \tag{5}$$

由(2),(4),可知

$$\frac{AF}{AE} = \frac{EF}{CD} \tag{6}$$

由(5),(6),可知 $\dfrac{AE}{DE} = \dfrac{AF}{AE}$.

所以 $AE^2 = AF \cdot DE$.

证明 8 如图 192.1.

由 BF 平分 $\angle ABC$,可知

$$\frac{AF}{AB} = \frac{FC}{BC} \tag{1}$$

由 ED 为圆的切线，BE 平分 $\angle ABC$，可知 $\angle CED = \angle CBE = \angle ABE = \angle ACE$，有 $ED \parallel AC$，于是 $\triangle EBD \backsim \triangle FBC$，得

$$\frac{DE}{BD} = \frac{FC}{BC} \tag{2}$$

由 ED 为圆的切线，可知 $\angle CED = \angle EBD$，有 $\triangle CED \backsim \triangle EBD$，于是

$$\frac{DE}{DC} = \frac{DB}{DE} \tag{3}$$

由 $(1),(2),(3)$，可知 $\dfrac{CD}{DE} = \dfrac{AF}{AB}$，有

$$AE \cdot CE = AB \cdot CD = AF \cdot DE$$

于是

$$AE \cdot CE = AF \cdot DE$$

代入 $CE = AE$，可知 $AE^2 = AF \cdot DE$.

所以 $AE^2 = AF \cdot DE$.

第 193 天

PA 为 $\odot O$ 的切线,PBC 是 $\odot O$ 的割线,分别过 C,B 作 $\odot O$ 的切线交直线 PA 于 N,M.

求证:$\dfrac{PM}{PN}=\dfrac{AM}{AN}$(调和分割).

证明 1 如图 193.1,设直线 MB,NC 相交于 F,过 M 作 NC 的平行线交 PC 于 E.

显然 $\dfrac{ME}{FC}=\dfrac{MB}{FB}$.

由 FC,FB 为 $\odot O$ 的切线,可知 $FB=FC$,有 $MB=ME$.

由 NA,NC 为 $\odot O$ 的切线,可知 $NA=NC$.

同理 $MA=MB$.

显然 $\dfrac{PM}{PN}=\dfrac{ME}{NC}=\dfrac{MB}{NA}=\dfrac{MA}{NA}$.

所以 $\dfrac{PM}{PN}=\dfrac{AM}{AN}$.

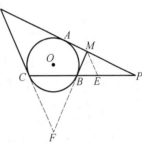

图 193.1

证明 2 如图 193.2,设直线 MB,NC 相交于 E,过 N 作 MB 的平行线交直线 PC 于 F.

显然 $\dfrac{NF}{EB}=\dfrac{NC}{EC}$.

由 EB,EC 为 $\odot O$ 的切线,可知 $EB=EC$,有 $NF=NC$.

由 NA,NC 为 $\odot O$ 的切线,可知 $NA=NC$.

同理 $MA=MB$.

显然 $\dfrac{PM}{PN}=\dfrac{MB}{NF}=\dfrac{MA}{NC}=\dfrac{MA}{NA}$.

所以 $\dfrac{PM}{PN}=\dfrac{AM}{AN}$.

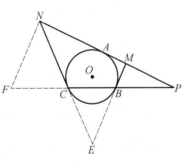

图 193.2

证明 3　如图 193.3,设直线 MB,NC 相交于 Q,分别过 M,N 作 PC 的垂线,E,F 为垂足.

由 NA,NC 为 $\odot O$ 的切线,可知 $NA = NC$.

同理 $MA = MB$.

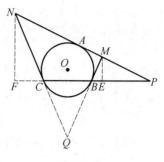

图 193.3

由 QE,QC 为 $\odot O$ 的切线,可知 $\angle QCE = \angle QEC$.

由 $\angle NCF = \angle QCE$,$\angle MBE = \angle QEC$,可知 $\angle NCF = \angle MBE$,有 Rt$\triangle NFC \sim$ Rt$\triangle MEB$,于是

$$\frac{PM}{PN} = \frac{ME}{NF} = \frac{MB}{NC} = \frac{MA}{NA}$$

所以 $\dfrac{PM}{PN} = \dfrac{AM}{AN}$.

证明 4　如图 193.4,设直线 MB,NC 相交于 Q,过 N 作 PC 的平行线交直线 BM 于 E.

显然 $\dfrac{BE}{BQ} = \dfrac{CN}{CQ}$.

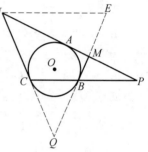

图 193.4

由 QB,QC 为 $\odot O$ 的切线,可知 $QB = QC$,有 $BE = CN$.

由 NA,NC 为 $\odot O$ 的切线,可知 $NA = NC$.

同理 $MA = MB$.

显然 $\dfrac{PM}{MN} = \dfrac{MB}{ME}$,可知

$$\frac{PM}{PM + MN} = \frac{MB}{MB + ME}$$

即 $\dfrac{PM}{PN} = \dfrac{MB}{BE} = \dfrac{MA}{CN} = \dfrac{MA}{NA}$.

所以 $\dfrac{PM}{PN} = \dfrac{AM}{AN}$.

证明 5　如图 193.5,设 Q 为直线 NC,MB 的交点,过 M 作 PC 的平行线交 NC 于 F.

显然 $\dfrac{FC}{QC} = \dfrac{MB}{QB}$.

由 QB,QC 为 $\odot O$ 的切线,可知 $QB = QC$,有 $FC = MB$.

由 NA,NC 为 $\odot O$ 的切线,可知 $NA = NC$.

同理 $MA = MB$.

显然 $\dfrac{PM}{PN}=\dfrac{CF}{NC}=\dfrac{MB}{NA}=\dfrac{MA}{NA}$.

所以 $\dfrac{PM}{PN}=\dfrac{AM}{AN}$.

证明 6 如图 193.6,分别过 A,M,N 作 PC 的垂线,D,E,F 为垂足,连 DM,DN.

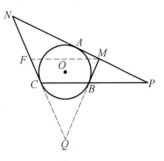

图 193.5

由 NA,NC 为 $\odot O$ 的切线,可知 $NA=NC$.

同理 $MA=MB$.

由 BM,CN 为 $\odot O$ 的切线,可知 $\angle NCB=\angle MBC$,有 $\angle NCF=\angle MBE$,于是 $\mathrm{Rt}\triangle NFC\backsim \mathrm{Rt}\triangle MEB$,得 $\dfrac{EM}{FN}=\dfrac{BM}{CN}=\dfrac{AM}{AN}=\dfrac{DE}{DF}$,即 $\dfrac{EM}{FN}=\dfrac{DE}{DF}$.

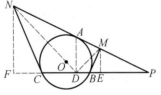

图 193.6

显然 $\mathrm{Rt}\triangle NFD\backsim \mathrm{Rt}\triangle MED$,可知 $\angle NDF=\angle MDE$,于是 DA 为 $\angle NDM$ 的平分线.

由 $AD\perp PC$,可知 PC 为 $\triangle DMN$ 的 $\angle MDN$ 的外角平分线,有

$$\dfrac{PM}{PN}=\dfrac{DM}{DN}=\dfrac{AM}{AN}$$

所以 $\dfrac{PM}{PN}=\dfrac{AM}{AN}$.

证明 7 如图 193.7,设直线 MB,NC 相交于 F.

直线 CBP 截 $\triangle FNM$ 的三边,由梅涅劳斯定理,有 $\dfrac{NP}{PM}\cdot\dfrac{MB}{BF}\cdot\dfrac{FC}{CN}=1$.

由 $FB=FC,MA=MB,NC=NA$,可知 $\dfrac{NP}{PM}\cdot\dfrac{MA}{NA}=1$.

所以 $\dfrac{PM}{PN}=\dfrac{AM}{AN}$.

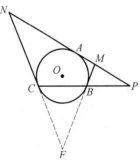

图 193.7

第 194 天

已知:如图,AB 与 $\odot O$ 相交于 C,D,$AC = DB$,BE,AF 为 $\odot O$ 的切线,E,F 为切点.

求证:EF 平分 AB.

证明1 如图 194.1,过 A 作 EB 的平行线交直线 EF 于 G,M 为 EF 与 AB 的交点.

由 $AC = DB$,可知 $AD = CB$,有 $AC \cdot AD = DB \cdot CB$.

由 $AF^2 = AC \cdot AD$,$EB^2 = DB \cdot CB$,可知 $AF^2 = EB^2$,有 $AF = EB$.

由 $\angle BEF + \angle AFE = 180°$,$\angle AFG + \angle AFE = 180°$,可知 $\angle AFG = \angle BEF = \angle G$,有 $AG = AF$,于是 $AG = BE$.

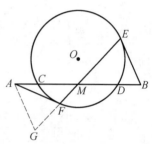

图 194.1

显然 $\angle GAM = \angle B$,$\angle AMG = \angle BME$,可知 $\triangle AMG \cong \triangle BME$,有 $MA = MB$.

所以 EF 平分 AB.

证明2 如图 194.2,过 B 作 FA 的平行线交直线 EF 于 G,M 为 EF 与 AB 的交点.

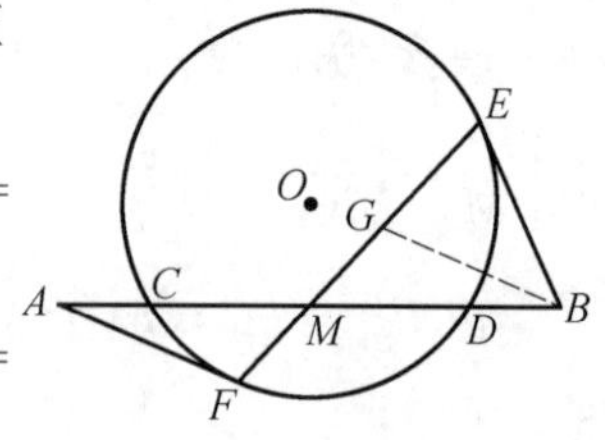

由 $AC = DB$,可知 $AD = CB$,有 $AC \cdot AD = DB \cdot CB$.

由 $AF^2 = AC \cdot AD$,$EB^2 = DB \cdot CB$,可知 $AF^2 = EB^2$,有 $AF = EB$.

图 194.2

由 $\angle BEF + \angle AFE = 180°$,$\angle BGF + \angle BGE = 180°$,$\angle AFE = \angle BGF$,可知 $\angle BGE = \angle BEF$,有 $BG = EB$,于是 $AF = BG$.

显然 $\angle FAM = \angle GBM$,$\angle AMF = \angle BME$,可知 $\triangle AMF \cong \triangle BMG$,有 $MA = MB$.

所以 EF 平分 AB.

证明3 如图 194.3,分别过 A,B 作 EF 的垂线,G,H 为垂足,M 为 EF 与 AB 的交点.

146

由 $AC = DB$，可知 $AD = CB$，有 $AC \cdot AD = DB \cdot CB$.

由 $AF^2 = AC \cdot AD$，$EB^2 = DB \cdot CB$，可知 $AF^2 = EB^2$，有 $AF = EB$.

由 $\angle BEF + \angle AFE = 180°$，$\angle AFG + \angle AFE = 180°$，可知 $\angle AFG = \angle BEF$，有 $\triangle AFG \cong \triangle BEH$，于是 $AG = BH$.

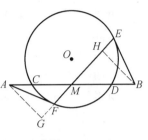

图 194.3

易知 $\mathrm{Rt}\triangle AMG \cong \mathrm{Rt}\triangle BMH$，可知 $MA = MB$.

所以 EF 平分 AB.

证明 4　如图 194.4，在 FE 的延长线上取一点 G，使 $EG = MF$，M 为 EF 与 AB 的交点，连 GB.

由 $AC = DB$，可知 $AD = CB$，有 $AC \cdot AD = DB \cdot CB$.

由 $AF^2 = AC \cdot AD$，$EB^2 = DB \cdot CB$，可知 $AF^2 = EB^2$，有 $AF = EB$.

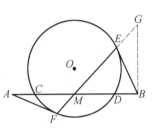

图 194.4

由 $\angle BEF + \angle AFE = 180°$，$\angle AEG + \angle BEF = 180°$，可知 $\angle AFE = \angle AEG$.

易知 $\triangle AMF \cong \triangle BGE$，可知 $MA = GB$，$\angle G = \angle AMF = \angle BMG$，于是 $MB = GB$，得 $MB = MA$.

所以 EF 平分 AB.

证明 5　如图 194.5，过 B 作 EF 的平行线交直线 AF 于 G，M 为 EF 与 AB 的交点.

由 $\angle GFE = \angle BEF$，可知四边形 $BEFG$ 为等腰梯形，有 $GF = BE$.

由 $AC = DB$，可知 $AD = CB$，有 $AC \cdot AD = DB \cdot CB$.

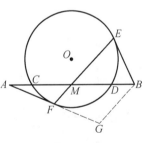

图 194.5

由 $AF^2 = AC \cdot AD$，$EB^2 = DB \cdot CB$，可知 $AF^2 = EB^2$，有 $AF = EB$，于是 $AF = GF$.

由平行线等分线段定理，可知 $MA = MB$.

所以 EF 平分 AB.

证明 6　如图 194.6，过 A 作 FE 的平行线交直线 BE 于 G，M 为 EF 与 AB 的交点.

由 $\angle AFE = \angle GEF$，可知四边形 $AGEF$ 为等腰梯形，有 $EG = FA$.

由 $AC=DB$，可知 $AD=CB$，有 $AC \cdot AD = DB \cdot CB$.

由 $AF^2=AC \cdot AD$，$EB^2=DB \cdot CB$，可知 $AF^2=EB^2$，有 $AF=EB$，于是 $EG=EB$.

由平行线等分线段定理，可知 $MA=MB$.

所以 EF 平分 AB.

证明 7　如图 194.7，设 M 为 CD 的中点，连 OA，OB，OE，OF，OM. 显然 $OF \perp FA$，$OE \perp EB$，$OM \perp AB$，$MA=MB$.

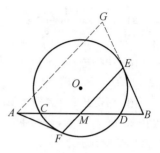

图 194.6

易知 A，O，M，F 四点共圆，可知 $\angle FMA = \angle FOA$.

易知 B，E，O，M 四点共圆，可知 $\angle BME = \angle BOE$.

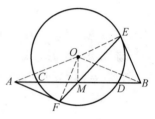

图 194.7

由 $AC=DB$，可知 $AD=CB$，有 $AC \cdot AD = DB \cdot CB$.

由 $AF^2=AC \cdot AD$，$EB^2=DB \cdot CB$，可知 $AF^2=EB^2$，有 $AF=EB$.

由 $OF=OE$，可知 $\triangle AOF \cong \triangle BOE$，有 $\angle AOF = \angle BOE$，于是 $\angle FMA = \angle EMB$，即 M 就是直线 EF 与 AB 的交点.

所以 EF 平分 AB.

证明 8　如图 194.8，连 EA，FB.

由 $\angle AFE + \angle BEF = 180°$，可知 $\sin \angle AFE = \sin \angle BEF$.

由 $S_{\triangle FAE} = \dfrac{1}{2} FA \cdot FE \sin \angle AFE$，$S_{\triangle EBF} = \dfrac{1}{2} EB \cdot EF \sin \angle BEF$，可知 $\dfrac{S_{\triangle FAE}}{S_{\triangle EBF}} = \dfrac{FA}{FB}$.

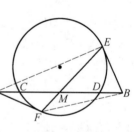

图 194.8

显然 $\dfrac{S_{\triangle FAE}}{S_{\triangle EBF}} = \dfrac{MA}{MB}$，可知 $\dfrac{MA}{MB} = \dfrac{FA}{FB}$.

由 $AC=DB$，可知 $AD=CB$，有 $AC \cdot AD = DB \cdot CB$.

由 $AF^2=AC \cdot AD$，$EB^2=DB \cdot CB$，可知 $AF^2=EB^2$，有 $AF=EB$，于是 $MA=MB$.

所以 EF 平分 AB.

本文参考自：

《中学数学教学》1984 年 1 期 23 页.

第 195 天

如图,在 $\triangle ABC$ 中,$AB+AC=2BC$,G 为重心,I 为内心. 求证:$GI /\!/ BC$.

证明 1　如图 195.1,设直线 AG 交 BC 于 D,直线 AI 交 BC 于 E.

由 G 为 $\triangle ABC$ 的重心,可知 $\dfrac{AG}{GD}=\dfrac{2}{1}$.

由 I 为 $\triangle ABC$ 的内心,可知

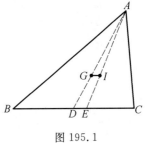

图 195.1

$$\frac{AB}{BE}=\frac{AC}{CE}$$

$$=\frac{AB+AC}{BE+EC}$$

$$=\frac{AB+AC}{BC}$$

$$=\frac{2}{1}=\frac{AG}{GD}$$

即 $\dfrac{AB}{BE}=\dfrac{AG}{GD}$. 所以 $GI /\!/ BC$.

证明 2　如图 195.2,设直线 AG 交 BC 于 D,直线 AI 交 BC 于 E,连 GB,GC,IB,IC.

由 $AB+AC=2BC$,可知 $AB+AC+BC=3BC$.

由 I 为 $\triangle ABC$ 的内心,设 r 为 $\triangle ABC$ 的内切圆半径,可知

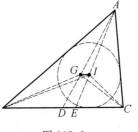

图 195.2

$$S_{\triangle ABC}=S_{\triangle IBC}+S_{\triangle IAB}+S_{\triangle IAC}$$

$$=\frac{1}{2}r\cdot BC+\frac{1}{2}r\cdot AB+\frac{1}{2}r\cdot AC$$

$$=\frac{1}{2}r(BC+AB+AC)$$

$$=\frac{3}{2}r\cdot BC$$

$$=3S_{\triangle IBC}$$

即 $\dfrac{S_{\triangle IBC}}{S_{\triangle ABC}} = \dfrac{1}{3}$.

由 G 为 $\triangle ABC$ 的重心,可知 $\dfrac{AG}{GD} = \dfrac{2}{1}$,有 $\dfrac{S_{\triangle GBC}}{S_{\triangle ABC}} = \dfrac{1}{3} = \dfrac{S_{\triangle IBC}}{S_{\triangle ABC}}$,于是 $S_{\triangle GBC} = S_{\triangle IBC}$,得点 G 与点 I 到 BC 的距离相等.

所以 $GI \parallel BC$.

第 196 天

如图 196.1,△ABC 的各边与其内切圆分别相切于 D,E,F,过 F 引 BC 的平行线交 AD 于 H,又交 DE 于 G. 求证:$FH = HG$.

证明 1 如图 196.1,过 A 作 BC 的平行线分别交直线 DF,DG 于 M,N.

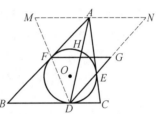

图 196.1

显然 $\dfrac{AN}{CD} = \dfrac{AE}{CE}$.

由 CB,CA 是 ⊙O 的切线,可知 $CD = CE$,有 $AN = AE$.

同理 $AM = AF$.

显然 $AE = AF$,可知 $AM = AN$.

由 $\dfrac{FH}{AM} = \dfrac{DH}{DA} = \dfrac{HG}{AN}$,可知 $FH = HG$.

所以 $FH = HG$.

证明 2 如图 196.2,过 H 作 AC 的平行线交 DG 于 L.

由 CB,CA 均为 ⊙O 的切线,可知 $CD = CE$,有 $\angle DEC = \angle EDC$.

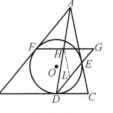

图 196.2

显然 $\angle HLG = \angle AEG = \angle DEC = \angle EDC = \angle G$,可知 $HG = HL$.

易知 $\dfrac{FH}{AF} = \dfrac{BD}{AB} = \dfrac{BF}{AB} = \dfrac{DH}{DA} = \dfrac{HL}{AE}$,即

$$\frac{FH}{AF} = \frac{HL}{AE}$$

由 $AE = AF$,可知 $FH = HL$,有 $FH = HG$.

所以 $FH = HG$.

第 197 天

$\triangle ABC$ 内接于 $\odot O$，$\angle A < 90°$，过 B，C 分别作 $\odot O$ 的切线 XB，YC. 从 O 作 $OP \parallel AB$ 交 XB 于 P，作 $OQ \parallel AC$ 交 YC 于 Q.

证明：PQ 与 $\odot O$ 相切.

证明1 如图 197.1，设 R 为 PB 延长线上的一点，$BR = CQ$，连 OB，OC，OR.

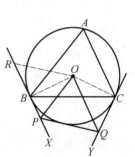

图 197.1

由 BP，CQ 为 $\odot O$ 的切线，可知 $PB \perp OB$，$QC \perp OC$.

显然 $OB = OC$，可知 $\text{Rt}\triangle OBR \cong \text{Rt}\triangle OCQ$，有 $OR = OQ$，$\angle BOR = \angle COQ$.

由 $OP \parallel AB$，$OQ \parallel AC$，可知 $\angle POQ = \angle BAC = \frac{1}{2}\angle BOC$，有 $\angle POB + \angle QOC = \angle POQ$，于是 $\angle POR = \angle POQ$.

显然 R 与 Q 关于 OP 对称.

由 PB 为 $\odot O$ 的切线，可知 PQ 为 $\odot O$ 的切线.

所以 PQ 与 $\odot O$ 相切.

证明2 如图 197.2，设 BC 分别交 OP，OQ 于 E，F，连 OB，OC，PF，QE.

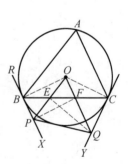

图 197.2

由 $OP \parallel AB$，$OQ \parallel AC$，可知 $\angle POQ = \angle BAC = \angle PBC$，有 O，B，P，F 四点共圆，于是 $\angle OPF = \angle OBF$.

同理 $\angle OQE = \angle OCE$.

显然 $\angle OCE = \angle OBF$，可知 $\angle OQE = \angle OPF$，有 P，Q，F，E 四点共圆，于是 $\angle EPQ = \angle OFB = \angle OPB$，得直线 PQ 与 PR 关于 OP 对称.

由 PB 为 $\odot O$ 的切线，可知 PQ 为 $\odot O$ 的切线.

所以 PQ 与 $\odot O$ 相切.

第 198 天

如图 198.1,AB 为 $\odot O$ 的一条弦,C 为 $\odot O$ 上一点,CO 与 AB 相交于 D,分别过 A,B 作 AB 的垂线,又过 C 作 $\odot O$ 的切线,得交点 E,F.

求证:(1)$DA \cdot DB = CE \cdot CF$;

(2)$CD^2 = AE \cdot BF$.

证明 1 如图 198.1,连 CA,CB,DE,DF,设 AC 与 ED 交于 P,BC 与 DF 交于 Q.

(1) 易知 A,D,C,E 四点共圆,D,B,F,C 四点共圆,可知

$$EC \cdot PD = PC \cdot AD, \quad CF \cdot DQ = DB \cdot CQ$$

于是 $EC \cdot PD \cdot CF \cdot DQ = PC \cdot AD \cdot DB \cdot CQ$.

由 $\angle ADE = \angle ACE = \angle ABC$,可知 $DE \parallel BC$.

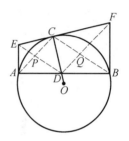

图 198.1

同理 $AC \parallel DF$,可知四边形 $PDQC$ 为平行四边形,有 $PD = CQ$,$PC = DQ$,于是 $CE \cdot CF = DA \cdot DB$.

所以 $DA \cdot DB = CE \cdot CF$.

(2)显然 Rt$\triangle AED \backsim$ Rt$\triangle DCF$,Rt$\triangle CDE \backsim$ Rt$\triangle DBF$,可知 $\dfrac{AE}{CD} = \dfrac{DE}{DF} = \dfrac{CD}{BF}$,于是

$$CD^2 = AE \cdot BF$$

所以 $CD^2 = AE \cdot BF$.

证明 2 如图 198.1.

(1)由 A,D,C,E 四点共圆,C,D,B,F 四点共圆,可知 $\angle EDA = \angle ECA = \angle CBA = \angle CFD$,有

$$\text{Rt}\triangle AED \backsim \text{Rt}\triangle DCF$$

$$\text{Rt}\triangle CDE \backsim \text{Rt}\triangle DBF$$

于是 $\dfrac{AD}{CF} = \dfrac{DE}{DF} = \dfrac{CE}{DB}$,得 $DA \cdot DB = CE \cdot CF$.

(2)显然 $\triangle PCE \backsim \triangle QFC$,可知 $\dfrac{PE}{QC} = \dfrac{PC}{QF}$,或 $\dfrac{PE}{PC} = \dfrac{QC}{QF}$.

由 A,D,C,E 四点共圆，C,D,B,F 四点共圆，可知 $\dfrac{AE}{CD}=\dfrac{PE}{PC}=\dfrac{QC}{QF}=\dfrac{CD}{BF}$，

于是 $CD^2=AE\cdot BF$.

所以 $CD^2=AE\cdot BF$.

注：当 AB 位于点 O 的另一侧，证法一样.

事实上，如图 198.2，由上面的证明，有

$$PM\cdot PN=CE\cdot CF$$

显然 $DB=PM$，$AD=PN$，于是

$$DA\cdot DB=PM\cdot PN=CE\cdot CF$$

所以 $DA\cdot DB=CE\cdot CF$.

当 AB 为直径（如图 198.3），显然 $AE+BF=EF$，且原题的两个结论都成立，且有特殊证明方法.

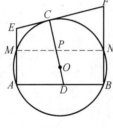
图 198.2

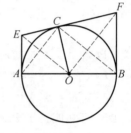
图 198.3

第 199 天

如图 199.1,PA 与 $\odot O$ 相切于 A,PCB 为 $\odot O$ 的割线,$\angle APB$ 的平分线分别交 AB,AC 于 D,E.

求证:$\dfrac{DB}{AB} + \dfrac{EC}{AC} = 1$.

证明 1 如图 199.1,过 E 作 AB 的平行线交 BC 于 F.

由 PA 为 $\odot O$ 的切线,可知 $\angle PAC = \angle ABC$.

由 PD 平分 $\angle APB$,可知 $\angle PAC + \angle APD = \angle ABC + \angle BPD$,有 $\angle AED = \angle ADE$,于是 $AE = AD$.

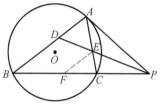

图 199.1

显然 $\angle DEF = \angle ADE = \angle AED$,即 PD 平分 $\angle AEF$.

由 PD 平分 $\angle APF$,可知 F 与 A 关于 PD 对称,有 $EF = EA = AD$.

显然

$$\frac{DB}{AB} + \frac{EC}{AC} = \frac{DB}{AB} + \frac{EF}{AB} = \frac{DB + EF}{AB}$$

$$= \frac{DB + AD}{AB} = \frac{AB}{AB} = 1$$

所以 $\dfrac{DB}{AB} + \dfrac{EC}{AC} = 1$.

证明 2 如图 199.2,过 D 作 AC 的平行线交 BC 于 F.

由 PA 为 $\odot O$ 的切线,可知 $\angle PAC = \angle ABC$.

由 PD 平分 $\angle APB$,可知 $\angle PAC + \angle APD = \angle ABC + \angle BPD$,有 $\angle AED = \angle ADE$,于是 $AE = AD$.

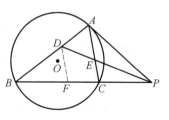

图 199.2

显然 $\angle DFP = \angle B + \angle BDF = \angle PAC + \angle BAC = \angle DAP$.

由 PD 平分 $\angle APF$,可知 F 与 A 关于 PD 对称,有 $DF = DA = AE$.

显然

$$\frac{DB}{AB}+\frac{EC}{AC}=\frac{DF}{AC}+\frac{EC}{AC}=\frac{DF+EC}{AC}$$

$$=\frac{AE+EC}{AC}=\frac{AC}{AC}=1$$

所以 $\frac{DB}{AB}+\frac{EC}{AC}=1$.

证明3 如图 199.3,分别过 D,E 作 BC 的平行线交 PA 于 G,F.

由 PD 平分 $\angle APB$,可知 $\angle FPE=\angle EPB=$ $\angle FEP$,有 $FE=FP$.

由 PA 为 $\odot O$ 的切线,可知 $\angle PAC=\angle ABC$.

由 PD 平分 $\angle APB$,可知 $\angle PAC+\angle APD=$ $\angle ABC+\angle BPD$,有 $\angle AED=\angle ADE$,于是 $AE=$ AD.

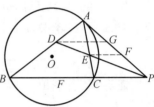

图 199.3

由 $\angle ADG=\angle ABC=\angle EAF,\angle AGD=\angle EFA$,可知 $\triangle ADG\cong\triangle EAF$, 有 $AG=EF=FP$.

显然

$$\frac{DB}{AB}+\frac{EC}{AC}=\frac{GP}{AP}+\frac{FP}{AP}=\frac{GP+FP}{AP}$$

$$=\frac{GP+AG}{AP}=\frac{AP}{AP}=1$$

所以 $\frac{DB}{AB}+\frac{EC}{AC}=1$.

证明4 如图 199.4,设 F 为 PA 延长线上的一点,$PF=PB$,设 G 为 PA 上一点,$PG=PC$,连 DF,EG.

由 PD 为 $\angle APB$ 的平分线,可知 B 与 F 关于 PD 对称,C 与 G 关于 PD 对称,有 $DF=DB,EG=$ $EC,FG=BC$.

显然 $\angle F=\angle B,\angle AGE=\angle ACB$.

由 PA 为 $\odot O$ 的切线,可知 $\angle FAD=\angle ACB$, $\angle EAG=\angle ABC$,有 $\triangle DFA\backsim\triangle ABC\backsim\triangle EAG$,于是

$$\frac{DB}{AB}=\frac{DF}{AB}=\frac{AF}{BC}=\frac{FG-AG}{BC}=\frac{BC-AG}{BC}$$

$$= 1 - \frac{AG}{BC} = 1 - \frac{EG}{AC} = 1 - \frac{EC}{AC}$$

即 $\dfrac{DB}{AB} = 1 - \dfrac{EC}{AC}$.

所以 $\dfrac{DB}{AB} + \dfrac{EC}{AC} = 1$.

证明5 如图 199.5.

由 PD 平分 $\angle APB$,可知 $\dfrac{DB}{AD} = \dfrac{PB}{PA}$,有

$$\frac{DB}{AB} = \frac{DB}{AD + DB} = \frac{PB}{PA + PB}$$

同理 $\dfrac{EC}{AC} = \dfrac{PC}{PA + PC}$,可知

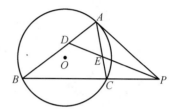

图 199.5

$$\frac{DB}{AB} + \frac{EC}{AC} = \frac{PB}{PA + PB} + \frac{PC}{PA + PC}$$

$$= \frac{PB \cdot (PA + PC) + PC \cdot (PA + PB)}{(PA + PB) \cdot (PA + PC)}$$

$$= \frac{PA \cdot PB + PB \cdot PC + PA \cdot PC + PB \cdot PC}{(PA + PB) \cdot (PA + PC)}$$

$$= \frac{(PA + PB) \cdot (PA + PC)}{(PA + PB) \cdot (PA + PC)} = 1$$

所以 $\dfrac{DB}{AB} + \dfrac{EC}{AC} = 1$.

证明6 如图 199.6,过 C 作 BA 的平行线分别交 PD,PA 于 F,G.

由 PA 为 $\odot O$ 的切线,可知 $\angle PAC = \angle ABC = \angle GCP$,有 $\triangle CGP \backsim \triangle ACP$,于是 $\dfrac{PC}{PG} = \dfrac{PA}{PC}$.

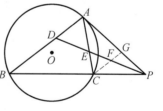

图 199.6

由 PD 平分 $\angle APB$,可知 $\dfrac{FC}{FG} = \dfrac{PC}{PG}$,有

$$\frac{FC}{FG} = \frac{PA}{PC} = \frac{AE}{EC}$$

于是 $FC \cdot EC = AE \cdot FG$.

显然

$$\frac{DB}{AB} + \frac{EC}{AC} = \frac{CF}{CG} + \frac{EC}{AC}$$

$$= \frac{CF \cdot AC + EC \cdot CG}{CG \cdot AC}$$

$$= \frac{CF \cdot (AE + EC) + EC \cdot CG}{CG \cdot AC}$$

$$= \frac{CF \cdot AE + CF \cdot EC + EC \cdot CG}{CG \cdot AC}$$

$$= \frac{CF \cdot AE + AE \cdot FG + EC \cdot CG}{CG \cdot AC}$$

$$= \frac{AE \cdot CG + EC \cdot CG}{CG \cdot AC} = \frac{CG \cdot AC}{CG \cdot AC} = 1$$

所以 $\dfrac{DB}{AB} + \dfrac{EC}{AC} = 1$.

证明 7 如图 199.7,过 B 作 AC 的平行线分别交直线 PA,PD 于 G,F.

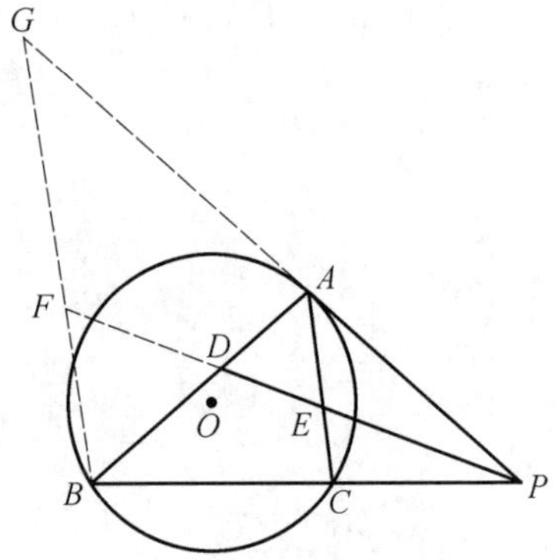

由 PA 为 $\odot O$ 的切线,可知 $\angle ABP = \angle PAC = \angle G$,有 $\triangle PGB \backsim \triangle PBA$,于是 $\dfrac{PB}{PG} = \dfrac{PA}{PB}$.

由 PF 平分 $\angle BPG$,可知 $\dfrac{FB}{GF} = \dfrac{PB}{PG} = \dfrac{PA}{PB} = \dfrac{AD}{BD}$,有 $BD \cdot BF = AD \cdot GF$,于是

图 199.7

$$\frac{DB}{AB} + \frac{EC}{AC} = \frac{BD}{BA} + \frac{BF}{BE}$$

$$= \frac{BD \cdot BG + BF \cdot BA}{BA \cdot BG}$$

$$= \frac{BD \cdot (BF + FG) + BF \cdot BA}{BA \cdot BG}$$

$$= \frac{BD \cdot BF + BD \cdot FG + BF \cdot BA}{BA \cdot BG}$$

$$= \frac{AD \cdot GF + BD \cdot FG + BF \cdot BA}{BA \cdot BG}$$

$$= \frac{FG \cdot (AD + BD) + BF \cdot BA}{BA \cdot BG}$$

$$= \frac{GF \cdot AB + BF \cdot AB}{BA \cdot BG} = \frac{AB \cdot BG}{AB \cdot BG} = 1$$

所以 $\dfrac{DB}{AB} + \dfrac{EC}{AC} = 1$.

证明 8 如图 199.4,过 D 作 AC 的平行线交直线 PA 于 F,过 E 作 BA 的平行线交 PA 于 G.

由 PA 为 $\odot O$ 的切线,可知 $\angle B = \angle CAP = \angle F$.

由 PD 平分 $\angle APB$,可知 F 与 B 关于 PD 对称,有 $DF = DB$.

由 PD 平分 $\angle APB$,可知 $\angle PAC + \angle APD = \angle ABC + \angle BPD$,有 $\angle AED = \angle ADE$,于是 $AE = AD$.

显然 $\angle GEP = \angle ADP = \angle AED = \angle CEP$.

由 PE 平分 $\angle APB$,可知 G 与 C 关于 PD 对称,有 $EC = EG$.

显然 $\dfrac{DB}{DA} = \dfrac{DF}{EA} = \dfrac{DP}{EP}$,可知

$$\frac{DB}{AB} = \frac{DB}{DA + DB} = \frac{DP}{EP + DP}$$

显然 $\dfrac{EC}{EA} = \dfrac{EG}{DA} = \dfrac{EP}{DP}$,可知

$$\frac{EC}{AC} = \frac{EC}{EA + EC} = \frac{EP}{DP + EP}$$

有

$$\frac{DB}{AB} + \frac{EC}{AC} = \frac{DP}{EP + DP} + \frac{EP}{EP + DP} = 1$$

所以 $\dfrac{DB}{AB} + \dfrac{EC}{AC} = 1$.

第 200 天

已知梯形 $ABCD$ 的上,下底边满足 $AB > CD$,点 K,L 分别在边 AB,CD 上,且满足 $\dfrac{AK}{KB} = \dfrac{DL}{LC}$. 设在线段 KL 上存在点 P,Q,满足 $\angle APB = \angle BCD$, $\angle CQD = \angle ABC$. 证明:P,Q,B,C 四点共圆.

证明1 如图,设 S 为 AD,BC 的交点,AP,DQ 交于 E,PB,QC 交于 F,连 EF,设 $\triangle QCD$ 与 $\triangle PAB$ 的外接圆分别交直线 LK 于 Y,X,连 EF,XA,XB.

由 $\dfrac{AK}{KB} = \dfrac{DL}{LC}$,可知 S,L,K 三点共线.

显然 $\angle AXB = 180° - \angle APB = 180° - \angle BCD = \angle ABC$,可知 $\triangle PAB$ 的外接圆与 SB 相切于 B.

同理 $\triangle QCD$ 的外接圆与直线 SB 相切于 C,可知 $SP \cdot SX = SB^2$.

显然 S 为 $\triangle CDQ$ 的外接圆与 $\triangle BAX$ 的外接圆的位似中心,可知 $\dfrac{SQ}{SX} = \dfrac{SC}{SB}$,有 $\dfrac{SQ}{SC} = \dfrac{SX}{SB} = \dfrac{SB}{SP}$,于是 $SP \cdot SQ = SB \cdot SC$.

故 P,Q,B,C 四点共圆.

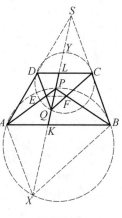

图 200.1

证明2 如图,设 S 为 AD,BC 的交点,AP,DQ 交于 E,PB,QC 交于 F,连 EF.

由 $\dfrac{AK}{KB} = \dfrac{DL}{LC}$,可知 S,L,K 三点共线.

显然 $\angle EPF + \angle FQE = \angle DCB + \angle ABC = 180°$,可知 P,E,Q,F 四点共圆.

注意到直线 DEQ 截 $\triangle ASP$ 的三边,依梅涅劳斯定理,可知 $\dfrac{SQ}{QP} \cdot \dfrac{PE}{EA} \cdot \dfrac{AD}{DS} = 1$.

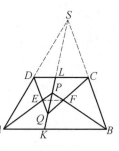

图 200.2

注意到直线 CFQ 截 $\triangle BSP$ 的三边,依梅涅劳斯定理,可知 $\dfrac{SQ}{QP} \cdot \dfrac{PF}{FB} \cdot$
$\dfrac{BC}{CS} = 1.$

由 $AB \parallel CD$,可知 $\dfrac{AD}{DS} = \dfrac{BC}{CS}$,有 $\dfrac{PE}{EA} = \dfrac{PF}{FB}$,于是 $EF \parallel AB$.

由 $\angle BCD = \angle BCF + \angle FCD = \angle BCQ + \angle EFQ = \angle BCQ + \angle EPQ$,且
$\angle BCD = \angle APB = \angle EPQ + \angle QPF$,可知 $\angle BCQ = \angle QPF$.

无论点 Q 在 P,K 之间,还是点 P 在 Q,K 之间,均有 P,Q,D,C 四点共圆.

本文参考自:
《中等数学》2008 增刊第 2 页,第 47 届 IMO 预选题.

第 201 天

（2003 年天津市竞赛试题）如图 201.1，PA，PB 为 $\odot O$ 的切线，A，B 为切点，PCN 为 $\odot O$ 的割线，M 为 PN，AB 的交点. 求证：$\dfrac{AM}{BM} = \dfrac{AN^2}{BN^2}$.

证明 1 如图 201.1，连 CA，CB.

由 $\triangle MAN \backsim \triangle MCB$，可知 $\dfrac{AN}{BC} = \dfrac{AM}{CM}$.

由 $\triangle MAC \backsim \triangle MNB$，可知 $\dfrac{AC}{NB} = \dfrac{MC}{MB}$.

由 $\triangle PCA \backsim \triangle PAN$，可知 $\dfrac{AN}{AC} = \dfrac{PN}{PA}$.

由 $\triangle PBC \backsim \triangle PNB$，可知 $\dfrac{BC}{BN} = \dfrac{PB}{PN} = \dfrac{PA}{PN}$.

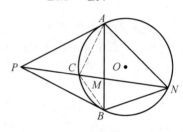

图 201.1

四式两边分别相乘，即

$$\frac{AN}{BC} \cdot \frac{AC}{NB} \cdot \frac{AN}{AC} \cdot \frac{BC}{BN} = \frac{AM}{CM} \cdot \frac{MC}{MB} \cdot \frac{PN}{PA} \cdot \frac{PA}{PN}$$

或

$$\frac{AN^2}{BN^2} = \frac{AM}{BM}$$

所以 $\dfrac{AM}{BM} = \dfrac{AN^2}{BN^2}$.

证明 2 如图 201.2，过 N 分别作 PA，PB，AB 的垂线，D，E，F 为垂足.

易知 Rt$\triangle NAD \backsim$ Rt$\triangle NBF$，Rt$\triangle NAF \backsim$ Rt$\triangle NBE$ 可知 $\dfrac{ND}{NF} = \dfrac{NA}{NB}$，$\dfrac{NF}{NE} = \dfrac{NA}{NB}$，有 $\dfrac{ND}{NE} = \dfrac{AN^2}{BN^2}$.

显然

$$\frac{AM}{BM} = \frac{S_{\triangle MPA}}{S_{\triangle MPB}} = \frac{S_{\triangle MNA}}{S_{\triangle MNB}} = \frac{S_{APN}}{S_{\triangle BPN}}$$

$$= \frac{\frac{1}{2} PA \cdot ND}{\frac{1}{2} PB \cdot NE} = \frac{ND}{NE}$$

可知 $\dfrac{AM}{BM} = \dfrac{AN^2}{BN^2}$.

所以 $\dfrac{AM}{BM} = \dfrac{AN^2}{BN^2}$.

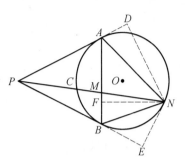

图 201.2

证明 3　如图 201.1,连 CA, CB.

显然 $\triangle PAC \backsim \triangle PNA$, $\triangle PBC \backsim \triangle PNB$, 可知 $\dfrac{AC}{AN} = \dfrac{PA}{PN} = \dfrac{PB}{PN} = \dfrac{BC}{BN}$,

于是 $\dfrac{AC}{BC} = \dfrac{AN}{BN}$.

由 $\angle CAN + \angle CBN = 180°$, 可知 $\sin \angle CAN = \sin \angle CBN$.

易知

$$\frac{AM}{BM} = \frac{S_{\triangle ACN}}{S_{\triangle BCN}} = \frac{\frac{1}{2} AC \cdot AN \sin \angle CAN}{\frac{1}{2} BC \cdot BN \sin \angle CBN}$$

$$= \frac{AC \cdot AN}{BC \cdot BN} = \frac{AN^2}{BN^2}$$

所以 $\dfrac{AM}{BM} = \dfrac{AN^2}{BN^2}$.

本文参考自:

《中学数学》2008 年 4 期 21 页.

第 202 天

M 为 $\odot O$ 的弦 AB 的中点，C 为圆上任意一点，切线 AD 交 CB 的延长线于 D，延长 DM 交 AC 于 E. 求证：$\dfrac{AD^2}{BD^2}=\dfrac{CE}{AE}$.

证明1 如图 202.1，过 B 作 CA 的平行线交 ED 于 F.

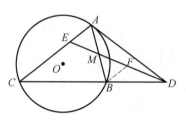

图 202.1

由 M 为 AB 的中点，可知 M 为 EF 的中点，有 $\triangle MAE \cong \triangle MBF$，于是 $AE=BF$.

显然 $\dfrac{CE}{AE}=\dfrac{CE}{BF}=\dfrac{CD}{BD}$.

由 AD 为 $\odot O$ 的切线，可知 $AD^2=CD \cdot BD$，有 $\dfrac{AD^2}{BD^2}=\dfrac{CD \cdot BD}{BD^2}=\dfrac{CD}{BD}=\dfrac{CE}{AE}$.

所以 $\dfrac{AD^2}{BD^2}=\dfrac{CE}{AE}$.

证明2 如图 202.2，过 B 作 ED 的平行线交 AC 于 F.

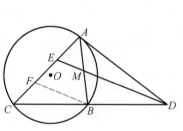

图 202.2

由 M 为 AB 的中点，可知 E 为 AF 的中点.

显然 $\dfrac{CE}{AE}=\dfrac{CE}{EF}=\dfrac{CD}{BD}$.

由 AD 为 $\odot O$ 的切线，可知 $AD^2=CD \cdot BD$，有 $\dfrac{AD^2}{BD^2}=\dfrac{CD \cdot BD}{BD^2}=\dfrac{CD}{BD}=\dfrac{CE}{AE}$.

所以 $\dfrac{AD^2}{BD^2}=\dfrac{CE}{AE}$.

证明3 如图 202.3，过 C 作 BA 的平行线交直线 DE 于 F.

由 M 为 AB 的中点，可知

$$\frac{CE}{AE}=\frac{CF}{AM}=\frac{CF}{BM}=\frac{CD}{BD}$$

由 AD 为 $\odot O$ 的切线，可知 $AD^2=CD \cdot BD$，有 $\dfrac{AD^2}{BD^2}=\dfrac{CD \cdot BD}{BD^2}=\dfrac{CD}{BD}=$

$\dfrac{CE}{AE}$.

所以 $\dfrac{AD^2}{BD^2} = \dfrac{CE}{AE}$.

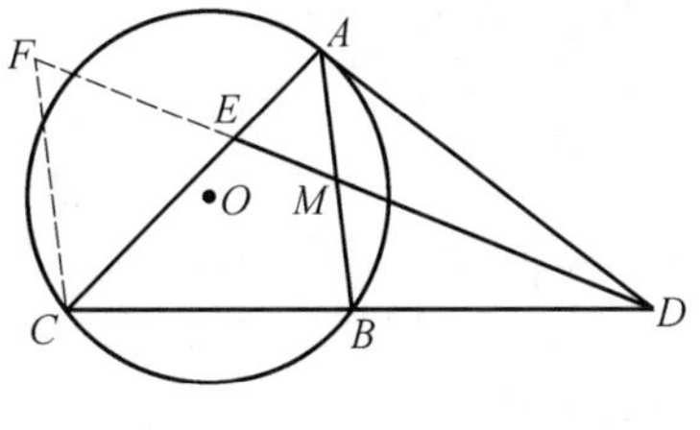

证明4 如图202.4,过 C 作 ED 的平行线交直线 AB 于 F.

由 $\dfrac{CB}{BD} = \dfrac{BF}{BM}$, 可 知 $\dfrac{CB+BD}{BD} = \dfrac{BF+BM}{BM}$, 即 $\dfrac{CD}{BD} = \dfrac{MF}{BM} = \dfrac{MF}{AM} = \dfrac{CE}{AE}$.

由 AD 为 $\odot O$ 的切线,可知 $AD^2 = CD \cdot BD$,有 $\dfrac{AD^2}{BD^2} = \dfrac{CD \cdot BD}{BD^2} = \dfrac{CD}{BD} = \dfrac{CE}{AE}$.

所以 $\dfrac{AD^2}{BD^2} = \dfrac{CE}{AE}$.

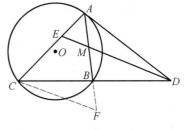

图 202.3

证明5 如图202.5,过 A 作 CB 的平行线交直线 DE 于 F.

由 M 为 AB 的中点,可知 M 为 FD 的中点,有 $\triangle MAF \cong \triangle MBD$,于是 $FA = BD$.

显然 $\dfrac{CE}{AE} = \dfrac{CD}{FA} = \dfrac{CD}{BD}$.

由 AD 为 $\odot O$ 的切线,可知 $AD^2 = CD \cdot BD$,有 $\dfrac{AD^2}{BD^2} = \dfrac{CD \cdot BD}{BD^2} = \dfrac{CD}{BD}$,于是 $\dfrac{AD^2}{BD^2} = \dfrac{CE}{AE}$.

所以 $\dfrac{AD^2}{BD^2} = \dfrac{CE}{AE}$.

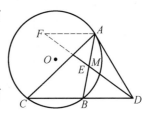

图 202.4

证明6 如图202.6,过 A 作 ED 的平行线交直线 CD 于 F.

由 M 为 AB 的中点,可知 D 为 BF 的中点.

显然 $\dfrac{CE}{AE} = \dfrac{DC}{FD} = \dfrac{CD}{BD}$.

由 AD 为 $\odot O$ 的切线,可知 $AD^2 = CD \cdot BD$,有 $\dfrac{AD^2}{BD^2} = \dfrac{CD \cdot BD}{BD^2} = \dfrac{CD}{BD}$,于是 $\dfrac{AD^2}{BD^2} = \dfrac{CE}{AE}$.

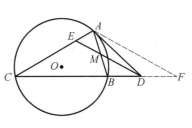

图 202.5

图 202.6

所以 $\dfrac{AD^2}{BD^2}=\dfrac{CE}{AE}$.

证明 7   如图 202.7,设 F 为 DM 延长线上的一点,$MF=MD$,连 FA,FB.

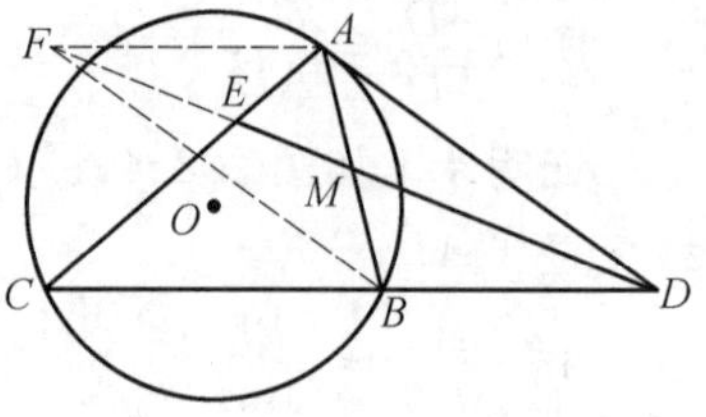

由 M 为 AB 的中点,可知四边形 $AFBD$ 为平行四边形,有 $FA \parallel BD$,$FA=BD$.

显然 $\dfrac{CE}{AE}=\dfrac{CD}{FA}=\dfrac{CD}{BD}$.

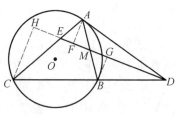

图 202.7

由 AD 为 $\odot O$ 的切线,可知 $AD^2=CD \cdot BD$,有 $\dfrac{AD^2}{BD^2}=\dfrac{CD \cdot BD}{BD^2}=\dfrac{CD}{BD}$,于是 $\dfrac{AD^2}{BD^2}=\dfrac{CE}{AE}$.

所以 $\dfrac{AD^2}{BD^2}=\dfrac{CE}{AE}$.

证明 8   如图 202.8,分别过 A,B,C 作 DE 的垂线,F,G,H 为垂足.

由 M 为 AB 的中点,可知 M 为 FG 的中点,有 $\mathrm{Rt}\triangle MAF \cong \mathrm{Rt}\triangle MBG$,于是 $AF=BG$.

显然 $\mathrm{Rt}\triangle ECH \backsim \mathrm{Rt}\triangle EAF$,可知

$$\dfrac{CE}{AE}=\dfrac{CH}{AF}=\dfrac{CH}{BG}=\dfrac{CD}{BD}.$$

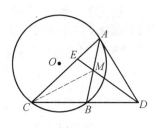

图 202.8

由 AD 为 $\odot O$ 的切线,可知 $AD^2=CD \cdot BD$,有 $\dfrac{AD^2}{BD^2}=\dfrac{CD \cdot BD}{BD^2}=\dfrac{CD}{BD}$,于

是 $\dfrac{AD^2}{BD^2}=\dfrac{CE}{AE}$.

所以 $\dfrac{AD^2}{BD^2}=\dfrac{CE}{AE}$.

证明 9   如图 202.9,连 MC.

由 M 为 AB 的中点,可知 $S_{\triangle ADM}=S_{\triangle BDM}$.

显然 $\dfrac{CD}{BD}=\dfrac{S_{\triangle CBM}+S_{\triangle DBM}}{S_{\triangle DBM}}=\dfrac{S_{\triangle CDM}}{S_{\triangle BDM}}$.

易知

图 202.9

$$\begin{aligned}
\dfrac{CE}{AE}&=\dfrac{S_{\triangle CDE}}{S_{\triangle ADE}}=\dfrac{S_{\triangle CME}}{S_{\triangle AME}}\\
&=\dfrac{S_{\triangle CDE}-S_{\triangle CME}}{S_{\triangle ADE}-S_{\triangle AME}}\\
&=\dfrac{S_{\triangle CDM}}{S_{\triangle ADM}}=\dfrac{S_{\triangle CDM}}{S_{\triangle BDM}}=\dfrac{CD}{BD}
\end{aligned}$$

由 AD 为 $\odot O$ 的切线,可知 $AD^2 = CD \cdot BD$,有 $\dfrac{AD^2}{BD^2} = \dfrac{CD \cdot BD}{BD^2} = \dfrac{CD}{BD}$,于

是 $\dfrac{AD^2}{BD^2} = \dfrac{CE}{AE}$.

所以 $\dfrac{AD^2}{BD^2} = \dfrac{CE}{AE}$.

证明 10　如图 202.10.

显然 $\dfrac{AD^2}{BD^2} = \dfrac{BD \cdot CD}{BD^2} = \dfrac{CD}{DB}$.

直线 EMD 截 $\triangle ACB$ 的三边,依据梅涅劳

斯定理,可知 $\dfrac{CD}{DB} \cdot \dfrac{BM}{MA} \cdot \dfrac{AE}{EC} = 1$,或 $\dfrac{CD}{DB} \cdot \dfrac{AE}{EC} =$

1,或 $\dfrac{CD}{DB} = \dfrac{CE}{AE}$.

所以 $\dfrac{AD^2}{BD^2} = \dfrac{CE}{AE}$.

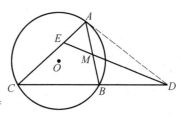

图 202.10

第 203 天

$\triangle ABC$ 内接于 $\odot O$,过 A 作 $\odot O$ 的切线交 BC 的延长线于 D. 求证:
$\dfrac{AC^2}{AB^2}=\dfrac{CD}{BD}$.

证明1 如图 203.1,过 A 做 BC 的垂线,H 为垂足.

由 AD 为 $\odot O$ 的切线,可知 $\angle CAD = \angle ABD$,有 $\triangle CAD \backsim \triangle ABD$,于是

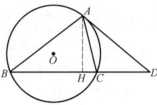

$$\frac{AC^2}{BA^2}=\frac{S_{\triangle CAD}}{S_{\triangle ABD}}=\frac{CD}{BD}$$

所以 $\dfrac{AC^2}{AB^2}=\dfrac{CD}{BD}$.

图 203.1

证明2 如图 203.2.

由 AD 为 $\odot O$ 的切线,可知 $AD^2=CD \cdot BD$.

由 AD 为 $\odot O$ 的切线,可知 $\angle CAD = \angle ABD$,有 $\triangle CAD \backsim \triangle ABD$,于是 $\dfrac{AC}{AB}=\dfrac{CD}{AD}$,得

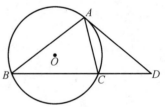

$$\frac{AC^2}{AB^2}=\frac{CD^2}{AD^2}=\frac{CD^2}{CD \cdot BD}=\frac{CD}{BD}$$

所以 $\dfrac{AC^2}{AB^2}=\dfrac{CD}{BD}$.

图 203.2

证明3 如图 203.3,过 C 作 AB 的平行线交 AD 于 E.

显然 $\angle ACE = \angle BAC$.

由 AD 为 $\odot O$ 的切线,可知 $\angle CAE = \angle ABC$,有 $\triangle CAE \backsim \triangle ABC$,于是 $AC^2 = CE \cdot AB$,得 $CE=\dfrac{AC^2}{AB}$.

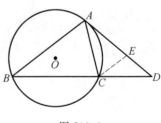

图 203.3

显然 $\dfrac{CD}{BD}=\dfrac{CE}{AB}=\dfrac{\frac{AC^2}{AB}}{AB}=\dfrac{AC^2}{AB^2}$.

所以 $\dfrac{AC^2}{AB^2}=\dfrac{CD}{BD}$.

证明4 如图 203.4,过 C 作 AD 的平行线交 AB 于 E.

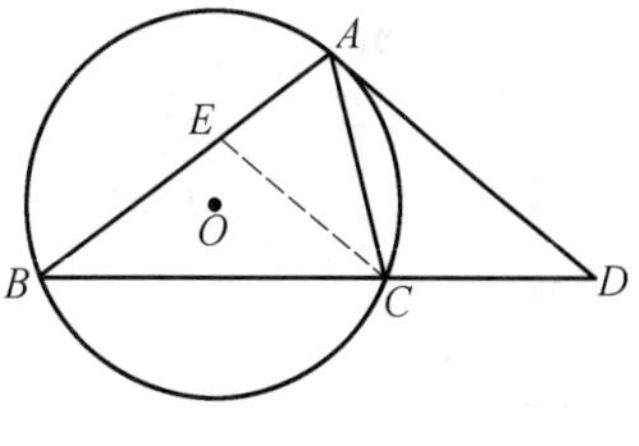

由 AD 为 $\odot O$ 的切线,可知 $\angle ABC=\angle CAD=\angle ACE$,有 $\triangle ACE \backsim \triangle ABC$,于是 $AC^2=AE \cdot AB$,得 $AE=\dfrac{AC^2}{AB}$.

图 203.4

显然 $\dfrac{CD}{BD}=\dfrac{AE}{AB}=\dfrac{\frac{AC^2}{AB}}{AB}=\dfrac{AC^2}{AB^2}$.

所以 $\dfrac{AC^2}{AB^2}=\dfrac{CD}{BD}$.

证明5 如图 203.5,过 D 作 AC 的平行线交直线 AB 于 E.

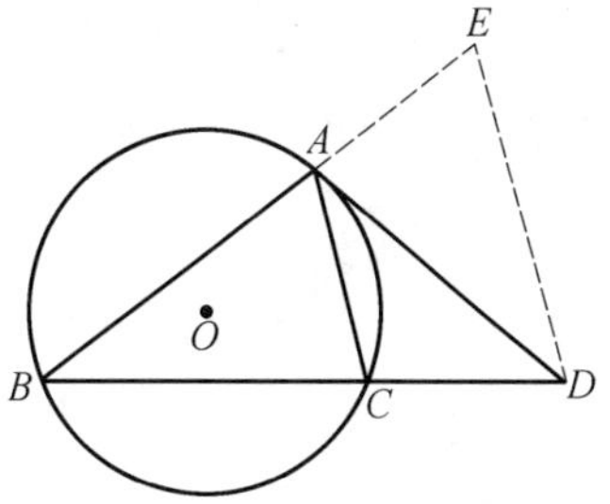

由 AD 为 $\odot O$ 的切线,可知 $\angle ABC=\angle CAD=\angle ADE$.

显然 $\angle BAC=\angle E$,可知 $\triangle ABC \backsim \triangle EDA$,有 $\dfrac{ED}{AB}=\dfrac{AE}{AC}$,或 $\dfrac{AE}{ED}=\dfrac{AC}{AB}=\dfrac{ED}{BE}$,于是 $\dfrac{AE}{ED} \cdot \dfrac{ED}{BE}=\dfrac{AC^2}{AB^2}$,得 $\dfrac{AC^2}{AB^2}=\dfrac{AE}{BE}=\dfrac{CD}{BD}$.

图 203.5

所以 $\dfrac{AC^2}{AB^2}=\dfrac{CD}{BD}$.

证明6 如图 203.6,过 D 作 AB 的平行线交直线 AC 于 E.

显然 $\dfrac{CD}{CB}=\dfrac{CE}{CA}$,可知 $\dfrac{CD}{CB+CD}=\dfrac{CE}{CA+CE}$,即 $\dfrac{CD}{BD}=\dfrac{CE}{AE}$.

由 AD 为 $\odot O$ 的切线,可知 $\angle CDE=\angle ABD=\angle DAE$,有 $\triangle CED \backsim \triangle DEA$,于是
$$DE^2=EC \cdot EA$$

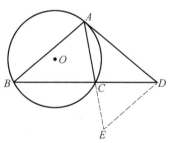

图 203.6

显然 $\dfrac{AC}{AB}=\dfrac{CE}{DE}$,可知 $\dfrac{AC^2}{AB^2}=\dfrac{CE^2}{DE^2}=\dfrac{CE^2}{CE \cdot AE}=\dfrac{CE}{AE}=\dfrac{CD}{BD}$,即 $\dfrac{AC^2}{AB^2}=\dfrac{CD}{BD}$.

所以 $\dfrac{AC^2}{AB^2}=\dfrac{CD}{BD}$.

证明 7   如图 203.7,过 B 作 AD 的平行线交直线 AC 于 E.

显然 $\dfrac{AC}{CE} = \dfrac{CD}{CB}$,可知 $\dfrac{AC}{CE+AC} =$

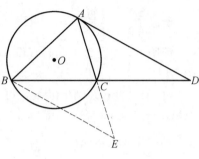

$\dfrac{CD}{CB+CD}$,即 $\dfrac{AC}{AE} = \dfrac{CD}{BD}$.

显然 $\angle E = \angle EAD = \angle ABC$,可知
$\triangle AEB \backsim \triangle ABC$,有 $AB^2 = AC \cdot AE$,于
是

图 203.7

$$\frac{AC^2}{AB^2} = \frac{AC^2}{AC \cdot AE} = \frac{AC}{AE} = \frac{CD}{BD}$$

所以 $\dfrac{AC^2}{AB^2} = \dfrac{CD}{BD}$.

证明 8   如图 203.8,过 B 作 CA
的平行线交直线 CA 于 E.

显然 $\dfrac{AC}{BE} = \dfrac{CD}{BD}$.

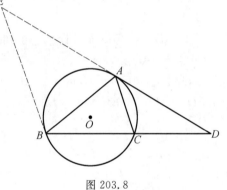

由 AD 为 $\odot O$ 的切线,可知 $\angle E =$
$\angle CAD = \angle ABC$,$\angle EAB = \angle ACB$,
有 $\triangle BEA \backsim \triangle ABC$,于是 $AB^2 = AC \cdot$
BE,得

$$\frac{AC^2}{AB^2} = \frac{AC^2}{AC \cdot BE} = \frac{AC}{BE} = \frac{CD}{BD}$$

图 203.8

所以 $\dfrac{AC^2}{AB^2} = \dfrac{CD}{BD}$.

第 204 天

已知 AB 是 $\odot O$ 的直径,BC 是 $\odot O$ 的切线,切点为 B,OC 平行于弦 AD.

求证:DC 是 $\odot O$ 的切线.

证明 1　如图 204.1,连 OD.

由 AB 是 $\odot O$ 的直径,BC 是 $\odot O$ 的切线,可知 $\angle CBO = 90°$.

由 $AO = DO$,可知 $\angle A = \angle ODA$.

由 $AD /\!/ OC$,可知 $\angle COB = \angle A$,$\angle COD = \angle ODA$,有 $\angle OCB = \angle COD$.

由 $OB = OD$,$OC = OC$,可知 $\triangle COB \cong \triangle COD$,有 $\angle CDO = \angle CBO = 90°$,于是 DC 是 $\odot O$ 的切线.

所以 DC 是 $\odot O$ 的切线.

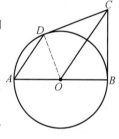

图 204.1

证明 2　如图 204.2,连 DB,DO,设 E 为 DB,OC 的交点.

由 AB 是 $\odot O$ 的直径,可知 $\angle ADB = 90°$.

由 $AD /\!/ OC$,可知 $DB \perp OC$.

由 $OD = OB$,可知 OC 为 DB 的中垂线.

显然 D 与 B 关于 OC 对称,$\odot O$ 关于 OC 对称.

由 BC 是 $\odot O$ 的切线,可知 DC 是 $\odot O$ 的切线.

所以 DC 是 $\odot O$ 的切线.

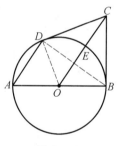

图 204.2

证明 3　如图 204.2,连 DB,DO,设 E 为 DB,OC 的交点.

由 AB 是 $\odot O$ 的直径,可知 $\angle ADB = 90°$.

由 $AD /\!/ OC$,可知 $DB \perp OC$.

由 $OD = OB$,可知 OC 为 DB 的中垂线.

显然 $\angle COB = \angle DAO = \angle ADC = \angle COD$,$OB = OD$,$OC = OC$,可知 $\triangle COB \cong \triangle COD$,有 $\angle CDO = \angle CBO = 90°$,于是 DC 是 $\odot O$ 的切线.

所以 DC 是 $\odot O$ 的切线.

证明 4　如图 204.2,连 DB,DO,设 E 为 DB,OC 的交点.

由 AB 是 $\odot O$ 的直径,可知 $\angle ADB = 90°$.

由 $AD /\!/ OC$,可知 $DB \perp OC$.

由 $OD = OB$,可知 OC 为 DB 的中垂线.

由 BC 为 $\odot O$ 的切线,可知 $\angle OBA = 90°$,有 $\angle OCB = 90° - \angle COB = \angle OBD = \angle ODB$,于是 O,B,C,D 四点共圆.

由 $\angle CBA = 90°$,可知 $\angle CDO = 90°$,有 DC 是 $\odot O$ 的切线.

所以 DC 是 $\odot O$ 的切线.

证明 5 如图 204.2,连 DB,DO,设 E 为 DB,OC 的交点.

由 AB 是 $\odot O$ 的直径,可知 $\angle ADB = 90°$.

由 $AD /\!/ OC$,可知 $DB \perp OC$.

由 $OD = OB$,可知 OC 为 DB 的中垂线.

由 BC 为 $\odot O$ 的切线,可知 $\angle CBD = \angle DAB = \angle ODA = \angle COD$,有 O,B,C,D 四点共圆.

由 $\angle CBA = 90°$,可知 $\angle CDO = 90°$,有 DC 是 $\odot O$ 的切线.

所以 DC 是 $\odot O$ 的切线.

证明 6 如图 204.2,连 DB,DO,设 E 为 DB,OC 的交点.

由 AB 是 $\odot O$ 的直径,可知 $\angle ADB = 90°$.

由 $AD /\!/ OC$,可知 $DB \perp OC$.

由 $OD = OB$,可知 OC 为 DB 的中垂线.

由 BC 为 $\odot O$ 的切线,可知 $\angle OBA = 90°$,有 $BC^2 = CE \cdot CO$.

显然 $DC = BC$,可知 $DC^2 = CE \cdot CO$,有 $\triangle CDE \backsim \triangle COD$,于是 $\angle CDO = \angle CED = 90°$,得 CD 为 $\odot O$ 的切线.

所以 DC 是 $\odot O$ 的切线.

证明 7 如图 204.2,连 DB,DO,设 E 为 DB,OC 的交点.

由 AB 是 $\odot O$ 的直径,可知 $\angle ADB = 90°$.

由 $AD /\!/ OC$,可知 $DB \perp OC$.

由 $OD = OB$,可知 OC 为 DB 的中垂线.

由 BC 为 $\odot O$ 的切线,可知 $\angle OBA = 90°$,有 $\angle CBD = \angle DAO$.

显然 $\triangle CDB$ 与 $\triangle ODA$ 为两个底角相等的等腰三角形,可知 $\angle DCB = \angle DOA$,有 O,B,C,D 四点共圆.

由 $\angle CBA = 90°$,可知 $\angle CDO = 90°$,有 DC 是 $\odot O$ 的切线.

所以 DC 是 $\odot O$ 的切线.

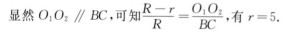

第 205 天

Rt$\triangle ABC$ 中,$\angle A = 90°$,$AB = 21$,$AC = 28$,两等圆外切,其中一个与 AB,BC 相切,另一个与 AC,CB 相切.求圆的半径 r.

解 1 如图 205.1,设 O 为 $\triangle ABC$ 的内心,连 OA,OB,OC,O_1O_2,显然 O_1 在 OB 上,O_2 在 OC 上.

设 $\odot O$ 的半径为 R.

由 $S_{\triangle ABC} = S_{\triangle AOB} + S_{\triangle COA} + S_{\triangle BOC}$,可知

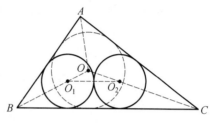

图 205.1

$$\frac{1}{2} AB \cdot AC = \frac{1}{2} R(AB + BC + CA)$$

有 $R = 7$.

显然 $O_1O_2 \parallel BC$,可知 $\dfrac{R-r}{R} = \dfrac{O_1O_2}{BC}$,有 $r = 5$.

所以圆的半径是 5.

解 2 如图 205.2,分别过 O_1,O_2 作 $\triangle ABC$ 的各边的垂线,垂足如图标示,D 为 O_1F 与 O_2E 的交点,连 O_1B,O_2C.

由 $\angle A = 90°$,$AB = 21$,$AC = 28$,依勾股定理,可知 $BC = 35$.

显然 Rt$\triangle DO_1O_2 \backsim$ Rt$\triangle ABC$,由圆的半径为 r,可知 $O_1O_2 = 2r$,$O_1D = \dfrac{6}{5}r$,

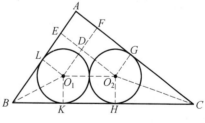

图 205.2

$O_2D = \dfrac{8}{5}r$,有 $GC = 28 - r - \dfrac{8}{5}r$,$LB = 21 - r - \dfrac{6}{5}r$,于是 $BC = BK + KH +$

$HC = BL + KH + GC = 28 - r - \dfrac{8}{5}r + 2r + 21 - r - \dfrac{6}{5}r = 49 - \dfrac{14}{5}r = 35$,得 $r = 5$.

所以圆的半径是 5.

解 3 如图 205.3,设两圆的内公切线分别交直线 BC,AB,CA 于 D,E,

$F.$

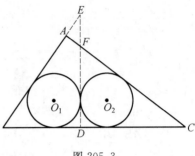

图 205.3

显然 $Rt\triangle AFE \backsim Rt\triangle ABC$,可知

$$\frac{AF}{AB} = \frac{FE}{BC} = \frac{EA}{CA}$$

设 $AF = 3x$,可知 $AE = 4x$,$EF = 5x$.

显然 $Rt\triangle EBD \cong Rt\triangle CFD$,可知 $BE = FC$,有 $21 + 4x = 28 - 3x$,于是 $x = 1$,得 $AF = 3$,$AE = 4$,$EF = 5$.

易知 $Rt\triangle FDC$ 中,$FC = 25$,可知 $DC = 20$,$DF = 15$.

由

$$S_{FDC} = \frac{1}{2}r(FD + DC + FC)$$

$$= \frac{1}{2}FD \cdot DC$$

可知 $r = 5$.

所以圆的半径是 5.

解 4 如图 205.4,设两圆的内公切线分别交直线 BC,AB,CA 于 D,E,F,G,H 分别为两圆与 BC 边的切点.

显然 $Rt\triangle EBD \cong Rt\triangle CFD$.

在 $Rt\triangle FDC$ 中,设 $FD = 3$,可知 $DC = 4$,$FC = 5$.

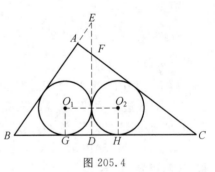

图 205.4

由 $S_{\triangle FDC} = \frac{1}{2}DC \cdot DF = \frac{1}{2}r(FD + DC + CF)$,可知 $r = 1$,于是 $HC = 3DH = 3r$.

同理 $BG = 2GD = 2r$.

由 $BC = BG + GH + HC = 2r + 2r + 3r = 7r = 35$,可知 $r = 5$.

所以圆的半径是 5.

解 5 如图 205.5,过 A 作 BC 的垂线,D 为垂足,连 AO_1,AO_2,BO_1,CO_2,O_1O_2.

由 $\angle A = 90°$,$AB = 21$,$AC = 28$,依勾股定理,可知 $BC = 35$.

易知 $AD = \frac{AB \cdot AC}{BC} = \frac{84}{5}$.

174

设 S_1,S_2,S_3,S_4 分别为 $\triangle AO_1B$，$\triangle AO_1O_2$，$\triangle AO_2C$ 和梯形 BO_1O_2C 的面积.

由 $S_1+S_2+S_3+S_4=S_{\triangle ABC}$，可知

$$\frac{1}{2}AB \cdot r+\frac{1}{2}\times 2r \cdot (AD-r)+\frac{1}{2}AC \cdot r+$$

$$\frac{1}{2}r(O_1O_2+BC)=\frac{1}{2}AB \cdot AC.$$

有 $r=5$.

所以圆的半径是 5.

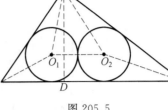

图 205.5

解 6 如图 205.6，设直线 O_1O_2 分别交 AB，AC 于 E，F，过 A 作 BC 的垂线交 EF 于 G，H 为垂足，分别过 E，F 作 BC 的垂线，K，L 为垂足.

由 $\angle A=90°$，$AB=21$，$AC=28$，依勾股定理，可知 $BC=35$.

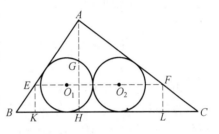

图 205.6

易知 $AH=\dfrac{84}{5}$，可知 $AG=\dfrac{84}{5}-r$，有

$$\frac{EF}{BC}=\frac{\dfrac{84}{5}-r}{\dfrac{84}{5}}，于是 EF=\frac{5}{12}(84-5r)$$

$$AE=\frac{84-5r}{4}，AF=\frac{84-5r}{3}$$

在 $\text{Rt}\triangle EBK$ 中，由 $EK=r$，可知 $BK=\dfrac{3}{4}r$.

在 $\text{Rt}\triangle FLC$ 中，由 $FL=r$，可知 $LC=\dfrac{4}{3}r$.

本文参考自：
《中小学数学》2005 年 1 期 44 页.

第 206 天

在半圆 O 的直径 AB 的延长线上取一点 P，作 PC 切半圆 O 于 C，又过 P 任作一直线交半圆 O 于 M,N，过 C 作 $CD \perp AB$，垂足为 D.

求证：DC 是 $\angle MDN$ 的平分线.

证明 1　如图 206.1，连 $OC,OM,$ ON.

由 PO 为半圆的切线，可知 $OC \perp PC$.

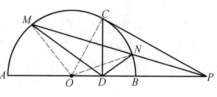
图 206.1

由 $CD \perp AB$，可知 $PC^2 = PD \cdot PO$.

显然 $PC^2 = PM \cdot PN$，可知 $PM \cdot PN = PD \cdot PO$，有 M,O,D,N 四点共圆，于是 $\angle MDA = \angle MNO,\angle NDB = \angle NMO$.

由 $\angle MNO = \angle NMO$，可知 $\angle MDA = \angle NDB$，有 $90° - \angle MDA = 90° - \angle NDB$，就是 $\angle CDM = \angle CDN$，即 CD 平分 $\angle MDN$.

所以 DC 是 $\angle MDN$ 的平分线.

证明 2　如图 206.2，连 OC,OM.

由 PO 为半圆的切线，可知 $OC \perp PC$.

由 $CD \perp AB$，可知 $OC^2 = OD \cdot OP$，有 $OM^2 = OD \cdot OP$，于是 $\triangle ODM \backsim \triangle OMP$，得 $\angle MDA = \angle OMP$.

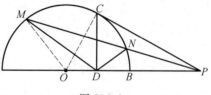
图 206.2

显然 $PC^2 = PD \cdot PO,PC^2 = PM \cdot PN$，可知 $PM \cdot PN = PD \cdot PO$，有 $\triangle PDN \backsim \triangle PMO$，于是 $\angle PDN = \angle PMO$，得 $\angle MDA = \angle PDN$.

显然 $\angle CDA - \angle MDA = \angle CDP - \angle PDN$，就是 $\angle CDM = \angle CDN$.

所以 DC 是 $\angle MDN$ 的平分线.

证明 3　如图 206.3，设 CD 交 $\odot O$ 于 F，MD 交 $\odot O$ 于 E，连 $EO,EP,FP,$ OM,OC.

显然 F 与 C 关于 PA 对称，可知 PF 为 $\odot O$ 的切线，有 $PF = PC$.

显然 P,C,O,F 四点共圆,可知

$DO \cdot DP = DC \cdot DF = DM \cdot DE$

有 M,O,E,P 四点共圆,于是 $\angle EPO = \angle EMO = \angle MEO = \angle MPO$,得 E 与 N 关于 PA 对称.

显然 PA 为 $\angle NDE$ 的平分线.

由 $CD \perp PA$,可知 CD 为 $\angle MDN$ 的平分线.

所以 DC 是 $\angle MDN$ 的平分线.

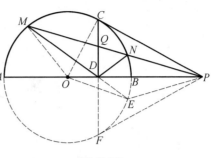

图 206.3

本文参考自:

《中学数学教学参考资料》1997 年 3 期 45 页.

第 207 天

如图 207.1, P 为 $\odot O$ 外任一点, PA,PB 为圆的切线, A,B 为切点, M,N 分别是 PA,PB 的中点, C 是 MN 上任意一点, CD 为 $\odot O$ 的切线, D 为切点. 求证: $PC = CD$.

证明 1 如图 207.1, 设直线 PC 交 $\odot O$ 于 H,F, 交 AB 于 E.

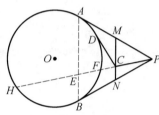

图 207.1

由 PA,PB 为 $\odot O$ 的切线, 可知 $PA = PB$.

由 M,N 分别为 PA,PB 的中点, 可知 $PM = PN$.

在等腰三角形 PMN 中, 依余弦定理, 可知

$$4PC^2 = 4PN^2 - 4MC \cdot NC$$
$$= PB^2 - AE \cdot BE$$
$$= PF \cdot PH - EF \cdot EH$$
$$= (PC + CF) \cdot (PC + CH) - (CE - CF) \cdot (CH - CE)$$
$$= (PC + CF) \cdot (PC + CH) + (PC - CF) \cdot (PC - CH)$$
$$= PC^2 + PC \cdot (CF + CH) + CF \cdot CH + PC^2 -$$
$$\quad PC \cdot (CF + CH) + CF \cdot CH$$
$$= 2PC^2 + 2CF \cdot CH$$

即

$$4PC^2 = 2PC^2 + 2CF \cdot CH$$

有

$$PC^2 = CF \cdot CH$$

由 $CD^2 = CF \cdot CH$, 可知 $PC^2 = CD^2$.

所以 $PC = CD$.

证明 2 如图 207.2, 设 PO 交 MN 于 E, 交 AB 于 F, 连 OB,OC,OD.

由 PA,PB 为 $\odot O$ 的切线, 可知 $PA = PB$.

由 M,N 分别为 PA,PB 的中点, 可知 E 为 PF 的中点, 有 $PE + PF = 2EO$.

显然

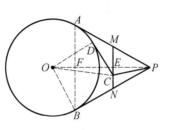

$$PC^2 = PE^2 + CE^2$$
$$= OC^2 - OE^2 + EF^2$$
$$= OC^2 - OE^2 + (OE - OF)^2$$
$$= OC^2 + OF^2 - 2OE \cdot OF$$
$$= OC^2 + OF^2 - OF \cdot (OP + OF)$$
$$= OC^2 - OP \cdot OF$$
$$= OC^2 - OB^2 = CD^2$$

图 207.2

即 $PC^2 = CD^2$.

所以 $PC = CD$.

第 208 天

如图 208.1，$\triangle ABC$ 的内切圆切边 BC 于 D，过 D 作直径 DL，直线 AL 交 BC 于 E.

求证：$BE = DC$.

证明 1　如图 208.1，设 F 为 AC 与 $\triangle ABC$ 的内切圆的切点，过 L 作 BC 的平行线分别交 AB，AC 于 H，K，连 OK，OC，OF.

由 CA，CB 为 $\odot O$ 的切线，可知 $CD = CF$，CO 平分 $\angle ACB$.

同理 $KL = KF$，KO 平分 $\angle HKC$，可知 $\angle OKC + \angle OCK = \dfrac{1}{2}(\angle HKC + \angle ACB) = 90°$，有 $OK \perp OC$.

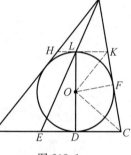

图 208.1

由 $OF \perp AC$，可知 $\text{Rt}\triangle OFK \backsim \text{Rt}\triangle CFO$，有 $FK \cdot FC = FO^2 = OL^2$，或 $LK \cdot DC = OL^2$.

同理 $LH \cdot DB = OL^2 = LK \cdot DC$，或

$$\frac{LH}{LK} = \frac{CD}{DB}$$

由 $\dfrac{LH}{BE} = \dfrac{LA}{EA} = \dfrac{LK}{EC}$，可知 $\dfrac{LH}{LK} = \dfrac{BE}{EC}$，有 $\dfrac{CD}{DB} = \dfrac{LH}{LK} = \dfrac{BE}{EC}$，即 $\dfrac{CD}{DB} = \dfrac{BE}{EC}$，于是

$$\frac{CD}{DB + CD} = \frac{BE}{EC + BE}，即 \frac{CD}{CB} = \frac{BE}{BC}.$$

所以 $BE = DC$.

证明 2　如图 208.2，设 F，G 分别为 AC，AB 与 $\triangle ABC$ 的内切圆的切点，过 L 作 BC 的平行线分别交 AB，AC 于 H，K.

显然 $\triangle AHK \backsim \triangle ABC$，$\triangle AHL \backsim \triangle ABE$，$HK$ 为 $\odot O$ 的切线.

设 $AB = c$，$BC = a$，$CA = b$，$p = \dfrac{1}{2}(a + b + c)$，$p_1 = \dfrac{1}{2}(AH + HK + KA)$，可知

$$AH + HL = AG = AF = AK + KL = p_1$$

有 $AB+BE=p$,于是

$$AG+GB+BE=AF+FC+CD+DE$$

消去 $AG=AF$,并代换 $BG=BD=BE+ED$,
$CD=CF$,得 $BE=CD$.

所以 $BE=DC$.

证明 3 如图 208.3,设 AB 与 $\triangle ABC$ 的内切圆相切于 G,过 L 作 BC 的平行线分别交 AB,AC 于 H,K,过 A 作 BC 的垂线,F 为垂足.

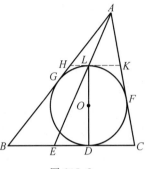

图 208.2

设 $AB=c,BC=a,CA=b,p=\dfrac{1}{2}(a+b+c)$.

显然 $DL=\dfrac{2S_{\triangle ABC}}{p}$,$AF=\dfrac{2S_{\triangle ABC}}{a}$,可知

$$\frac{DL}{AF}=\frac{a}{p}$$

由 $HK \parallel BC$,可知$\dfrac{AH}{AB}=\dfrac{AF-DL}{AF}=1-\dfrac{a}{p}$,

有 $AH=\dfrac{c(p-a)}{p}$.

显然 $AG=p-a$,可知

$$HG=AG-AH$$
$$=p-a-\frac{c(p-a)}{p}$$
$$=\frac{(p-a) \cdot (p-c)}{p}$$

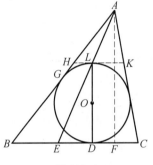

图 208.3

由 $\dfrac{HL}{BE}=\dfrac{AH}{AB}$,$HL=HG$,可知

$$BE=\frac{HL \cdot AB}{AH}=p-c$$

显然 $DC=p-c=BE$.

所以 $BE=DC$.

证明 4 如图 208.4.

过 E 作 BC 的垂线交直线 AO 于 O_1,过 O_1 分别作 AC,AB 的垂线,M,N 为垂足,设 G 为 AB 与内切圆的切点,连 O_1G

$$AB=c,BC=a,CA=b,p=\frac{1}{2}(a+b+c)$$

显然 $O_1E \parallel OL$,可知$\dfrac{OG}{O_1N}=\dfrac{AO}{AO_1}=\dfrac{OL}{O_1E}$.

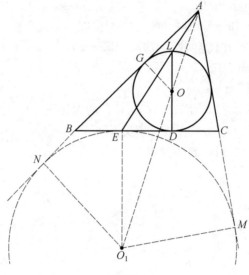

图 208.4

由 $OL = OG$,可知 $O_1E = O_1N$,有 O_1 为 $\angle NBC$ 平分线上一点.

由 AO_1 为 $\angle BAC$ 的平分线,可知 O_1 为 $\triangle ABC$ 的旁心.

显然 O_1M, O_1N, O_1E 分别为 AC, AB, BC 与 $\odot O_1$ 的切点,可知 $AM = AN = \dfrac{1}{2}(a+b+c) = p$,有 $BE = BN = AN - AB = p - c = \dfrac{1}{2}(a+b-c) = DC$.

所以 $BE = DC$.

本文参考自:

1.《中学数学教学》1984 年 1 期 40 页.

2.《上海中学数学》1999 年 1 期 32 页.

3.《中学生数学》1996 年 3 期 7 页.

4.《数学教学》2005 年 4 期 47 页.

$$\boxed{\text{第 209 天}}$$

如图 209.1,设 M 为正方形 $ABCD$ 的边 AD 的中点,以 A 为圆心,以 AB 为半径的圆,与以 CD 为直径的圆交于 P,N 为 BP 与 CD 的交点,Q 为 AN 与 BM 的交点,求证:$\dfrac{QA}{QN}=\dfrac{3}{5}$.

证明1 如图 209.1,设直线 DP 交 BC 于 E,直线 CP 交 AB 于 R,G 为直线 MN 与 BC 的交点.

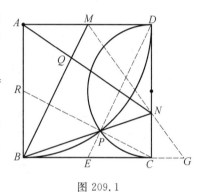

图 209.1

由 $EB^2 = EP \cdot ED = EC^2$,可知 $EB = EC$,有 $DC = 2EC$.

易知 $\mathrm{Rt}\triangle PEC \backsim \mathrm{Rt}\triangle PCD \backsim \mathrm{Rt}\triangle CED$,可知 $\dfrac{PE}{PC} = \dfrac{PC}{PD} = \dfrac{CE}{CD} = \dfrac{1}{2}$,有 $DP = 2PC = 4PE$,$DE = 5PE$.

由 $BC = CD$,$\angle RCB = \angle EDC$,可知

$\mathrm{Rt}\triangle RCB \cong \mathrm{Rt}\triangle EDC$,有 $RC = ED = 5PE$,$RB = EC = \dfrac{1}{2}AB$.

易知 $PR = CR - PC = 5PE - 2PE = 3PE$,可知 $\dfrac{DC}{NC} = \dfrac{2BR}{NC} = \dfrac{2PR}{PC} = \dfrac{6PE}{2PE} = 3$,有 $DN = 2NC$.

设 $AD = 6$,可知 $MA = MD = 3$,$DN = 4$.

在 $\mathrm{Rt}\triangle DMN$ 中,可知 $MN = 5$.

易知 $MG = \dfrac{15}{2} = BG$,可知 $\angle BMN = \angle MBC = \angle BMA$,即 MQ 为 $\angle AMN$ 的平分线.

所以 $\dfrac{QA}{QN} = \dfrac{MA}{MN} = \dfrac{3}{5}$.

证明2 如图 209.2,设直线 DP 交 BC 于 E,F 为 DE 延长线上的一点,$EF = PE$,过 N 作 BC 的平行线分别交 BA,BM 于 G,H,连 MN,PC,FC.

由 $EB^2 = EP \cdot ED = EC^2$,可知 $EB = EC$,有 $FC \parallel BN$,$DC = 2EC$.

易知 $\mathrm{Rt}\triangle PEC \backsim \mathrm{Rt}\triangle PCD \backsim \mathrm{Rt}\triangle CED$,可

知 $\dfrac{PE}{PC} = \dfrac{PC}{PD} = \dfrac{CE}{CD} = \dfrac{1}{2}$,有 $DP = 2PC = 4PE = 2PF$.

显然 $\dfrac{DN}{NC} = \dfrac{DP}{PF} = \dfrac{2}{1}$,可知 $DN = 2NC$,有

$\dfrac{BG}{BA} = \dfrac{CN}{CD} = \dfrac{1}{3}$,于是 $\dfrac{GH}{GN} = \dfrac{GH}{AD} = \dfrac{GH}{2AM} = \dfrac{1}{6}$,得

$$\dfrac{QA}{QN} = \dfrac{AM}{HN} = \dfrac{3GH}{HN} = \dfrac{3GH}{GN-GH} = \dfrac{3GH}{5GH} = \dfrac{3}{5}$$

所以 $\dfrac{QA}{QN} = \dfrac{3}{5}$.

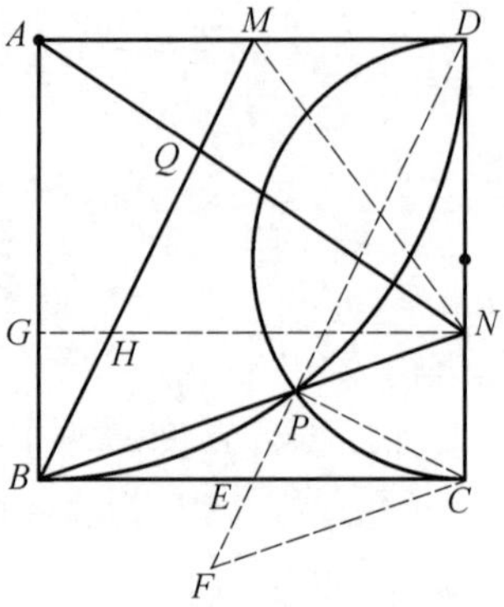

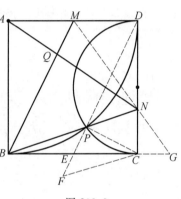

图 209.2

证明 3 如图 209.3,设直线 DP 交 BC 于 E,F 为 DE 延长线上的一点,$EF = PE$,G 为直线 MN 与 BC 的交点,连 PC,FC.

由 $EB^2 = EP \cdot ED = EC^2$,可知 $EB = EC$,有 $FC /\!/ BN$,$DC = 2EC$.

易知 $\mathrm{Rt}\triangle PEC \backsim \mathrm{Rt}\triangle PCD \backsim \mathrm{Rt}\triangle CED$,可知 $\dfrac{PE}{PC} = \dfrac{PC}{PD} = \dfrac{CE}{CD} = \dfrac{1}{2}$,有 $DP = 2PC = 4PE = 2PF$.

显然 $\dfrac{DN}{NC} = \dfrac{DP}{PF} = \dfrac{2}{1}$,可知 $DN = 2NC$,有

图 209.3

$\dfrac{NG}{NM} = \dfrac{CG}{MD} = \dfrac{NC}{DN} = \dfrac{1}{2}$.

设正方形边长为 12,可知 $MA = MD = 6$,$DN = 8$,$NC = 4$,$CG = 3$,$BG = 15$.

在 $\mathrm{Rt}\triangle DMN$ 中,由勾股定理,可知 $MN = 10$,有 $NG = 5$,于是 $MG = 15 = BG$.

显然 $\angle BMN = \angle MBC = \angle BMA$,即 MQ 为 $\angle AMN$ 的平分线.

所以 $\dfrac{QA}{QN} = \dfrac{MA}{MN} = \dfrac{3}{5}$.

证明 4 如图 209.4,设直线 DP 交 BC 于 E,直线 CP 交 AB 于 R,过 N 作 BM 的平行线交直线 AD 于 F.

由 $EB^2 = EP \cdot ED = EC^2$,可知 $EB = EC$,有 $DC = 2EC$.

易知 $\mathrm{Rt}\triangle PEC \backsim \mathrm{Rt}\triangle PCD \backsim \mathrm{Rt}\triangle CED$,可知 $\dfrac{PE}{PC} = \dfrac{PC}{PD} = \dfrac{CE}{CD} = \dfrac{1}{2}$,有

184

$DP = 2PC = 4PE$，$DE = 5PE$.

由 $BC = CD$，$\angle RCB = \angle EDC$，可知 $\text{Rt}\triangle RCB \cong \text{Rt}\triangle EDC$，有 $RC = ED = 5PE$，$RB = EC = \dfrac{1}{2}AB$.

易知 $PR = CR - PC = 5PE - 2PE = 3PE$，可知 $\dfrac{DC}{NC} = \dfrac{2BR}{NC} = \dfrac{2PR}{PC} = \dfrac{6PE}{2PE} = 3$，有 $DN = 2NC$.

显然 $\text{Rt}\triangle DNF \cong \text{Rt}\triangle ABM$，可知 $\dfrac{DF}{AM} = \dfrac{DN}{AB} = \dfrac{2}{3}$，有 $\dfrac{QA}{QN} = \dfrac{MA}{MF} = \dfrac{3}{5}$.

所以 $\dfrac{QA}{QN} = \dfrac{3}{5}$.

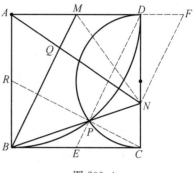

图 209.4

本文参考自：

《数学教学》2007 年 6 期数学问题.

第 210 天

在 $\triangle ABC$ 中，$\angle A = 90°$，AD 为 BC 边上的高，$Rt\triangle ABC$，$Rt\triangle ABD$，$Rt\triangle ACD$ 的内切圆分别与各三角形斜边相切于点 L，M，N.

求证：$AM \cdot AB + CN \cdot AC = CL \cdot BC$.

证明 1　如图 210.1.

设 $\dfrac{AM}{AB} = k_1$，$\dfrac{CN}{AC} = k_2$，$\dfrac{CL}{BC} = k$.

由 $Rt\triangle ABD \backsim Rt\triangle CAD \backsim$

$Rt\triangle CBA$，可知 $\dfrac{AM}{AB} = \dfrac{CN}{AC} = \dfrac{CL}{BC}$，有

$k_1 = k_2 = k$.

由 $AB^2 + AC^2 = BC^2$，可知 $k_1 \cdot$

$AB^2 + k_2 \cdot AC^2 = k \cdot BC^2$，有

$$AM \cdot AB + CN \cdot AC = CL \cdot BC$$

所以 $AM \cdot AB + CN \cdot AC = CL \cdot BC$.

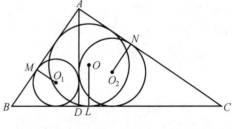

图 210.1

证明 2　如图 210.2.

设 $BC = a$，$CA = b$，$AB = c$.

显然 $AM = \dfrac{1}{2}(c + AD - BD)$，

$CN = \dfrac{1}{2}(b + DC - AD)$，$CL = (b +$

$a - c)$.

易知 $c \cdot DC = b \cdot AD$，$c \cdot AD =$

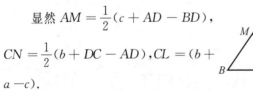
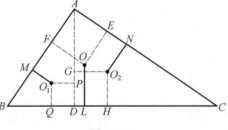

图 210.2

$b \cdot BD$，可知 $c \cdot AD + c \cdot DC = b \cdot BD + b \cdot AD$，有 $c \cdot AD + c \cdot (a - BD) =$

$b \cdot (a - CD) + b \cdot AD$.

由 $b^2 + c^2 = a^2$，可知 $b^2 + c^2 + c \cdot AD + c \cdot (a - BD) = a^2 + b \cdot (a - CD) +$

$b \cdot AD$，有 $b^2 + c^2 + c \cdot AD + c \cdot (a - BD) = a^2 + b \cdot (a - CD) + b \cdot AD$，或

$c^2 + c \cdot AD + c \cdot a - c \cdot BD + b^2 = a^2 + b \cdot a - b \cdot CD + b \cdot AD$，或 $c^2 + c \cdot AD -$

$c \cdot BD + b^2 + b \cdot CD - b \cdot AD = a + b \cdot a - c \cdot a$，于是 $c \cdot (c + AD - BD) +$

$b \cdot (b + DC - AD) = a \cdot (b + a - c)$，得 $\frac{1}{2}c \cdot (c + AD - BD) + \frac{1}{2}b \cdot (b +$

$DC - AD) = \frac{1}{2}a \cdot (b + a - c)$，就是 $AM \cdot AB + CN \cdot AC = CL \cdot BC$.

所以 $AM \cdot AB + CN \cdot AC = CL \cdot BC$.

证明3 如图210.3，设 O_1, O_2，O 分别为三个内切圆的圆心，r_1, r_2, r 分别为三个内切圆的半径，E, F, L 是 $\odot O$ 与它的外切圆的切点，H, G，N 是 $\odot O_2$ 与它的外切圆的切点，P，Q, M 是 $\odot O_1$ 与它的外切圆的切点.

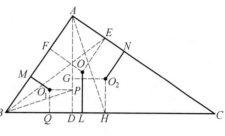

图 210.3

显然 $\text{Rt}\triangle ADB \backsim \text{Rt}\triangle CDA \backsim \text{Rt}\triangle CAB$，可知

$$\frac{r_1}{BD} = \frac{r_2}{AD} = \frac{r}{AB} \tag{1}$$

由 $AB^2 + AC^2 = BC^2$，可知

$$\frac{r \cdot AB^2}{BC} + \frac{r \cdot AC^2}{BC} = r \cdot BC \tag{2}$$

将(1)代入(2)，得 $r_1 \cdot BD + r_2 \cdot AD = r \cdot AB$，或 $\frac{1}{2}r_1 \cdot BD + \frac{1}{2}r_2 \cdot AD = \frac{1}{2}r \cdot AB$，即 $S_{\triangle PBD} + S_{\triangle HAD} = S_{\triangle ABE}$.

由 $S_{\triangle ABD} + S_{\triangle ADC} = S_{\triangle ABC}$，可知 $S_{\triangle ABP} + S_{\triangle HAC} = S_{\triangle EBC}$，有

$$\frac{1}{2}AB \cdot AP\sin\alpha + \frac{1}{2}CA \cdot CH\sin\alpha$$

$$= \frac{1}{2}CB \cdot CE\sin\alpha.$$

于是 $AB \cdot AP + AC \cdot CH = CB \cdot CE$.

所以 $AM \cdot AB + CN \cdot AC = CL \cdot BC$.

本文参考自：

《数学教师》1992 年 12 期 32 页.

第 211 天

AB 为半圆 O 的直径,两弦 AF,BE 相交于 Q,过 E,F 分别作圆 O 的切线得交点 P.

求证:$PQ \perp AB$.

证明1 如图 211.1,设直线 AE,BF 相交于 M,连 EF,MP.

由 $\angle AMB = 180° - \angle MAB - \angle MBA$,
$\angle EQF = 180° - \angle AMB = \angle MAB + \angle MBA$.

$\angle EPF = 360° - \angle PEQ - \angle PFQ - \angle EQF = 360° - \angle MAB - \angle MBA - \angle MAB - \angle MBA = 360° - 2(\angle MAB + \angle MBA) = 2\angle AMB$.

由 $PE = PF$,可知 P 为 $\triangle MEF$ 的外心,有 $\angle PME = \angle PEM = \angle EBA$.

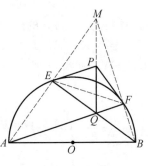

图 211.1

由 Q 为 $\triangle MAB$ 的垂心,可知 $\angle QMA = \angle EBA$,有 $\angle PMA = \angle QMA$,于是 M,P,Q 三点共线.

所以 $PQ \perp AB$.

证明2 如图 211.2,设直线 AE,BF 相交于 M,设过 E 的切线交 MQ 于 P',连 MQ.

显然 Q 为 $\triangle MAB$ 的垂心.

由 $\angle P'QE = \angle MAB = \angle P'EB$,可知 P' 为 MQ 的中点.

同理,过 F 的切线与 MQ 的交点也是 MQ 的中点,即 P' 与 P 重合.

所以 $PQ \perp AB$.

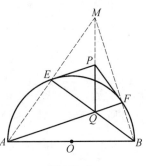

图 211.2

证明3 如图 211.3,在 EP 的延长线上取一点 K,使 $PK = EP$,设直线 PQ 交 AB 于 H,连 KF,EF,BF,AE.

显然
$\angle EQF = \angle AQB$
$\qquad = 180° - \angle FAB - \angle EBA$

188

$$= (90° - \angle FAB) + (90° - \angle EBA)$$
$$= \angle FBA + \angle EAB$$
$$= \angle QFP + \angle QEP$$

由 $PK = PE = PF$，可知 $\angle K = \angle PFK$，有 $\angle EQF + \angle K = \angle QFP + \angle QEP + \angle PFK = \angle QFK + \angle QEK = \dfrac{1}{2} \times 360° = 180°$，于是 E, Q, F, K 四点共圆.

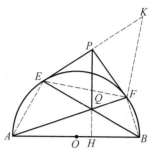

图 211.3

由 $PK = PE = PF$，可知 P 为 $\triangle EFK$ 的外心，即 P 为 E, Q, F, K 四点共圆的圆心，有 $PQ = PE = PF$，于是

$$\angle QAB + \angle AQH = \angle QAB + \angle PQF$$
$$= \angle QAB + \angle PFQ$$
$$= \angle QAB + \angle PFA$$
$$= \angle QAB + \angle FBA = 90°$$

得 $QH \perp AB$.

所以 $PQ \perp AB$.

本文参考自：

《中学生数学》1995 年 1 期 6 页.

第 212 天

如图 212.1，CD 为 Rt$\triangle ABC$ 的斜边 AB 上的高，O_1，O_2 分别为 Rt$\triangle ADC$ 与 Rt$\triangle BDC$ 的内心，直线 O_1O_2 交 CD 于点 K.

求证：$\dfrac{1}{BC} + \dfrac{1}{AC} = \dfrac{1}{CK}$.

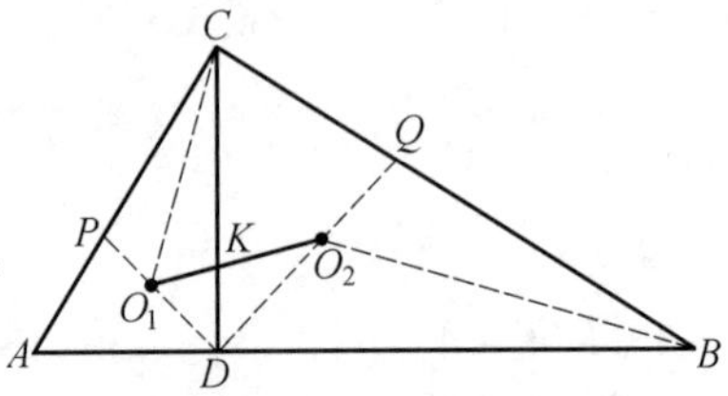

证明 1　如图 212.1，分别延长 DO_1，DO_2 交 AC，BC 于 P，Q，连 O_1C，O_2B.

显然 $\triangle DO_1C \backsim \triangle DO_2B$，由此可知 $\triangle DO_1O_2 \backsim \triangle DCB$，有 $\angle DO_1K = \angle DCB = \angle A$，于是

$$\angle CKO_1 = \angle DO_1K + 45°$$
$$= \angle A + 45°$$
$$= \angle CPO_1$$

得 $\triangle CKO_1 \cong \triangle CPO_1$.

所以 $CK = CP$.

同理 $CK = CQ$.

由 $\dfrac{CE}{EA} = \dfrac{CD}{DA}$，$\dfrac{CF}{FB} = \dfrac{CD}{DB}$，$\dfrac{CD}{DA} = \dfrac{DB}{CD}$，可知 $\dfrac{CE}{EA} = \dfrac{FB}{CF}$，即 $\dfrac{CK}{AC - CK} = \dfrac{BC - CK}{CK}$.

所以 $\dfrac{1}{BC} + \dfrac{1}{AC} = \dfrac{1}{CK}$.

证明 2　如图 212.2，设 Rt$\triangle ADC$ 和 Rt$\triangle CDB$ 的内切圆半径分别为 r_1，r_2.

易证 $\triangle DO_1C \backsim \triangle DO_2B$，可知 $\dfrac{r_1}{r_2} = \dfrac{CD}{DB} = \dfrac{AC}{BC}$，或 $r_2 \cdot CD = r_1 \cdot DB$，及

$$\frac{r_1}{r_1 + r_2} = \frac{AC}{AC + BC}$$

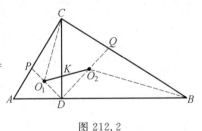

图 212.2

图 212.1

易知 $DK = \dfrac{2r_1 r_2}{r_1 + r_2}$，可知

$$CK = CD - \frac{2r_1 r_2}{r_1 + r_2}$$

$$= \frac{CD \cdot r_1 + CD \cdot r_2 - 2r_1 r_2}{r_1 + r_2}$$

$$= \frac{r_1 \cdot (CD + DB) - 2r_1 r_2}{r_1 r_2}$$

由 $CD + DB = 2r_2 + BC$，可知

$$CK = \frac{r_1 BC}{r_1 + r_2} = \frac{AC \cdot BC}{AC + BC}$$

所以 $\dfrac{1}{BC} + \dfrac{1}{AC} = \dfrac{1}{CK}$.

证明 3 如图 212.3，延长 BC 到 G，使 $CG = CA$，设 $\angle ACB$ 的平分线交直线 AO_1 于 O，直线 DO_1 交 AC 于 H，直线 $O_1 O_2$ 分别交 AC, BC 于 E, F，连 CO_1, CO_2, GA.

显然 O 为 $\triangle ABC$ 的内心.

易证 O 为 $\triangle CO_1 O_2$ 的垂心，可知 $CO \perp EF$，有 $CE = CF$.

易证 E 与 D 关于 CO_1 对称，可知 $CE = CD = CF$，且 $CH = CK$.

易证 $\triangle CHD \backsim \triangle BAG$，可知 $BG \cdot CH = AB \cdot CD = AC \cdot BC$，有 $(BC + AC) \cdot CK = AC \cdot BC$.

所以 $\dfrac{1}{BC} + \dfrac{1}{AC} = \dfrac{1}{CK}$.

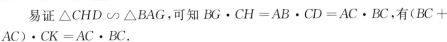

图 212.3

证明 4 如图 212.4，设直线 $O_1 O_2$ 分别交 AC, BC 于 E, F，又设 $\angle ACD = \alpha$，有 $\angle BCD = 90° - \alpha$.

易知

$$\sin \alpha + \cos \alpha = \frac{CD}{BC} + \frac{CD}{AC} \qquad (1)$$

由 $S_{\triangle ECK} + S_{\triangle FCK} = S_{\triangle ECF}$，可知

$$CK \cdot CE \sin \alpha + CK \cdot CF \cos \alpha = CE \cdot CF$$

易证 $CE = CD = CF$，可知

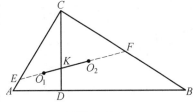

图 212.4

$$CK \cdot (\sin \alpha + \cos \alpha) = CD \qquad\qquad (2)$$

将(1)代入(2),得 $CK \cdot \left(\dfrac{CD}{BC} + \dfrac{CD}{AC} \right) = CD$.

所以 $\dfrac{1}{BC} + \dfrac{1}{AC} = \dfrac{1}{CK}$.

证明 5 如图 212.5,延长 BC 到 G,使 $CG = CA$,连 AG.设直线 $O_1 O_2$ 分别交 CA,CB 于 E,F.

显然 $\angle G = 45°$.

易证 $CE = CD$,$\angle CEK = 45°$.

由 $\angle B = \angle ECK$,可知 $\triangle ABG \backsim$ $\triangle KCE$,有 $\dfrac{AB}{BG} = \dfrac{CK}{CE}$,于是 $CK \cdot BG = CE \cdot AB$.

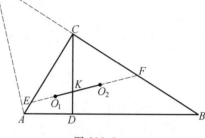

图 212.5

由

$$\begin{aligned}
\frac{CK}{BC} + \frac{CK}{AC} &= \frac{CK}{BC}\left(1 + \frac{BC}{AC}\right) \\
&= \frac{CK}{BC} \cdot \frac{AC + BC}{AC} \\
&= \frac{CK}{BC} \cdot \frac{BG}{AC} = \frac{CE}{BC} \cdot \frac{AB}{AC} \\
&= \frac{CD}{BC} \cdot \frac{AB}{AC} = 1
\end{aligned}$$

所以 $\dfrac{1}{BC} + \dfrac{1}{AC} = \dfrac{1}{CK}$.

(注意:其中用到 $CE = CD = CF$).

证明 6 如图 212.6,如前证出 $\triangle ABG \backsim \triangle KCE$,得到 $CK \cdot BG = CE \cdot AB$,可知 $(AC + BC) \cdot CK = AB \cdot CD = BC \cdot AC$,于是

$$(AC + BC) \cdot CK = BC \cdot AC$$

所以 $\dfrac{1}{BC} + \dfrac{1}{AC} = \dfrac{1}{CK}$.

证明 7 如图 212.7,设直线 $O_1 O_2$ 分别交 AC,BC 于 E,F,过 E 作 AB 的垂线交直线 BC 于 M,过 F 作 AB 的垂

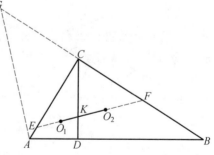

图 212.6

线交直线 AC 于 N,连 DO_1,DO_2.

如前已证 $CE = CD = CF$.

显然 $ME \parallel CK \parallel NF$,可知

$$\frac{CK}{BC} + \frac{CK}{AC} = \frac{CK}{NF} + \frac{CK}{ME}$$

$$= \frac{EK}{EF} + \frac{KF}{EF} = 1$$

所以 $\dfrac{1}{BC} + \dfrac{1}{AC} = \dfrac{1}{CK}$.

证明 8 如图 212.8,如前已证 $CE = CD = CF$.

设 $\angle BCD = \alpha$,可知

$$\frac{\sin 90°}{CK} = \frac{\sin \alpha}{CE} + \frac{\sin (90° - \alpha)}{CF}$$

显然

$$\sin \alpha = \sin A = \frac{CD}{AC} = \frac{CE}{AC}$$

$$\sin (90° - \alpha) = \sin \beta = \frac{CD}{BC} = \frac{CF}{BC}$$

$$\frac{1}{CK} = \frac{\sin 90°}{CK} = \frac{1}{AC} + \frac{1}{BC}$$

所以 $\dfrac{1}{BC} + \dfrac{1}{AC} = \dfrac{1}{CK}$.

证明 9 使用"孙哲定理",见《中学数学》1999 年 6 期 47 页,这里略!

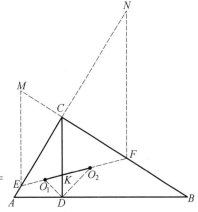

图 212.7

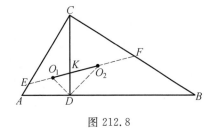

图 212.8

本文参考自:

1.《中学数学》1997 年 7 期.

2.《中学数学》1998 年 2 期.

3.《中学数学》1999 年 3 期.

4.《中学数学》1999 年 5 期.

5.《中学数学》1999 年 6 期.

6.《中学数学》1999 年 10 期 38 页.

7.《中学数学》2000 年 1 期 50 页.

8.《中学数学》2001 年 3 期.

9.《中学数学》2001 年 10 期 20 页.

10.《中学数学月刊》1998 年 11 期 16 页.

圆与其他的圆

第 213 天

如图 213.1,$\odot O_1$ 和 $\odot O_2$ 相交于点 A 和点 B,O_2O_1 的延长线交 $\odot O_1$ 于点 C,CA,CB 的延长线分别和 $\odot O_2$ 相交于点 D,E. 求证:$AD = BE$.

证明 1 如图 213.1.

显然 $\odot O_1$ 和 $\odot O_2$ 都是以 CO_2 为对称轴的轴对称图形.

由 A 与 B 关于 CO_2 对称,D 与 E 关于 CO_2 对称,可知 $AD = BE$.

所以 $AD = BE$.

证明 2 如图 213.2,连 AB.

显然 CO_2 为 AB 的中垂线,可知 $CA = CB$,有 $\angle CAB = \angle CBA$,于是 $\angle DAB = \angle EBA$,得弧 $ADE = $弧 BED,进而弧 $AD = $弧 BE.

所以 $AD = BE$.

证明 3 如图 213.3,过 O_2 分别作 CD,CE 的垂线,F,G 为垂足,连 AB.

显然 CO_2 为 AB 的中垂线,可知 CO_2 为 $\angle DCE$ 的平分线,有 $O_2F = O_2G$.

所以 $AD = BE$.

证明 4 如图 213.4,连 AB,DE.

显然 CO_2 为 AB 的中垂线,可知 $CA = CB$,有 $\angle CAB = \angle CBA$.

显然 $\angle D = \angle CBA$,$\angle E = \angle CAB$,可知 $\angle D = \angle E$,有弧 $EBA = $弧 DAB,于是弧 $BE = $弧 AD.

所以 $AD = BE$.

证明 5 如图 213.5,连 AB,BD,EA.

显然 CO_2 为 AB 的中垂线,可知 $CA = CB$.

由 $\angle DCB = \angle ECA$,$\angle D = \angle E$,可知 $\triangle DCB \cong \triangle ECA$,有 $CD = CE$,于

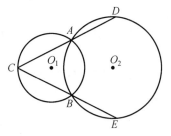

图 213.1

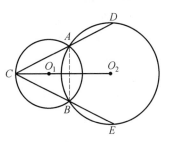

图 213.2

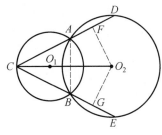

图 213.3

是 $CD - CA = CE - CB$，就是 $AD = BE$.

所以 $AD = BE$.

证明 6　如图 213.6，设 $\odot O_2$ 与直线 CO_2 相交于 P,Q，连 PD,PE,AB.

显然 CO_2 为 AB 的中垂线，可知 $CA = CB$，CO_2 为 $\angle DCE$ 的平分线.

显然弧 $PA =$ 弧 PB，可知 $\angle D = \angle E$，有 $\angle CPD = \angle CPE$，于是 $\triangle PCD \cong \triangle PCE$，得 $CD = CE$.

显然 $CD - CA = CE - CB$，就是 $AD = BE$.

所以 $AD = BE$.

证明 7　如图 213.7，连 O_2A,O_2B,O_2D，O_2E.

显然 A 与 B 关于 CO_2 对称，可知 $\angle O_2AD = \angle O_2BE$，有 $\angle AO_2D = 180° - 2\angle O_2AD = 180° - 2\angle O_2BE = \angle BO_2E$，于是 $\triangle O_2AD \cong \triangle O_2BE$，得 $AD = BE$.

所以 $AD = BE$.

证明 8　如图 213.2，连 AB.

显然 CO_2 为 AB 的中垂线，可知 $CA = CB$.

由 $CA \cdot CD = CB \cdot CD$，可知 $CD = CE$，有 $CD - CA = CE - CB$，就是 $AD = BE$.

所以 $AD = BE$.

证明 9　如图 213.5，连 AB,BD,EA.

显然 CO_2 为 AB 的中垂线，可知 $CA = CB$，有 $\angle CAB = \angle CBA$，于是 $\angle DAB = \angle EBA$.

显然 $\angle D = \angle E$，可知 $\angle ABD = \angle BAE$，有 $\triangle ABD \cong \triangle BAE$，于是 $AD = BE$.

所以 $AD = BE$.

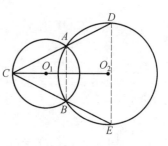

图 213.4

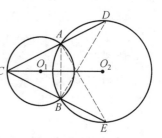

图 213.5

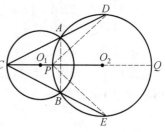

图 213.6

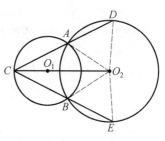

图 213.7

第 214 天

如图 214.1,两圆相交于 A,B 两点,经过 B 引两条直线,C,D,E,F 分别为两直线与两圆的交点,AB 平分 CD 与 EF 所成的角,求证:$EF = CD$.

证明 1 如图 214. 连 AC,AD,AE,AF.

显然 $\angle AEF = \angle ACD$,$\angle AFE = \angle ADC$,可知 $\triangle AEF \backsim \triangle ACD$.

由 AB 平分 $\angle EBD$,可知 A 到 EF,CD 的距离相等,有 $\triangle AEF \cong \triangle ACD$,于是 $EF = CD$.

所以 $EF = CD$.

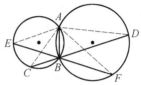

图 214.1

证明 2 如图 214.2,连 AE,AF,AC,AD,EC.

在 $\triangle AEC$ 中,$\angle ACE = \angle ABE = \angle ABD = \angle AEC$,可知 $AE = AC$.

同理 $AF = AD$.

显然 $\angle EAC = \angle FAD(180° - 2\angle AEC)$,可知 $\triangle AEF \cong \triangle ACD$,于是 $EF = CD$.

所以 $EF = CD$.

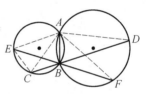

图 214.2

证明 3 如图 214.3,过 A 作 CD 的平行线分别交两圆于 G,H,连 CG,DH.

由 $\angle GAB = \angle ABD = \angle ABE$,可知 GH 与 EF 关于两圆的连心线对称,有 $EF = GH$.

由 $\angle D = \angle GAB = \angle ABD = \angle G$,可知四边形 $CDHG$ 为平行四边形,有 $CD = GH$.

所以 $EF = CD$.

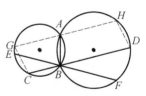

图 214.3

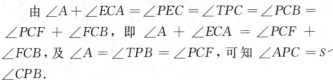

第 215 天

两圆内切于点 P，大圆的弦 AB 切小圆于点 C. 求证：$\angle APC = \angle CPB$.

证明 1 如图 215.1，作两圆的公切线 ST，设 PA 交小圆于 E，连 EC.

在 $\triangle PEC$ 与 $\triangle PCB$ 中，由 $\angle PEC = \angle TPC = \angle PCB$，$\angle PCE = \angle SPA = \angle PBA$，可知 $\angle APC = \angle CPB$.

所以 $\angle APC = \angle CPB$.

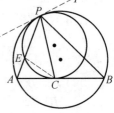

图 215.1

证明 2 如图 215.2，作两圆的公切线 ST，设 PA 交小圆于 E，PB 交小圆于 F，连 CE，CF.

由 $\angle A + \angle ECA = \angle PEC = \angle TPC = \angle PCB = \angle PCF + \angle FCB$，即 $\angle A + \angle ECA = \angle PCF + \angle FCB$，及 $\angle A = \angle TPB = \angle PCF$，可知 $\angle APC = \angle CPB$.

所以 $\angle APC = \angle CPB$.

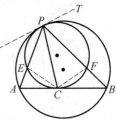

图 215.2

证明 3 如图 215.3，作两圆的公切线 ST，设 PA 交小圆于 E，PB 交小圆于 F，连 EF.

由 $\angle B = \angle SPA = \angle PFE$，可知 $EF \parallel AB$，有弧 EC 与弧 FC 相等.

所以 $\angle APC = \angle CPB$.

证明 4 如图 215.4，作两圆的公切线 ST，设 PA 交小圆于 E，PB 交小圆于 F，连 EF，CF.

由 $\angle B = \angle SPA = \angle PFE$，可知 $EF \parallel AB$，有 $\angle EFC = \angle FCB$.

因为 $\angle APC = \angle EFC$，$\angle CPB = \angle FCB$，所以 $\angle APC = \angle CPB$.

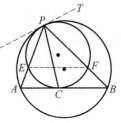

图 215.3

证明5 如图 215.5,设 PM 为大圆的直径,PN 为小圆的直径,连 NE,NF,MA,MB.

显然 P,N,M 在同一直线上.

由 $NF \perp PB,MB \perp PB,NE \perp PA,MA \perp PA$,可知 $NF \parallel MB,NE \parallel MA$,有 $\dfrac{BF}{BP} = \dfrac{MN}{MP} = \dfrac{AE}{AP}$,于是

$$\frac{AE}{BF} = \frac{AP}{BP}.$$

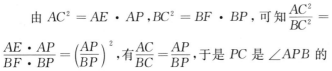

图 215.4

由 $AC^2 = AE \cdot AP,BC^2 = BF \cdot BP$,可知 $\dfrac{AC^2}{BC^2} =$

$\dfrac{AE \cdot AP}{BF \cdot BP} = \left(\dfrac{AP}{BP}\right)^2$,有 $\dfrac{AC}{BC} = \dfrac{AP}{BP}$,于是 PC 是 $\angle APB$ 的

平分线.

所以 $\angle APC = \angle CPB$.

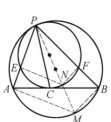

图 215.5

本文参考自:

《上海中学数学》1997 年 6 期 32 页.

第 216 天

如图 216.1，大小两圆相内切于 A，大圆的弦 BC 切小圆于 D，连 AB，AC 分别交小圆于 E，F.

求证：$\dfrac{CD}{CF} = \dfrac{BD}{BE}$.

证明1 如图 216.1，过 A 作大圆的切线 ST，连 AD，EF.

显然 ST 也是小圆的切线.

由 $\angle AEF = \angle SAC = \angle ABC$，可知 $FE \parallel CB$，有 AD 平分 $\angle BAC$，于是 $\dfrac{CF}{BE} = \dfrac{AC}{AB} = \dfrac{CD}{BD}$.

所以 $\dfrac{CD}{CF} = \dfrac{BD}{BE}$.

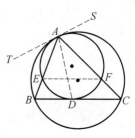

图 216.1

证明2 如图 216.2，过 A 作大圆的切线 ST，连 AD，EF.

显然 ST 也是小圆的切线.

由 $\angle AEF = \angle SAC = \angle ABC$，可知 $FE \parallel CB$，有

$$\frac{AE}{AF} = \frac{AB}{AC} = \frac{EB}{FC}.$$

显然 $BD^2 = BE \cdot BA$，$CD^2 = CF \cdot CA$，可知 $\dfrac{BD^2}{CD^2} =$

$$\frac{BE \cdot BA}{CF \cdot CA} = \left(\frac{BE}{CF}\right)^2.$$

所以 $\dfrac{CD}{CF} = \dfrac{BD}{BE}$.

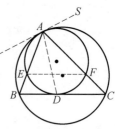

图 216.2

第 217 天

已知两圆相交于 A,B 两点,过点 A 的直线分别交两圆于 C,D,且 $AC = AD$,又 E 为弧 CB 的中点,F 为弧 DB 的中点. 求证:$EF \perp AB$.

证明1 如图 217.1,在 AB 延长线上取一点 H,使 $AH = AC$,连 EA,EB,EC,EH.

由 AE 平分 $\angle BAC$,可知 $EB = EC$,有 $EB = EH$.

同理 $FB = FH$. 可知 EF 为 BH 的中垂线.

所以 $EF \perp AB$.

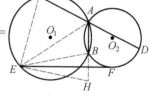

图 217.1

证明2 如图 217.2,连 AE,BE,BC,设 P 为 AE,BC 的交点.

显然 $\triangle PEB \backsim \triangle BEA$,可知 $EB^2 = EP \cdot EA$.

显然 $\triangle CPA \backsim \triangle EBA$,可知 $CA \cdot AB = EA \cdot AP$,有 $EA^2 - EB^2 = EA \cdot (EA - EP) = EA \cdot PA = CA \cdot AB$.

同理 $FA^2 - FB^2 = AD \cdot AB = CA \cdot AB$. 于是 $FA^2 - FB^2 = EA^2 - EB^2$.

所以 $EF \perp AB$.

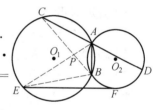

图 217.2

本文参考自:

《中等数学》1999 年 4 期 9 页.

第 218 天

已知 AB 是 $\odot O$ 的弦,过 A,O 两点任作一圆交 BA 的延长线于 C,与 $\odot O$ 交于 D 点.

求证: $CB = CD$.

证明 1 如图 218.1,连 OA,OB,OC,OD.

由 $OA = OD$,可知 CO 平分 $\angle BCD$.

由 $OA = OB$,可知 $\angle OBC = \angle OAB = \angle ODC$,有 $\angle COB = \angle COD$,于是 $\triangle COB \cong \triangle COD$.

所以 $CB = CD$.

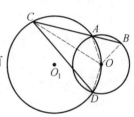

图 218.1

证明 2 如图 218.2,设 CD 交 $\odot O$ 于 E,连 OA,OB,OC,OD,DB.

由 $OA = OD$,可知 CO 平分 $\angle BCD$,有点 O 到 AB,DE 距离相等,于是 $AB = DE$.

显然弧 $EAB =$ 弧 DEA,可知 $\angle CDB = \angle CBD$.

所以 $CB = CD$.

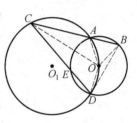

图 218.2

证明 3 如图 218.3,设 CD 与 $\odot O$ 相交于 E,连 OA,OC,OD,OE.

由 $OA = OD$,可知 CO 平分 $\angle BCD$.

显然 $\angle OED = \angle ODE = \angle OAB$,可知 $\angle COE = \angle COA$,有 $\triangle COE \cong \triangle COA$,于是 $CA = CE$.

由 $CA \cdot CB = CE \cdot CD$,可知 $CB = CD$.

所以 $CB = CD$.

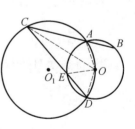

图 218.3

证明 4 如图 218.4,设直线 AO 交 $\odot O$ 与 F,连 OB,OD,DB,DF.

显然 $\angle BCD = \angle DOF$,$\angle CBD = \angle AFD$,可知 $\triangle CDB \backsim \triangle ODF$,有 $\dfrac{CB}{OF} = \dfrac{CD}{OD}$.

由 $OD = OF$,可知 $CB = CD$.

所以 $CB = CD$.

证明 5 如图 218.5,设 E 为 $\odot O$ 与 CD 的交点,连 OA,OB,OD,OE,AD,BE.

显然 $\angle OED = \angle ODE = \angle OAB = \angle OBA$,可知 $\angle EOD = \angle AOB$,有 $\angle AOD = \angle EOB$,于是 $\triangle AOD \cong \triangle BOE$,得 $AD = BE$.

显然 $\angle EBC = \angle OBC - \angle OBE = \angle ODC - \angle ODA = \angle ADC$,可知 $\angle BEC = \angle DAC$,有 $\triangle ADC \cong \triangle EBC$,于是 $CB = CD$.

所以 $CB = CD$.

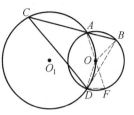

图 218.4

证明 6 如图 218.6,设直线 AO 交 $\odot O$ 于 F,连 OC,OD,AD,EA,EF.

显然 $\angle DCO = \angle DAO = \angle DEF$,可知 $CO \parallel EF$.

由 O 为 AF 的中点,可知 CO 平分 AE.

由 AF 为 $\odot O$ 的直径,可知 $AE \perp EF$,有 $CO \perp AE$,于是 CO 为 AE 的中垂线,$CE = CA$.

由 $CA \cdot CB = CE \cdot CD$,可知 $CB = CD$.

所以 $CB = CD$.

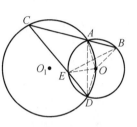

图 218.5

证明 7 如图 218.7,过 E 作 CB 的平行线交 $\odot O$ 于 F,连 FO,FA,DB,DA,OA,OC,EF,EA.

显然 $\angle DAF = \angle DEF = \angle DCB$,$\angle DAO = \angle DCO = \frac{1}{2}\angle DCA$,可知 AO 平分 $\angle DAF$,有 D 与 F

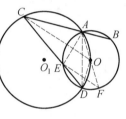

图 218.6

关于 AO 对称,于是 $AD = AF$,得 $\angle CBD = \angle AEF = \angle CAE = \angle CDB$.

所以 $CB = CD$.

证明 8 如图 218.8,作直线 CO,连 OA,OD.

由 $OA = OD$,可知 CO 平分 $\angle BCD$,有 CO 为 $\angle BCD$ 的对称轴.

由 CO 为 $\odot O$ 的一条对称轴,可知点 D 与点 B 为关于 CO 对称的对称点.

所以 $CB = CD$.

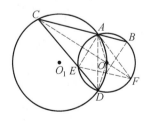

图 218.7

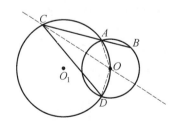

图 218.8

第 219 天

两圆 $\odot O_1$ 与 $\odot O_2$ 外切于 A,过 A 的直线分别交两圆于 B,C 两点,过 B 作 $\odot O_2$ 的切线交 $\odot O_1$ 于 E. 求证:$AD^2 = AE \cdot AC$.

证明 1 如图 219.11,设 AT 为两圆的内公切线,连 CD.

易知 $\angle EAD = \angle EAT + \angle TAD = \angle ABD + \angle ADE = \angle CAD$.

显然 $\angle ADE = \angle C$,可知 $\triangle ACD \backsim \triangle ADE$,有 $\dfrac{AC}{AD} = \dfrac{AD}{AE}$,于是 $AD^2 = AE \cdot AC$.

所以 $AD^2 = AE \cdot AC$.

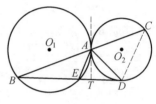

图 219.1

证明 2 如图 219.2,设 AT 为两圆的内公切线,连 CD,延长 BD 到 R.

由 $\angle EAD = \angle EAT + \angle TAD = \angle ABD + \angle BCD = \angle RDC = CAD$,显然 $\angle ADE = \angle C$,可知 $\triangle ACD \backsim \triangle ADE$,有 $\dfrac{AC}{AD} = \dfrac{AD}{AE}$,于是 $AD^2 = AE \cdot AC$.

所以 $AD^2 = AE \cdot AC$.

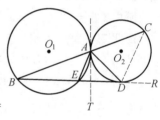

图 219.2

证明 3 如图 219.3,设 ST 为两圆的内公切线,直线 DA 交 $\odot O_1$ 于 G,连 BG,DC.

由 $\angle G = \angle BAT = \angle SAC = \angle CDG$,$\angle BDG = \angle C$,可知 $\triangle DGB \backsim \triangle CDA$.

显然 $\triangle DGB \backsim \triangle DEA$,可知 $\triangle DEA \backsim \triangle CDA$,有 $\dfrac{AC}{AD} = \dfrac{AD}{AE}$,于是 $AD^2 = AE \cdot AC$.

所以 $AD^2 = AE \cdot AC$.

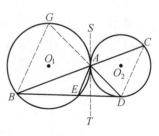

图 219.3

第 220 天

如图 220.1,在以点 O 为圆心的两个同心圆中,A,B 为大圆上的任意两点,过 A,B 作小圆的割线 AXY 和 BPQ.

求证:$AX \cdot AY = BP \cdot BQ$.

证明 1 如图 220.1,分别过 A,B 作小圆的切线,C,D 为切点,连 OC,OD,OA,OB.

由 $OA = OB$,$OC = OB$,可知 $\mathrm{Rt}\triangle AOC \cong \mathrm{Rt}\triangle BOD$,有 $AC = BD$.

由切割线定理,可知 $AC^2 = AX \cdot AY$,$BD^2 = BP \cdot BQ$,有 $AX \cdot AY = BP \cdot BQ$.

所以 $AX \cdot AY = BP \cdot BQ$.

证明 2 如图 220.2,设直线 AO 交小圆于 C,D,直线 BO 交小圆于 E,F.

易知 $AD = BF$,$AC = BE$,可知 $AX \cdot AY = AC \cdot AD = BE \cdot BF = BP \cdot BQ$.

所以 $AX \cdot AY = BP \cdot BQ$.

证明 3 如图 220.3,设直线 XQ 交大圆于 C,D,直线 AY 交大圆于 E,直线 BQ 交大圆于 F.

易知 $CX = DQ$,$EY = AX$,$QF = BP$,可知 $CX \cdot XD = DQ \cdot QC$,$EX = AY$,有 $AX \cdot XE = CX \cdot XD = DQ \cdot QC = FQ \cdot QB$,于是 $AX \cdot AY = BP \cdot BQ$.

所以 $AX \cdot AY = BP \cdot BQ$.

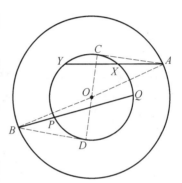

图 220.1

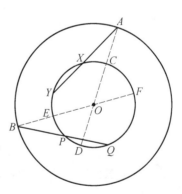

图 220.2

证明 4 如图 220.4,设直线 AP 交小圆于 C,交大圆于 D,直线 BQ 交大圆于 E.

易知 $PD = AC$,$BP = QE$,可知 $DC = AP$,$PE = BQ$.

因为 $AX \cdot AY = AC \cdot AP = DP \cdot DC = DP \cdot PA = BP \cdot PE = BP \cdot BQ$.

所以 $AX \cdot AY = BP \cdot BQ$.

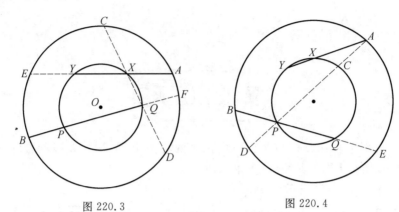

图 220.3

图 220.4

证明5 如图 220.5,连 AB,设 AB 的中垂线交 BQ 于 E,直线 AE 交小圆于 C,D 两点.

易知圆心 O 与直线 BQ,AD 距离相等,易证 $AD = BQ$,$AC = BP$,可知 $AX \cdot AY = AC \cdot AD = BP \cdot BQ$.

所以 $AX \cdot AY = BP \cdot BQ$.

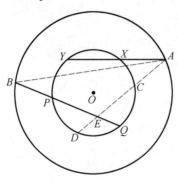

图 220.5

本文参考自:

《数学教师》1998 年 3 期 39 页.

第 221 天

设 $\odot O_1$ 与 $\odot O_2$ 相交于 A,B 两点,CD,EF 是两圆的公切线,直线 AB 分别交 CD,EF 于 P,Q.

求证:$PQ^2 = AB^2 + CD^2$.

证明1 如图 221.1.

由 $PA \cdot PB = PD^2 = PC^2 = \left(\dfrac{1}{2}CD\right)^2 = \dfrac{1}{4}CD^2$,

可知

$$\begin{aligned}
CD^2 &= 4PA \cdot PB \\
&= 2PA \cdot 2PB \\
&= (PQ - AB) \cdot (PQ + AB) \\
&= PQ^2 - AB^2
\end{aligned}$$

所以 $PQ^2 = AB^2 + CD^2$.

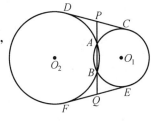

图 221.1

证明2 如图 221.1.

$$\begin{aligned}
PQ^2 &= (2PA + AB)^2 \\
&= 4PA^2 + 4PA \cdot PB + AB^2 \\
&= 4PA \cdot (PA + AB) + AB^2 \\
&= 4PA \cdot PB + AB^2 = 4PC^2 + AB^2 \\
&= (2PC)^2 + AB^2 = CD^2 + AB^2
\end{aligned}$$

所以 $PQ^2 = AB^2 + CD^2$.

证明3 如图 221.2,设 O_2 半径为 R,连 O_2A,O_2P,O_2D.

由 $O_2P^2 = DP^2 + O_2D^2$,可知

$$O_2P^2 = \left(\dfrac{CD}{2}\right)^2 + R^2$$

由 $O_2P^2 - \left(\dfrac{PQ}{2}\right)^2 = O_2A^2 - \left(\dfrac{AB}{2}\right)^2$,可知

$$\left(\dfrac{CD}{2}\right)^2 + R^2 - \left(\dfrac{PQ}{2}\right)^2 = O_2A^2 - \left(\dfrac{AB}{2}\right)^2$$

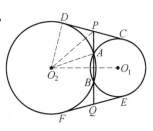

图 221.2

有 $\left(\dfrac{CD}{2}\right)^2 - \left(\dfrac{PQ}{2}\right)^2 = -\left(\dfrac{AB}{2}\right)^2$，于是

$$PQ^2 = AB^2 + CD^2$$

所以 $PQ^2 = AB^2 + CD^2$.

第 222 天

过 BC 边任作一圆分别交 AB,AC 于 E,F,直线 EF 交 $\triangle ABC$ 的外接圆于 G,H.

求证：$AG = AH$.

证明 1　如图 222.1,过 A 作 $\odot O$ 的切线 AD.

显然 $\angle HFC = \angle ABC = \angle DAC$,可知 $GH // AD$,有 A 为弧 GH 的中点,于是 $\angle AHG = \angle AGH$.

所以 $AG = AH$.

证明 2　如图 222.2,连 CH.

显然 $\angle ACH + \angle CAH = \angle ABC = \angle AFG = \angle GHA + \angle CAH$,可知 $\angle GHA = \angle ACH = \angle AGH$,有 $AG = AH$.

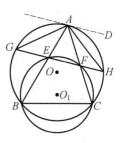

图 222.1

所以 $AG = AH$.

证明 3　如图 222.3,设 $\odot O$ 的弦 BH 交另一圆于 L,CG 交另一圆于 K,连 KL.

由 $\angle BHG = \angle BCG = \angle BLK$,可知 $KL // GH$,有 $\angle GCA = \angle ABH$.

显然 $\angle AGH = \angle ABH$,$\angle GHA = \angle GCA$,可知 $\angle AGH = \angle AHG$.

所以 $AG = AH$.

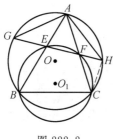

图 222.2

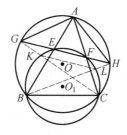

图 222.3

第 223 天

如图 223.1,在 $\triangle ABC$ 中,$AB = AC$,线段 AB 上有一点 D,线段 AC 的延长线上有一点 E,使得 $DE = AC$.线段 DE 与 $\triangle ABC$ 的外接圆交于点 T,直线 AT 与 $\triangle ADE$ 的外接圆相交于 P.

求证:$PD + PE = AT$.

证明1 如图 223.1,在线段 AT 上取一点 F,使得 $\angle ABF = \angle EDP$.

由 P 在 $\triangle ADE$ 的外接圆上,可知 $\angle BAF = \angle DAP = \angle DEP$.

由 $AB = AC = DE$,可知 $\triangle ABF \cong \triangle EDP$,有 $BF = PD$,$AF = PE$.

连 BT.由 A,B,C,T 四点共圆,A,D,P,E 四点共圆,可知

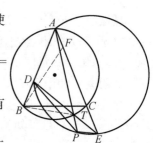

图 223.1

$$\angle CBT = \angle CAT = \angle EDP = \angle ABP,$$

在 $\triangle BFT$ 中

$$\angle FBT = \angle FBC + \angle CBT$$
$$= \angle FBC + \angle ABF$$
$$= \angle ABC$$
$$\angle FTB = \angle ACB,\ AB = AC$$

可知 $\angle ABC = \angle ACB$,有 $\angle FBT = \angle FTB$,即 $\triangle BFT$ 为等腰三角形,$BF = FT$.

于是 $AT = AF + FT = PE + BF = PE + PD$.

证明2 如图 223.2,连 BT,CT.

在 $\triangle BTC$ 和 $\triangle DPE$ 中,由 A,B,C,T 四点共圆,A,D,P,E 四点共圆,可知

$$\angle CBT = \angle CAT = \angle EDP$$
$$\angle BCT = \angle BAT = \angle DEP$$

有 $\triangle BTC \backsim \triangle DPE$.

设 $\dfrac{DE}{BC}=k$，可知 $\dfrac{DP}{BT}=\dfrac{PE}{CT}=k$．

对四边形 $ABTC$ 使用托勒密定理，可知 $AC \cdot BT + AB \cdot CT = BC \cdot AT$．

代入 $AB = AC = DE$，就得 $PD + PE = AT$．

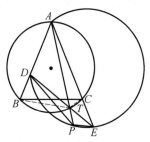

图 223.2

第 224 天

AB 为半圆 O 的直径, C 为半圆上一点, $CO \perp AB$, 以 CO 为直径作圆 O_1, 过 A 作 $\odot O_1$ 的切线交半圆 O 于 D. 求证: $\dfrac{AD}{BD} = \dfrac{3}{4}$.

证明 1 如图 224.1, 设直线 OC 分别交直线 DB, DA 于 F, G, 连 EO_1.

显然 $\mathrm{Rt}\triangle EO_1G \backsim \mathrm{Rt}\triangle OAG$, 可知 $\dfrac{GE}{GO} =$ $\dfrac{O_1E}{AO} = \dfrac{1}{2}$, 有 $GO = 2GE$.

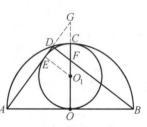

图 224.1

由 $GE^2 = GC \cdot GO$, 可知 $GO = 4GC$, 有 $OA = OC = 3GC$.

由 $\mathrm{Rt}\triangle AOG \backsim \mathrm{Rt}\triangle ADB$, 有 $\dfrac{AD}{BD} = \dfrac{AO}{GO} = \dfrac{3}{4}$.

所以 $\dfrac{AD}{BD} = \dfrac{3}{4}$.

证明 2 如图 224.1, 设直线 OC 分别交直线 DB, DA 于 F, G, 连 EO_1.

设 $AO = R$, 可知 $AE = R$, $OC = R$, 设 $GC = x$, 可知 $GO = x + R$.

由 $GE^2 = GC \cdot GO$, 可知 $GE = \sqrt{x \cdot (x + R)}$.

在 $\mathrm{Rt}\triangle GAO$ 中使用勾股定理, 可知 $GC = x = \dfrac{1}{3}R$, 即 $R = 3x$, 于是 $AO = 3x$, $GO = 4x$, 得

$$\frac{AD}{BD} = \frac{AO}{GO} = \frac{3}{4}$$

所以 $\dfrac{AD}{BD} = \dfrac{3}{4}$.

证明 3 如图 224.1, 设直线 OC 分别交直线 DB, DA 于 F, G, 连 EO_1.

显然 $\mathrm{Rt}\triangle EO_1G \backsim \mathrm{Rt}\triangle OAG$, 可知 $\dfrac{GE}{GO} = \dfrac{O_1E}{AO} = \dfrac{1}{2}$, 有 $GO = 2GE$.

设 $GE = x$, $AO = r$, 可知 $GO = 2x$, $GA = r + x$.

在 $\mathrm{Rt}\triangle GAO$ 中使用勾股定理, 可知 $(r + x)^2 = r^2 + (2x)^2$, 有 $x = \dfrac{2}{3}r$, 于

是 $GO = \frac{4}{3}r$，得 $\frac{AD}{BD} = \frac{AO}{GO} = \frac{3}{4}$.

所以 $\frac{AD}{BD} = \frac{3}{4}$

证明 4 如图 224.2，设直线 OC 分别交直线 DB,DA 于 F,G，直线 AO_1 与 EO 交于 H，连 EC，EO_1.

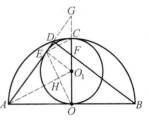

图 224.2

显然 $Rt\triangle AOH \backsim Rt\triangle AO_1O \backsim Rt\triangle OO_1H$，$AO = 2O_1O$，可知 $AH = 2CH = 4HO_1$，$AO_1 = 5HO_1$.

显然 HO_1 是 $\triangle OCE$ 的中位线，可知 $CE = 2HO_1$.

易知 $EC /\!/ AO_1$，可知 $\frac{GC}{GO_1} = \frac{EC}{AO_1} = \frac{2}{5}$，有

$$\frac{AO}{GO} = \frac{CO}{GO} = \frac{6GC}{8GC} = \frac{3}{4}$$

由 $Rt\triangle AOG \backsim Rt\triangle ADB$，有 $\frac{AD}{BD} = \frac{AO}{GO} = \frac{3}{4}$.

所以 $\frac{AD}{BD} = \frac{3}{4}$

证明 5 如图 224.3，设直线 OC 分别交直线 DB,G，直线 EO_1 交 AB 于 H，连 AO_1，EC，EO.

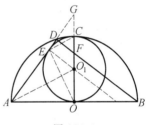

图 224.3

显然 $Rt\triangle COE \backsim Rt\triangle O_1OA$，由 $AO = 2O_1O$，可知 $EO = 2EC$.

由 $\angle GOE = \angle GOE = \angle OEH$，$\angle G = \angle EHO$，可知 $\triangle GEC \backsim \triangle HEO$，有 $OH = 2CG$.

显然 $Rt\triangle GO_1E \cong Rt\triangle HO_1O$，可知 $EG = OH = 2GC$.

由 $GE^2 = GC \cdot GO$，可知 $GO = 4GC$，有 $OA = OC = 3GC$.

由 $Rt\triangle AOG \backsim Rt\triangle ADB$，有 $\frac{AD}{BD} = \frac{AO}{GO} = \frac{3}{4}$.

所以 $\frac{AD}{BD} = \frac{3}{4}$

证明 6 如图 224.4，设 E 为 AD 与 $\odot O_1$ 的切点，过 C 作 AD 的垂线交 $\odot O_1$ 于 F，G 为垂足，连 EC，OF，AO_1.

易证 $\angle GEC = \angle OAO_1$，可知 $Rt\triangle GEC \backsim Rt\triangle OAO_1$，有 $GE = 2GC$.

由 $GE^2 = GC \cdot GF$，可知 $GF = 4GC$，有 $FC = 3GC$.

易证 $OF = 2GE$,可知 $OF = 4GC$,有 $\dfrac{FC}{OF} = \dfrac{3}{4}$.

易证 $\mathrm{Rt}\triangle DAB \backsim \mathrm{Rt}\triangle FCO$,得 $\dfrac{AD}{BD} = \dfrac{3}{4}$.

所以 $\dfrac{AD}{BD} = \dfrac{3}{4}$.

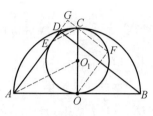

图 224.4

证明7 如图 224.5,设 AO_1 与 EO 相交于 G,分别过 E,G 作 AB 的垂线,F,H 为垂足,连 EO_1.

显然 $\mathrm{Rt}\triangle EFO \backsim \mathrm{Rt}\triangle GHO \backsim \mathrm{Rt}\triangle AOO_1 \backsim \mathrm{Rt}\triangle AHG$.

由 $AO = CO = 2O_1O$,可知 $EF = 2FO$,$GH = 2HO$,$AH = 2GH$.

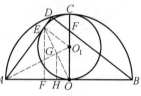

图 224.5

由 $EF \parallel GH$,G 为 EO 的中点,可知 $EF = 2GH$,有 $EF = 4HO$,$AH = 2GH = 4HO$,于是 $AF = 3HO$.

在 $\mathrm{Rt}\triangle FAE$ 中,显然 $\dfrac{FA}{FE} = \dfrac{3}{4}$.

易证 $\mathrm{Rt}\triangle DAB \backsim \mathrm{Rt}\triangle FAE$,得 $\dfrac{AD}{BD} = \dfrac{3}{4}$.

所以 $\dfrac{AD}{BD} = \dfrac{3}{4}$.

证明8 如图 224.6,连 AO_1,设 $\angle O_1AO = \alpha$,可知 $\angle DAB = 2\alpha$.

显然 $\tan\alpha = \dfrac{1}{2}$,可知 $\tan 2\alpha = \dfrac{2\tan\alpha}{1 - \tan^2\alpha} = \dfrac{3}{4}$.

所以 $\dfrac{AD}{BD} = \dfrac{3}{4}$.

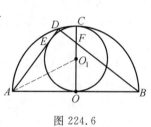

图 224.6

第 225 天

D 为半圆 ACB 直径 AB 上的一点,分别以 AD,DB 为直径在形内作两个半圆,EF 是它们的外公切线,E,F 为切点,过 D 作 AB 的垂线交半圆 ACB 于 C. 求证:(1)$CD = EF$;

(2)A,E,C 三点共线,B,F,C 三点共线.

证明 1 如图 225.1,设 P 为 CD,EF 的交点,连 O_1P,PO_2.

由 $\angle O_1PD = \angle O_1PE$,$\angle O_2PD = \angle O_2PF$,可知 $\angle O_1PO_2 = 90°$,有 $PD^2 = O_1D \cdot O_2D = R \cdot r$.

显然 $CD^2 = AD \cdot DB = 2R \cdot 2r = 4R \cdot r = 4PD^2$,可知 $CD = 2PD$.

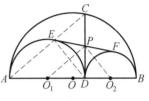

图 225.1

显然 $PE = PD$,$PF = PD$,可知 $EF = 2PD = CD$.

所以 $CD = EF$.

连 EA,EC,ED.

由 $PC = PE = PD$,可知 P 为 $\triangle CDE$ 的外心,有 $\angle CED = 90°$.

显然 $\angle AED = 90°$,可知 A,E,C 三点共线.

同理 C,F,B 三点共线.

证明 2 如图 225.2,连 ED,DF,FC.

由上已知,$CD = EF$,P 为 CD 中点,P 为 EF 中点,可知四边形 $CEDF$ 为矩形,有 $\angle CED = 90°$.

显然 $\angle AED = 90°$,可知 A,E,C 三点共线.

同理 C,F,B 三点共线.

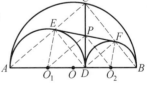

图 225.2

证明 3 如图 225.3,连 AC 交 $\odot O_1$ 于 M,连 BC 交 $\odot O_2$ 于 N,连 DM,DN,O_1M,O_2N.

显然四边形 $MDNC$ 为矩形,可知 $MN = CD$,$\angle DMN = \angle DCN = \angle CAB = \angle O_1MA$,有 $\angle O_1MN = \angle O_1MD + \angle DMN = \angle O_1MD + \angle O_1MA = 90°$,于是 MN 是 $\odot O_1$ 的切线.

同理 MN 是 $\odot O_2$ 的切线,于是 M 就是 E,N 就是 F.

所以 $CD = EF$.

显然 A,E,C 三点共线, C,F,B 三点共线.

证明4 如图 225.3,连 AC 交 $\odot O_1$ 于 M,连 BC 交 $\odot O_2$ 于 N,连 $O_1P,O_2P,DM,DN,O_1M,O_2N$.

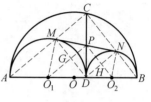

显然四边形 $MDNC$ 是矩形,可知 $CD=MN$.

易知 M 与 D 关于 O_1P 对称,可知 $\angle O_1MP=\angle O_1DP=90°$,有 MN 为 $\odot O_1$ 的切线.

图 225.3

同理 MN 是 $\odot O_2$ 的切线,于是 M 就是 E, N 就是 F.

所以 $CD=EF$.

显然 A,E,C 三点共线. C,F,B 三点共线.

证明5 如图 225.4.

显然 $O_1P \perp DE$, $O_2P \perp DF$,可知四边形 $DHPG$ 为矩形,可知 $\angle O_1PO_2=90°$,由证明 1 知 $CD=EF$, A,E,C 三点共线, C,F,B 三点共线.

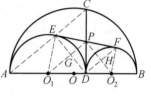

图 225.4

本文参考自:

《数学通讯》1984 年第 10 期第 34 页.

上卷及下卷目录

上卷·基础篇(直线型)

下卷·提高篇

题 图 目 录

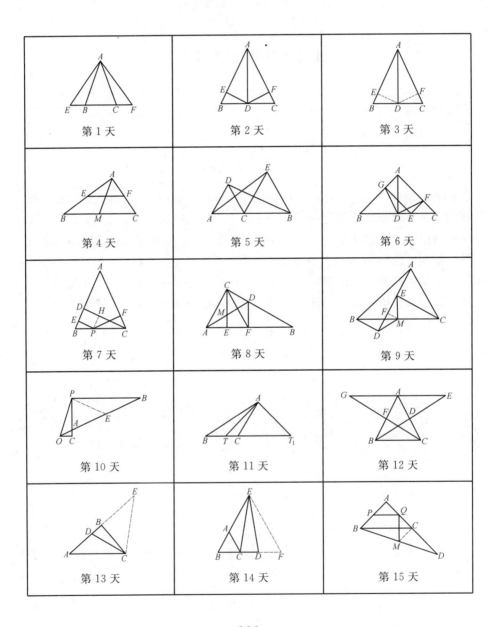

第 1 天	第 2 天	第 3 天
第 4 天	第 5 天	第 6 天
第 7 天	第 8 天	第 9 天
第 10 天	第 11 天	第 12 天
第 13 天	第 14 天	第 15 天

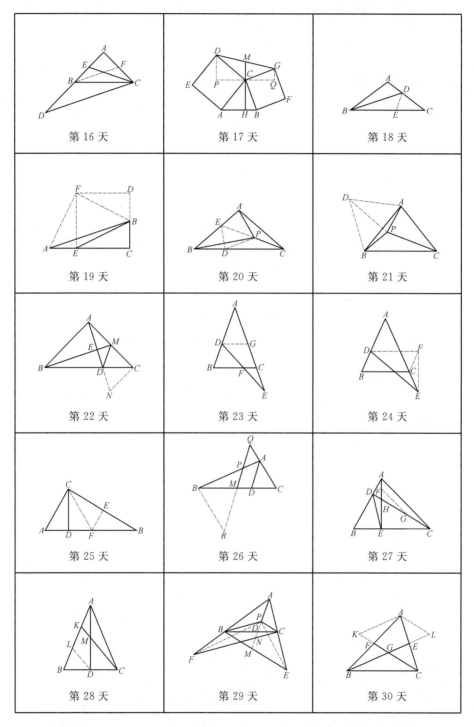

第 16 天	第 17 天	第 18 天
第 19 天	第 20 天	第 21 天
第 22 天	第 23 天	第 24 天
第 25 天	第 26 天	第 27 天
第 28 天	第 29 天	第 30 天

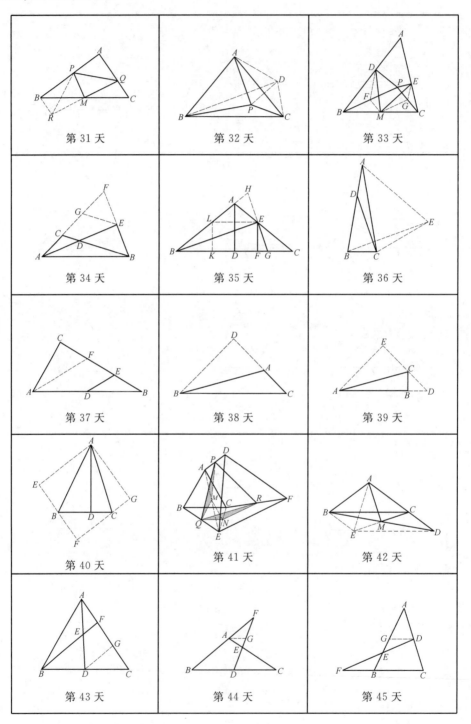

第 31 天

第 32 天

第 33 天

第 34 天

第 35 天

第 36 天

第 37 天

第 38 天

第 39 天

第 40 天

第 41 天

第 42 天

第 43 天

第 44 天

第 45 天

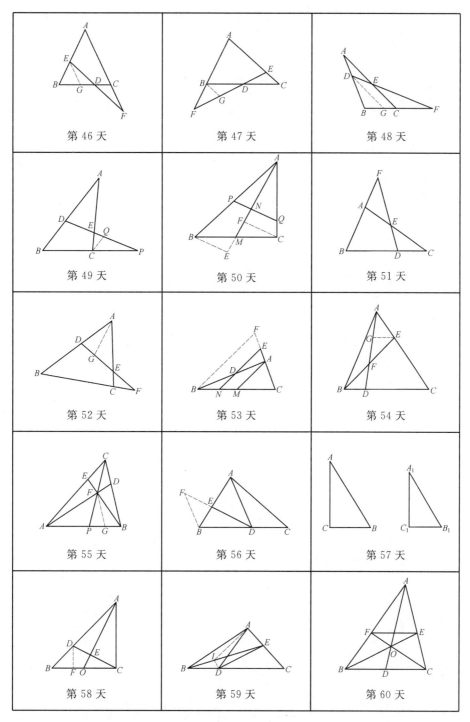

第 46 天

第 47 天

第 48 天

第 49 天

第 50 天

第 51 天

第 52 天

第 53 天

第 54 天

第 55 天

第 56 天

第 57 天

第 58 天

第 59 天

第 60 天

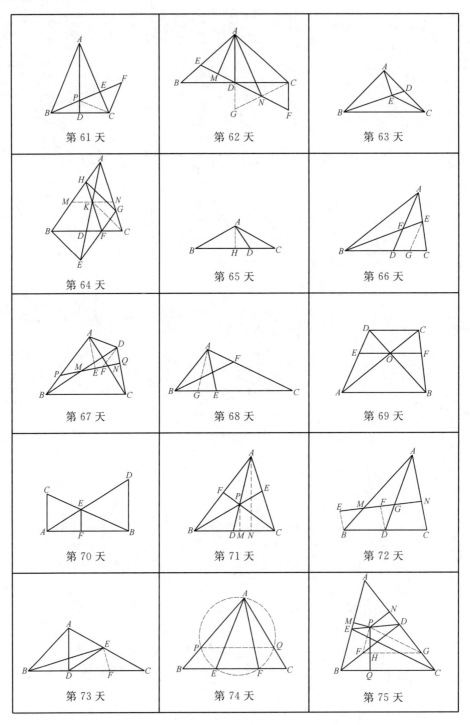

第 61 天

第 62 天

第 63 天

第 64 天

第 65 天

第 66 天

第 67 天

第 68 天

第 69 天

第 70 天

第 71 天

第 72 天

第 73 天

第 74 天

第 75 天

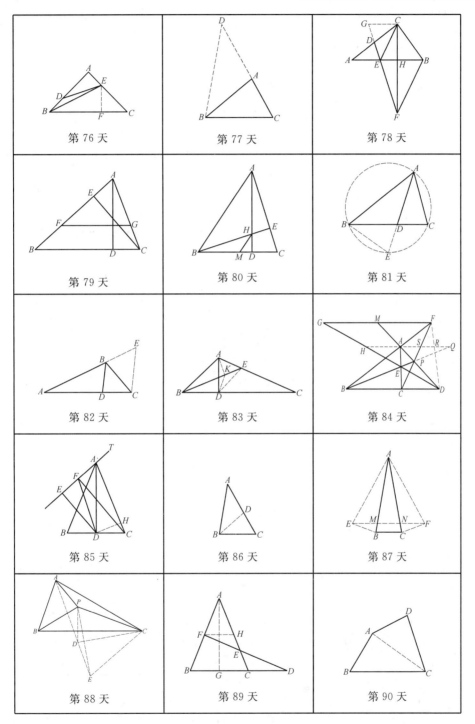

第 76 天	第 77 天	第 78 天
第 79 天	第 80 天	第 81 天
第 82 天	第 83 天	第 84 天
第 85 天	第 86 天	第 87 天
第 88 天	第 89 天	第 90 天

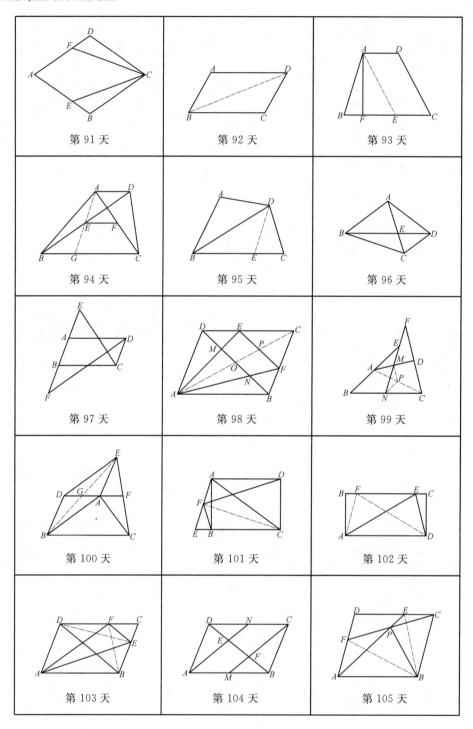

第 91 天

第 92 天

第 93 天

第 94 天

第 95 天

第 96 天

第 97 天

第 98 天

第 99 天

第 100 天

第 101 天

第 102 天

第 103 天

第 104 天

第 105 天

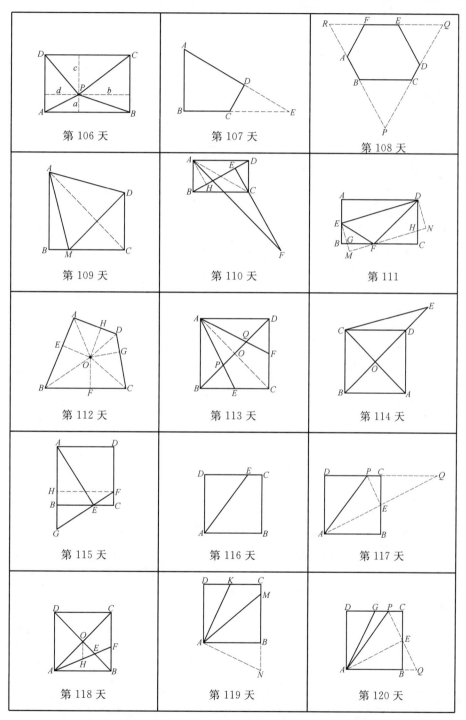

第 106 天

第 107 天

第 108 天

第 109 天

第 110 天

第 111

第 112 天

第 113 天

第 114 天

第 115 天

第 116 天

第 117 天

第 118 天

第 119 天

第 120 天

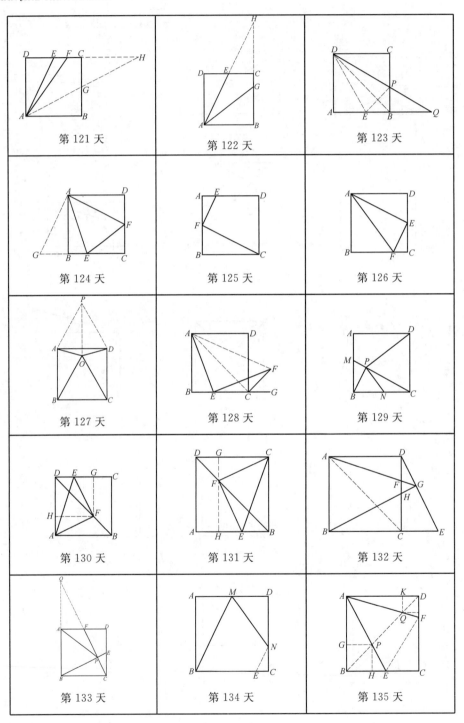

第 121 天

第 122 天

第 123 天

第 124 天

第 125 天

第 126 天

第 127 天

第 128 天

第 129 天

第 130 天

第 131 天

第 132 天

第 133 天

第 134 天

第 135 天

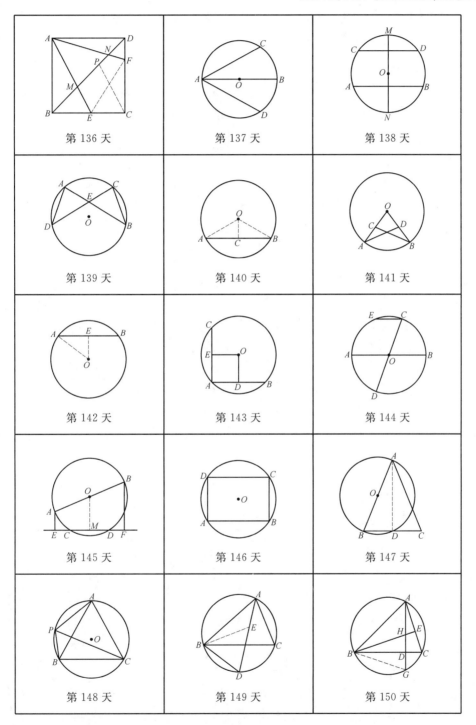

第 136 天

第 137 天

第 138 天

第 139 天

第 140 天

第 141 天

第 142 天

第 143 天

第 144 天

第 145 天

第 146 天

第 147 天

第 148 天

第 149 天

第 150 天

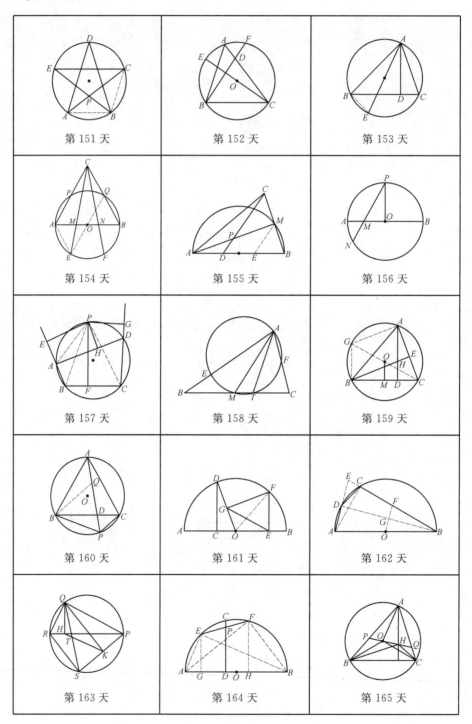

第 151 天   第 152 天   第 153 天

第 154 天   第 155 天   第 156 天

第 157 天   第 158 天   第 159 天

第 160 天   第 161 天   第 162 天

第 163 天   第 164 天   第 165 天

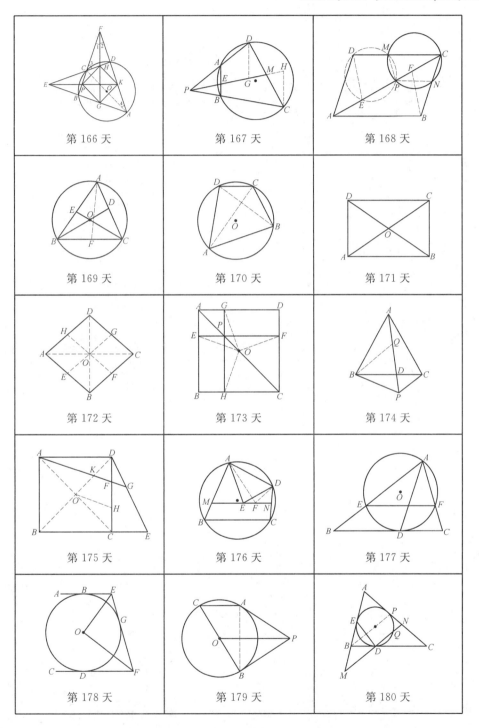

第 166 天   第 167 天   第 168 天

第 169 天   第 170 天   第 171 天

第 172 天   第 173 天   第 174 天

第 175 天   第 176 天   第 177 天

第 178 天   第 179 天   第 180 天

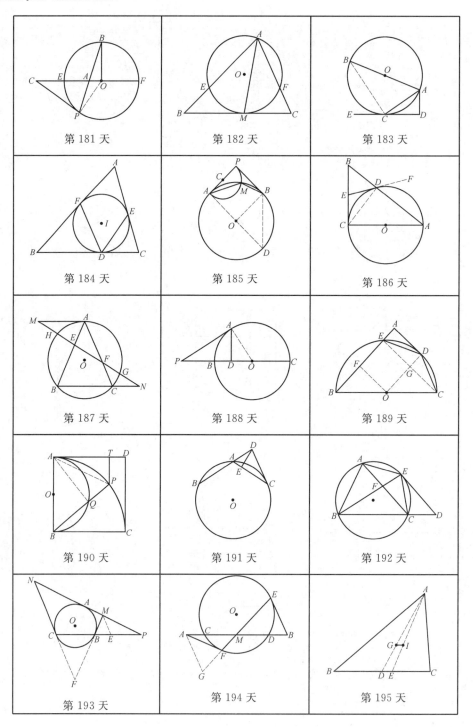

第 181 天

第 182 天

第 183 天

第 184 天

第 185 天

第 186 天

第 187 天

第 188 天

第 189 天

第 190 天

第 191 天

第 192 天

第 193 天

第 194 天

第 195 天

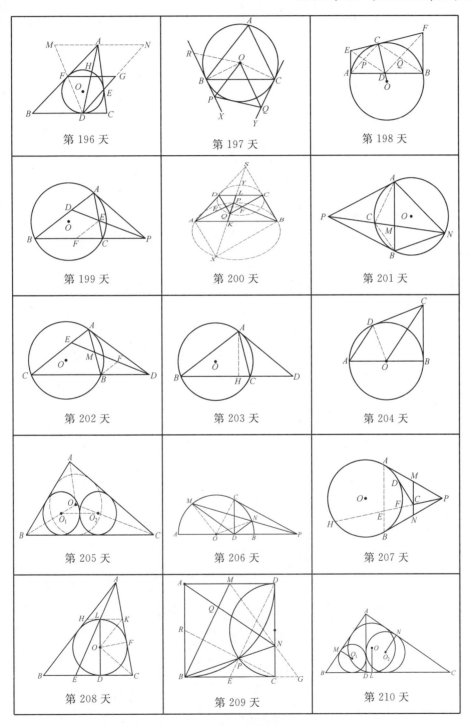

第 196 天

第 197 天

第 198 天

第 199 天

第 200 天

第 201 天

第 202 天

第 203 天

第 204 天

第 205 天

第 206 天

第 207 天

第 208 天

第 209 天

第 210 天

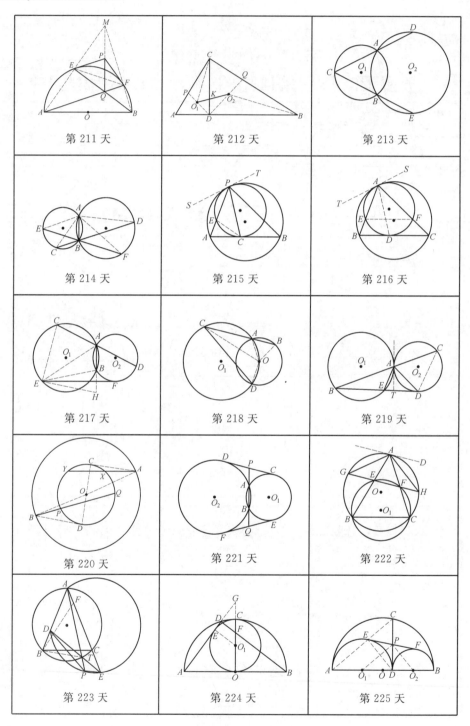

第 211 天　　　　　第 212 天　　　　　第 213 天

第 214 天　　　　　第 215 天　　　　　第 216 天

第 217 天　　　　　第 218 天　　　　　第 219 天

第 220 天　　　　　第 221 天　　　　　第 222 天

第 223 天　　　　　第 224 天　　　　　第 225 天

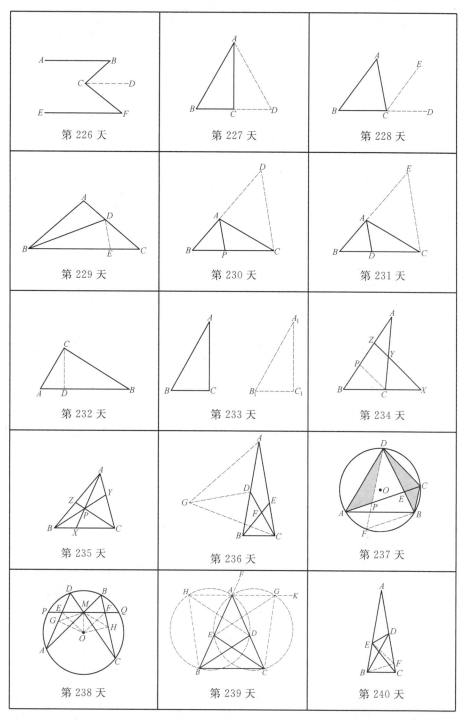

第 226 天

第 227 天

第 228 天

第 229 天

第 230 天

第 231 天

第 232 天

第 233 天

第 234 天

第 235 天

第 236 天

第 237 天

第 238 天

第 239 天

第 240 天

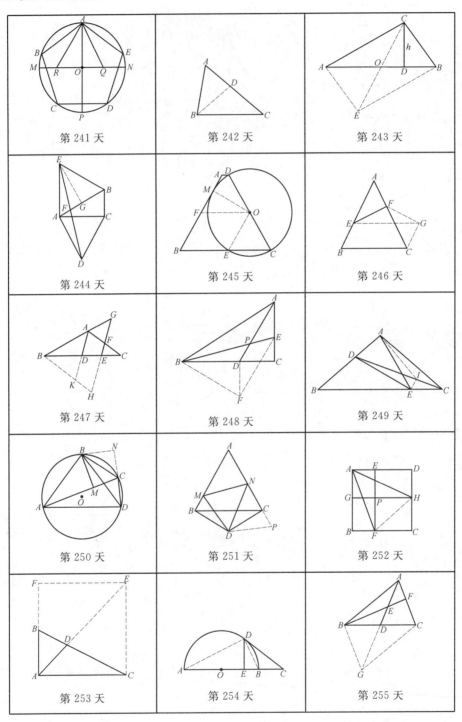

第 241 天

第 242 天

第 243 天

第 244 天

第 245 天

第 246 天

第 247 天

第 248 天

第 249 天

第 250 天

第 251 天

第 252 天

第 253 天

第 254 天

第 255 天

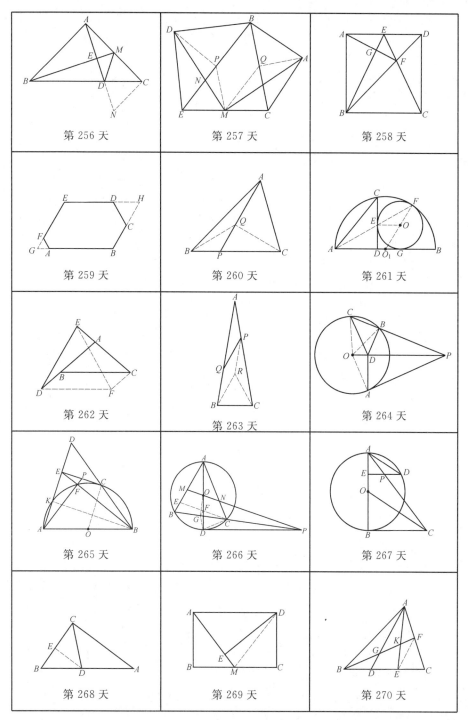

第 256 天

第 257 天

第 258 天

第 259 天

第 260 天

第 261 天

第 262 天

第 263 天

第 264 天

第 265 天

第 266 天

第 267 天

第 268 天

第 269 天

第 270 天

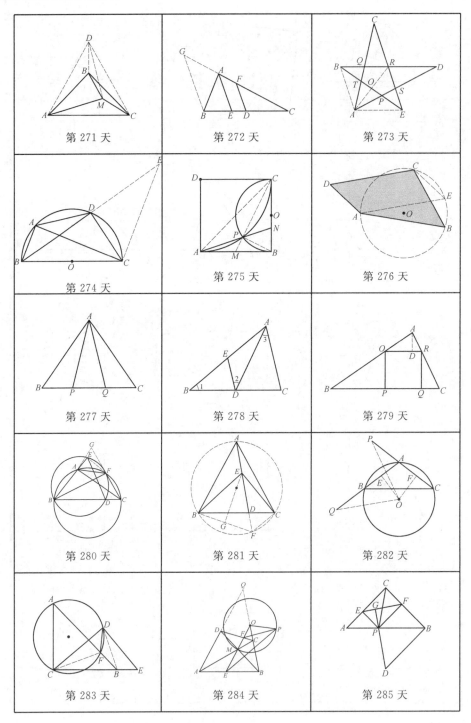

第 271 天

第 272 天

第 273 天

第 274 天

第 275 天

第 276 天

第 277 天

第 278 天

第 279 天

第 280 天

第 281 天

第 282 天

第 283 天

第 284 天

第 285 天

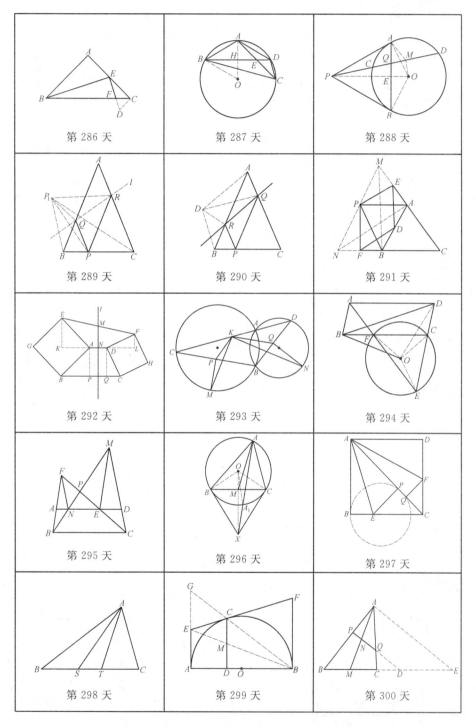

第 286 天

第 287 天

第 288 天

第 289 天

第 290 天

第 291 天

第 292 天

第 293 天

第 294 天

第 295 天

第 296 天

第 297 天

第 298 天

第 299 天

第 300 天

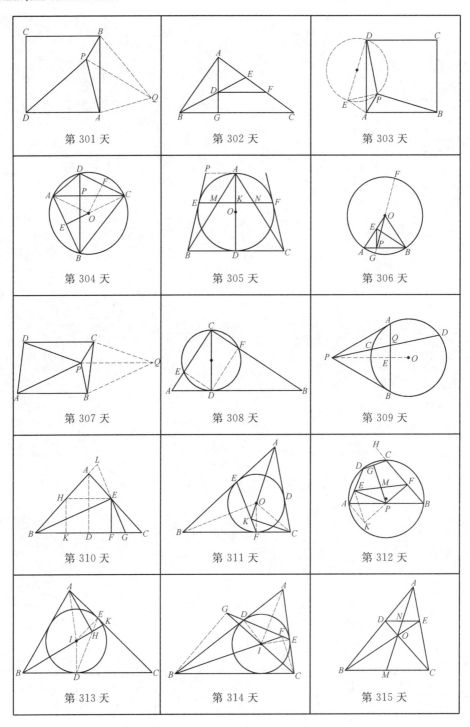

第 301 天

第 302 天

第 303 天

第 304 天

第 305 天

第 306 天

第 307 天

第 308 天

第 309 天

第 310 天

第 311 天

第 312 天

第 313 天

第 314 天

第 315 天

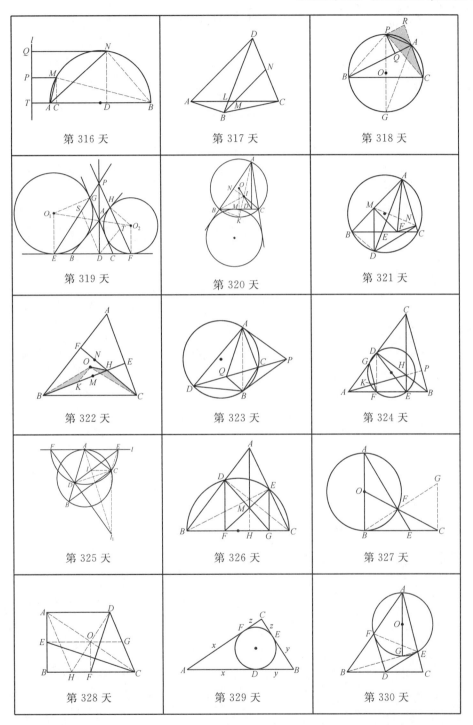

第 316 天

第 317 天

第 318 天

第 319 天

第 320 天

第 321 天

第 322 天

第 323 天

第 324 天

第 325 天

第 326 天

第 327 天

第 328 天

第 329 天

第 330 天

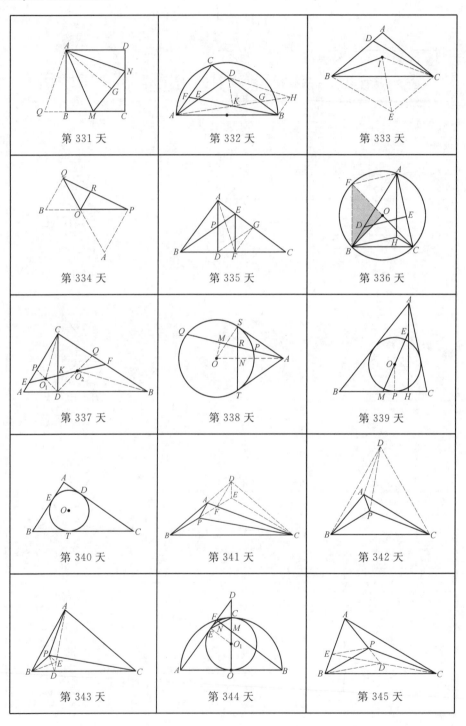

第 331 天

第 332 天

第 333 天

第 334 天

第 335 天

第 336 天

第 337 天

第 338 天

第 339 天

第 340 天

第 341 天

第 342 天

第 343 天

第 344 天

第 345 天

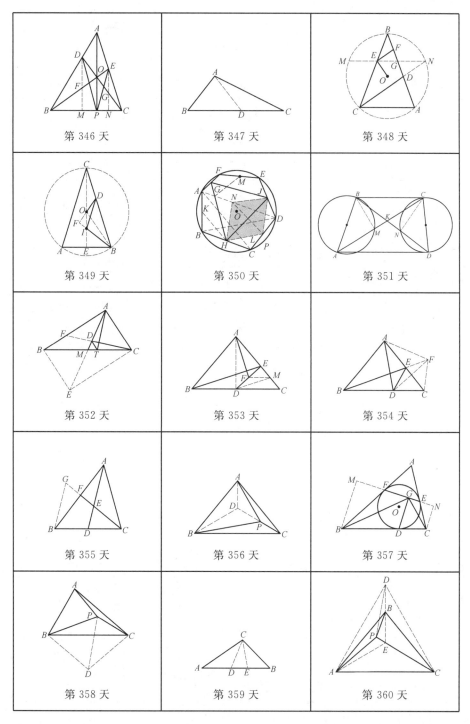

第 346 天　　第 347 天　　第 348 天

第 349 天　　第 350 天　　第 351 天

第 352 天　　第 353 天　　第 354 天

第 355 天　　第 356 天　　第 357 天

第 358 天　　第 359 天　　第 360 天

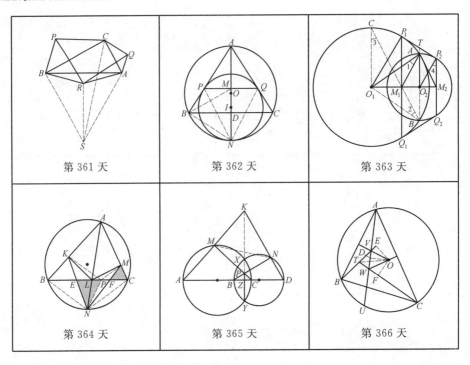

第 361 天

第 362 天

第 363 天

第 364 天

第 365 天

第 366 天

刘培杰数学工作室
已出版(即将出版)图书目录——初等数学

书　名	出版时间	定　价	编号
新编中学数学解题方法全书(高中版)上卷(第2版)	2018－08	58.00	951
新编中学数学解题方法全书(高中版)中卷(第2版)	2018－08	68.00	952
新编中学数学解题方法全书(高中版)下卷(一)(第2版)	2018－08	58.00	953
新编中学数学解题方法全书(高中版)下卷(二)(第2版)	2018－08	58.00	954
新编中学数学解题方法全书(高中版)下卷(三)(第2版)	2018－08	68.00	955
新编中学数学解题方法全书(初中版)上卷	2008－01	28.00	29
新编中学数学解题方法全书(初中版)中卷	2010－07	38.00	75
新编中学数学解题方法全书(高考复习卷)	2010－01	48.00	67
新编中学数学解题方法全书(高考真题卷)	2010－01	38.00	62
新编中学数学解题方法全书(高考精华卷)	2011－03	68.00	118
新编平面解析几何解题方法全书(专题讲座卷)	2010－01	18.00	61
新编中学数学解题方法全书(自主招生卷)	2013－08	88.00	261
数学奥林匹克与数学文化(第一辑)	2006－05	48.00	4
数学奥林匹克与数学文化(第二辑)(竞赛卷)	2008－01	48.00	19
数学奥林匹克与数学文化(第二辑)(文化卷)	2008－07	58.00	36′
数学奥林匹克与数学文化(第三辑)(竞赛卷)	2010－01	48.00	59
数学奥林匹克与数学文化(第四辑)(竞赛卷)	2011－08	58.00	87
数学奥林匹克与数学文化(第五辑)	2015－06	98.00	370
世界著名平面几何经典著作钩沉——几何作图专题卷(共3卷)	2022－01	198.00	1460
世界著名平面几何经典著作钩沉(民国平面几何老课本)	2011－03	38.00	113
世界著名平面几何经典著作钩沉(建国初期平面三角老课本)	2015－08	38.00	507
世界著名解析几何经典著作钩沉——平面解析几何卷	2014－01	38.00	264
世界著名数论经典著作钩沉(算术卷)	2012－01	28.00	125
世界著名数学经典著作钩沉——立体几何卷	2011－02	28.00	88
世界著名三角学经典著作钩沉(平面三角卷Ⅰ)	2010－06	28.00	69
世界著名三角学经典著作钩沉(平面三角卷Ⅱ)	2011－01	38.00	78
世界著名初等数论经典著作钩沉(理论和实用算术卷)	2011－07	38.00	126
发展你的空间想象力(第3版)	2021－01	98.00	1464
空间想象力进阶	2019－05	68.00	1062
走向国际数学奥林匹克的平面几何试题诠释.第1卷	2019－07	88.00	1043
走向国际数学奥林匹克的平面几何试题诠释.第2卷	2019－09	78.00	1044
走向国际数学奥林匹克的平面几何试题诠释.第3卷	2019－03	78.00	1045
走向国际数学奥林匹克的平面几何试题诠释.第4卷	2019－09	98.00	1046
平面几何证明方法全书	2007－08	35.00	1
平面几何证明方法全书习题解答(第2版)	2006－12	18.00	10
平面几何天天练上卷·基础篇(直线型)	2013－01	58.00	208
平面几何天天练中卷·基础篇(涉及圆)	2013－01	28.00	234
平面几何天天练下卷·提高篇	2013－01	58.00	237
平面几何专题研究	2013－07	98.00	258
平面几何解题之道.第1卷	2022－05	38.00	1494
几何学习题集	2020－10	48.00	1217
通过解题学习代数几何	2021－04	88.00	1301
圆锥曲线的奥秘	2022－06	88.00	1541

刘培杰数学工作室
已出版(即将出版)图书目录——初等数学

书 名	出版时间	定 价	编号
最新世界各国数学奥林匹克中的平面几何试题	2007—09	38.00	14
数学竞赛平面几何典型题及新颖解	2010—07	48.00	74
初等数学复习及研究(平面几何)	2008—09	68.00	38
初等数学复习及研究(立体几何)	2010—06	38.00	71
初等数学复习及研究(平面几何)习题解答	2009—01	58.00	42
几何学教程(平面几何卷)	2011—03	68.00	90
几何学教程(立体几何卷)	2011—07	68.00	130
几何变换与几何证题	2010—06	88.00	70
计算方法与几何证题	2011—06	28.00	129
立体几何技巧与方法	2014—04	88.00	293
几何瑰宝——平面几何500名题暨1500条定理(上、下)	2021—07	168.00	1358
三角形的解法与应用	2012—07	18.00	183
近代的三角形几何学	2012—07	48.00	184
一般折线几何学	2015—08	48.00	503
三角形的五心	2009—06	28.00	51
三角形的六心及其应用	2015—10	68.00	542
三角形趣谈	2012—08	28.00	212
解三角形	2014—01	28.00	265
探秘三角形:一次数学旅行	2021—10	68.00	1387
三角学专门教程	2014—09	28.00	387
图天下几何新题试卷.初中(第2版)	2017—11	58.00	855
圆锥曲线习题集(上册)	2013—06	68.00	255
圆锥曲线习题集(中册)	2015—01	78.00	434
圆锥曲线习题集(下册·第1卷)	2016—10	78.00	683
圆锥曲线习题集(下册·第2卷)	2018—01	98.00	853
圆锥曲线习题集(下册·第3卷)	2019—10	128.00	1113
圆锥曲线的思想方法	2021—08	48.00	1379
圆锥曲线的八个主要问题	2021—10	48.00	1415
论九点圆	2015—05	88.00	645
近代欧氏几何学	2012—03	48.00	162
罗巴切夫斯基几何学及几何基础概要	2012—07	28.00	188
罗巴切夫斯基几何学初步	2015—06	28.00	474
用三角、解析几何、复数、向量计算解数学竞赛几何题	2015—03	48.00	455
用解析法研究圆锥曲线的几何理论	2022—05	48.00	1495
美国中学几何教程	2015—04	88.00	458
三线坐标与三角形特征点	2015—04	98.00	460
坐标几何学基础.第1卷,笛卡儿坐标	2021—08	48.00	1398
坐标几何学基础.第2卷,三线坐标	2021—09	28.00	1399
平面解析几何方法与研究(第1卷)	2015—05	18.00	471
平面解析几何方法与研究(第2卷)	2015—06	18.00	472
平面解析几何方法与研究(第3卷)	2015—07	18.00	473
解析几何研究	2015—01	38.00	425
解析几何学教程.上	2016—01	38.00	574
解析几何学教程.下	2016—01	38.00	575
几何学基础	2016—01	58.00	581
初等几何研究	2015—02	58.00	444
十九和二十世纪欧氏几何学中的片段	2017—01	58.00	696
平面几何中考.高考.奥数一本通	2017—07	28.00	820
几何学简史	2017—08	28.00	833
四面体	2018—01	48.00	880
平面几何证明方法思路	2018—12	68.00	913

刘培杰数学工作室
已出版(即将出版)图书目录——初等数学

书　　名	出版时间	定　价	编号
平面几何图形特性新析.上篇	2019－01	68.00	911
平面几何图形特性新析.下篇	2018－06	88.00	912
平面几何范例多解探究.上篇	2018－04	48.00	910
平面几何范例多解探究.下篇	2018－12	68.00	914
从分析解题过程学解题:竞赛中的几何问题研究	2018－07	68.00	946
从分析解题过程学解题:竞赛中的向量几何与不等式研究(全2册)	2019－06	138.00	1090
从分析解题过程学解题:竞赛中的不等式问题	2021－01	48.00	1249
二维、三维欧氏几何的对偶原理	2018－12	38.00	990
星形大观及闭折线论	2019－03	68.00	1020
立体几何的问题和方法	2019－11	58.00	1127
三角代换论	2021－05	58.00	1313
俄罗斯平面几何问题集	2009－08	88.00	55
俄罗斯立体几何问题集	2014－03	58.00	283
俄罗斯几何大师——沙雷金论数学及其他	2014－01	48.00	271
来自俄罗斯的5000道几何习题及解答	2011－03	58.00	89
俄罗斯初等数学问题集	2012－05	38.00	177
俄罗斯函数问题集	2011－03	38.00	103
俄罗斯组合分析问题集	2011－01	48.00	79
俄罗斯初等数学万题选——三角卷	2012－11	38.00	222
俄罗斯初等数学万题选——代数卷	2013－08	68.00	225
俄罗斯初等数学万题选——几何卷	2014－01	68.00	226
俄罗斯《量子》杂志数学征解问题100题选	2018－08	48.00	969
俄罗斯《量子》杂志数学征解问题又100题选	2018－08	48.00	970
俄罗斯《量子》杂志数学征解问题	2020－05	48.00	1138
463个俄罗斯几何老问题	2012－01	28.00	152
《量子》数学短文精粹	2018－09	38.00	972
用三角、解析几何等计算解来自俄罗斯的几何题	2019－11	88.00	1119
基谢廖夫平面几何	2022－01	48.00	1461
数学:代数、数学分析和几何(10—11年级)	2021－01	48.00	1250
立体几何.10—11年级	2022－01	58.00	1472
直观几何学:5—6年级	2022－04	58.00	1508

书名	出版时间	定价	编号
谈谈素数	2011－03	18.00	91
平方和	2011－03	18.00	92
整数论	2011－05	38.00	120
从整数谈起	2015－10	28.00	538
数与多项式	2016－01	38.00	558
谈谈不定方程	2011－05	28.00	119
质数漫谈	2022－07	68.00	1529

书名	出版时间	定价	编号
解析不等式新论	2009－06	68.00	48
建立不等式的方法	2011－03	98.00	104
数学奥林匹克不等式研究(第2版)	2020－07	68.00	1181
不等式研究(第二辑)	2012－02	68.00	153
不等式的秘密(第一卷)(第2版)	2014－02	38.00	286
不等式的秘密(第二卷)	2014－01	38.00	268
初等不等式的证明方法	2010－06	38.00	123
初等不等式的证明方法(第二版)	2014－11	38.00	407
不等式·理论·方法(基础卷)	2015－07	38.00	496
不等式·理论·方法(经典不等式卷)	2015－07	38.00	497
不等式·理论·方法(特殊类型不等式卷)	2015－07	48.00	498
不等式探究	2016－03	38.00	582
不等式探秘	2017－01	88.00	689
四面体不等式	2017－01	68.00	715
数学奥林匹克中常见重要不等式	2017－09	38.00	845

刘培杰数学工作室
已出版(即将出版)图书目录——初等数学

书　名	出版时间	定价	编号
三正弦不等式	2018—09	98.00	974
函数方程与不等式:解法与稳定性结果	2019—04	68.00	1058
数学不等式.第1卷,对称多项式不等式	2022—05	78.00	1455
数学不等式.第2卷,对称有理不等式与对称无理不等式	2022—05	88.00	1456
数学不等式.第3卷,循环不等式与非循环不等式	2022—05	88.00	1457
数学不等式.第4卷,Jensen不等式的扩展与加细	2022—05	88.00	1458
数学不等式.第5卷,创建不等式与解不等式的其他方法	2022—05	88.00	1459
同余理论	2012—05	38.00	163
[x]与{x}	2015—04	48.00	476
极值与最值.上卷	2015—06	28.00	486
极值与最值.中卷	2015—06	38.00	487
极值与最值.下卷	2015—06	28.00	488
整数的性质	2012—11	38.00	192
完全平方数及其应用	2015—08	78.00	506
多项式理论	2015—10	88.00	541
奇数、偶数、奇偶分析法	2018—01	98.00	876
不定方程及其应用.上	2018—12	58.00	992
不定方程及其应用.中	2019—01	78.00	993
不定方程及其应用.下	2019—02	98.00	994
Nesbitt不等式加强式的研究	2022—06	128.00	1527
历届美国中学生数学竞赛试题及解答(第一卷)1950—1954	2014—07	18.00	277
历届美国中学生数学竞赛试题及解答(第二卷)1955—1959	2014—04	18.00	278
历届美国中学生数学竞赛试题及解答(第三卷)1960—1964	2014—06	18.00	279
历届美国中学生数学竞赛试题及解答(第四卷)1965—1969	2014—04	28.00	280
历届美国中学生数学竞赛试题及解答(第五卷)1970—1972	2014—06	18.00	281
历届美国中学生数学竞赛试题及解答(第六卷)1973—1980	2017—07	18.00	768
历届美国中学生数学竞赛试题及解答(第七卷)1981—1986	2015—01	18.00	424
历届美国中学生数学竞赛试题及解答(第八卷)1987—1990	2017—05	18.00	769
历届中国数学奥林匹克试题集(第3版)	2021—10	58.00	1440
历届加拿大数学奥林匹克试题集	2012—08	38.00	215
历届美国数学奥林匹克试题集:1972～2019	2020—04	88.00	1135
历届波兰数学竞赛试题集.第1卷,1949～1963	2015—03	18.00	453
历届波兰数学竞赛试题集.第2卷,1964～1976	2015—03	18.00	454
历届巴尔干数学奥林匹克试题集	2015—05	38.00	466
保加利亚数学奥林匹克	2014—10	38.00	393
圣彼得堡数学奥林匹克试题集	2015—01	38.00	429
匈牙利奥林匹克数学竞赛题解.第1卷	2016—05	28.00	593
匈牙利奥林匹克数学竞赛题解.第2卷	2016—05	28.00	594
历届美国数学邀请赛试题集(第2版)	2017—10	78.00	851
普林斯顿大学数学竞赛	2016—06	38.00	669
亚太地区数学奥林匹克竞赛题	2015—07	18.00	492
日本历届(初级)广中杯数学竞赛试题及解答.第1卷(2000～2007)	2016—05	28.00	641
日本历届(初级)广中杯数学竞赛试题及解答.第2卷(2008～2015)	2016—05	38.00	642
越南数学奥林匹克题选:1962—2009	2021—07	48.00	1370
360个数学竞赛问题	2016—08	58.00	677
奥数最佳实战题.上卷	2017—06	38.00	760
奥数最佳实战题.下卷	2017—05	58.00	761
哈尔滨市早期中学数学竞赛试题汇编	2016—07	28.00	672
全国高中数学联赛试题及解答:1981—2019(第4版)	2020—07	138.00	1176
2022年全国高中数学联合竞赛模拟题集	2022—06	30.00	1521
20世纪50年代全国部分城市数学竞赛试题汇编	2017—07	28.00	797

刘培杰数学工作室
已出版(即将出版)图书目录——初等数学

书　名	出版时间	定　价	编号
国内外数学竞赛题及精解:2018～2019	2020—08	45.00	1192
国内外数学竞赛题及精解:2019～2020	2021—11	58.00	1439
许康华竞赛优学精选集.第一辑	2018—08	68.00	949
天问叶班数学问题征解100题.Ⅰ,2016—2018	2019—05	88.00	1075
天问叶班数学问题征解100题.Ⅱ,2017—2019	2020—07	98.00	1177
美国初中数学竞赛:AMC8准备(共6卷)	2019—07	138.00	1089
美国高中数学竞赛:AMC10准备(共6卷)	2019—08	158.00	1105
王连笑教你怎样学数学:高考选择题解题策略与客观题实用训练	2014—01	48.00	262
王连笑教你怎样学数学:高考数学高层次讲座	2015—02	48.00	432
高考数学的理论与实践	2009—08	38.00	53
高考数学核心题型解题方法与技巧	2010—01	28.00	86
高考思维新平台	2014—03	38.00	259
高考数学压轴题解题诀窍(上)(第2版)	2018—01	58.00	874
高考数学压轴题解题诀窍(下)(第2版)	2018—01	48.00	875
北京市五区文科数学三年高考模拟题详解:2013～2015	2015—08	48.00	500
北京市五区理科数学三年高考模拟题详解:2013～2015	2015—09	68.00	505
向量法巧解数学高考题	2009—08	28.00	54
高中数学课堂教学的实践与反思	2021—11	48.00	791
数学高考参考	2016—01	78.00	589
新课程标准高考数学解答题各种题型解法指导	2020—08	78.00	1196
全国及各省市高考数学试题审题要津与解法研究	2015—02	48.00	450
高中数学章节起始课的教学研究与案例设计	2019—05	28.00	1064
新课标高考数学——五年试题分章详解(2007～2011)(上、下)	2011—10	78.00	140,141
全国中考数学压轴题审题要津与解法研究	2013—04	78.00	248
新编全国及各省市中考数学压轴题审题要津与解法研究	2014—05	58.00	342
全国及各省市5年中考数学压轴题审题要津与解法研究(2015版)	2015—04	58.00	462
中考数学专题总复习	2007—04	28.00	6
中考数学较难题常考题型解题方法与技巧	2016—09	48.00	681
中考数学难题常考题型解题方法与技巧	2016—09	48.00	682
中考数学中档题常考题型解题方法与技巧	2017—08	68.00	835
中考数学选择填空压轴好题妙解365	2017—05	38.00	759
中考数学:三类重点考题的解法例析与习题	2020—04	48.00	1140
中小学数学的历史文化	2019—11	48.00	1124
初中平面几何百题多思创新解	2020—01	58.00	1125
初中数学中考备考	2020—01	58.00	1126
高考数学之九章演义	2019—08	68.00	1044
高考数学之难题谈笑间	2022—06	68.00	1519
化学可以这样学:高中化学知识方法智慧感悟疑难辨析	2019—07	58.00	1103
如何成为学习高手	2019—09	58.00	1107
高考数学:经典真题分类解析	2020—04	78.00	1134
高考数学解答题破解策略	2020—11	58.00	1221
从分析解题过程学解题:高考压轴题与竞赛题之关系探究	2020—08	88.00	1179
教学新思考:单元整体视角下的初中数学教学设计	2021—03	58.00	1278
思维再拓展:2020年经典几何题的多解探究与思考	即将出版		1279
中考数学小压轴汇编初讲	2017—07	48.00	788
中考数学大压轴专题微言	2017—09	48.00	846
怎么解中考平面几何探索题	2019—06	48.00	1093
北京中考数学压轴题解题方法突破(第7版)	2021—11	68.00	1442
助你高考成功的数学解题智慧:知识是智慧的基础	2016—01	58.00	596
助你高考成功的数学解题智慧:错误是智慧的试金石	2016—04	58.00	643
助你高考成功的数学解题智慧:方法是智慧的推手	2016—04	68.00	657
高考数学奇思妙解	2016—04	38.00	610
高考数学解题策略	2016—05	48.00	670
数学解题泄天机(第2版)	2017—10	48.00	850

刘培杰数学工作室
已出版(即将出版)图书目录——初等数学

书　名	出版时间	定价	编号
高考物理压轴题全解	2017—04	58.00	746
高中物理经典问题25讲	2017—05	28.00	764
高中物理教学讲义	2018—01	48.00	871
高中物理教学讲义:全模块	2022—03	98.00	1492
高中物理答疑惑65篇	2021—11	48.00	1462
中学物理基础问题解析	2020—08	48.00	1183
2016年高考文科数学真题研究	2017—04	58.00	754
2016年高考理科数学真题研究	2017—04	78.00	755
2017年高考理科数学真题研究	2018—01	58.00	867
2017年高考文科数学真题研究	2018—01	48.00	868
初中数学、高中数学脱节知识补缺教材	2017—06	48.00	766
高考数学小题抢分必练	2017—10	48.00	834
高考数学核心素养解读	2017—09	38.00	839
高考数学客观题解题方法和技巧	2017—10	38.00	847
十年高考数学精品试题审题要津与解法研究	2021—10	98.00	1427
中国历届高考数学试题及解答.1949—1979	2018—01	38.00	877
历届中国高考数学试题及解答.第二卷,1980—1989	2018—10	28.00	975
历届中国高考数学试题及解答.第三卷,1990—1999	2018—10	48.00	976
数学文化与高考研究	2018—03	48.00	882
跟我学解高中数学题	2018—07	58.00	926
中学数学研究的方法及案例	2018—05	58.00	869
高考数学抢分技能	2018—07	68.00	934
高一新生常用数学方法和重要数学思想提升教材	2018—06	38.00	921
2018年高考数学真题研究	2019—01	68.00	1000
2019年高考数学真题研究	2020—05	88.00	1137
高考数学全国卷六道解答题常考题型解题诀窍:理科(全2册)	2019—07	78.00	1101
高考数学全国卷16道选择、填空题常考题型解题诀窍.理科	2018—09	88.00	971
高考数学全国卷16道选择、填空题常考题型解题诀窍.文科	2020—01	88.00	1123
高中数学一题多解	2019—06	58.00	1087
历届中国高考数学试题及解答:1917—1999	2021—08	98.00	1371
2000～2003年全国及各省市高考数学试题及解答	2022—05	88.00	1499
2004年全国及各省市高考数学试题及解答	2022—07	78.00	1500
突破高原:高中数学解题思维探究	2021—08	48.00	1375
高考数学中的"取值范围"	2021—10	48.00	1429
新课程标准高中数学各种题型解法大全.必修一分册	2021—06	58.00	1315
新课程标准高中数学各种题型解法大全.必修二分册	2022—01	68.00	1471
高中数学各种题型解法大全.选择性必修一分册	2022—06	68.00	1525
新编640个世界著名数学智力趣题	2014—01	88.00	242
500个最新世界著名数学智力趣题	2008—06	48.00	3
400个最新世界著名数学最值问题	2008—09	48.00	36
500个世界著名数学征解问题	2009—06	48.00	52
400个中国最佳初等数学征解老问题	2010—01	48.00	60
500个俄罗斯数学经典老题	2011—01	28.00	81
1000个国外中学物理好题	2012—04	48.00	174
300个日本高考数学题	2012—05	38.00	142
700个早期日本高考数学试题	2017—02	88.00	752
500个前苏联早期高考数学试题及解答	2012—05	28.00	185
546个早期俄罗斯大学生数学竞赛题	2014—03	38.00	285
548个来自美苏的数学好问题	2014—11	28.00	396
20所苏联著名大学早期入学试题	2015—02	18.00	452
161道德国工科大学生必做的微分方程习题	2015—05	28.00	469
500个德国工科大学生必做的高数习题	2015—06	28.00	478
360个数学竞赛问题	2016—08	58.00	677
200个趣味数学故事	2018—02	48.00	857
470个数学奥林匹克中的最值问题	2018—10	88.00	985
德国讲义日本考题.微积分卷	2015—04	48.00	456
德国讲义日本考题.微分方程卷	2015—04	38.00	457
二十世纪中叶中、英、美、日、法、俄高考数学试题精选	2017—06	38.00	783

刘培杰数学工作室
已出版(即将出版)图书目录——初等数学

书　　名	出版时间	定　价	编号
中国初等数学研究　2009 卷(第 1 辑)	2009—05	20.00	45
中国初等数学研究　2010 卷(第 2 辑)	2010—05	30.00	68
中国初等数学研究　2011 卷(第 3 辑)	2011—07	60.00	127
中国初等数学研究　2012 卷(第 4 辑)	2012—07	48.00	190
中国初等数学研究　2014 卷(第 5 辑)	2014—02	48.00	288
中国初等数学研究　2015 卷(第 6 辑)	2015—06	68.00	493
中国初等数学研究　2016 卷(第 7 辑)	2016—04	68.00	609
中国初等数学研究　2017 卷(第 8 辑)	2017—01	98.00	712
初等数学研究在中国.第 1 辑	2019—03	158.00	1024
初等数学研究在中国.第 2 辑	2019—10	158.00	1116
初等数学研究在中国.第 3 辑	2021—05	158.00	1306
初等数学研究在中国.第 4 辑	2022—06	158.00	1520
几何变换(Ⅰ)	2014—07	28.00	353
几何变换(Ⅱ)	2015—06	28.00	354
几何变换(Ⅲ)	2015—01	38.00	355
几何变换(Ⅳ)	2015—12	38.00	356
初等数论难题集(第一卷)	2009—05	68.00	44
初等数论难题集(第二卷)(上、下)	2011—02	128.00	82,83
数论概貌	2011—03	18.00	93
代数数论(第二版)	2013—08	58.00	94
代数多项式	2014—06	38.00	289
初等数论的知识与问题	2011—02	28.00	95
超越数论基础	2011—03	28.00	96
数论初等教程	2011—03	28.00	97
数论基础	2011—03	18.00	98
数论基础与维诺格拉多夫	2014—03	18.00	292
解析数论基础	2012—08	28.00	216
解析数论基础(第二版)	2014—01	48.00	287
解析数论问题集(第二版)(原版引进)	2014—05	88.00	343
解析数论问题集(第二版)(中译本)	2016—04	88.00	607
解析数论基础(潘承洞,潘承彪著)	2016—07	98.00	673
解析数论导引	2016—07	58.00	674
数论入门	2011—03	38.00	99
代数数论入门	2015—03	38.00	448
数论开篇	2012—07	28.00	194
解析数论引论	2011—03	48.00	100
Barban Davenport Halberstam 均值和	2009—01	40.00	33
基础数论	2011—03	28.00	101
初等数论 100 例	2011—05	18.00	122
初等数论经典例题	2012—07	18.00	204
最新世界各国数学奥林匹克中的初等数论试题(上、下)	2012—01	138.00	144,145
初等数论(Ⅰ)	2012—01	18.00	156
初等数论(Ⅱ)	2012—01	18.00	157
初等数论(Ⅲ)	2012—01	28.00	158

刘培杰数学工作室
已出版(即将出版)图书目录——初等数学

书　名	出版时间	定　价	编号
平面几何与数论中未解决的新老问题	2013—01	68.00	229
代数数论简史	2014—11	28.00	408
代数数论	2015—09	88.00	532
代数、数论及分析习题集	2016—11	98.00	695
数论导引提要及习题解答	2016—01	48.00	559
素数定理的初等证明.第2版	2016—09	48.00	686
数论中的模函数与狄利克雷级数(第二版)	2017—11	78.00	837
数论:数学导引	2018—01	68.00	849
范氏大代数	2019—02	98.00	1016
解析数学讲义.第一卷,导来式及微分、积分、级数	2019—04	88.00	1021
解析数学讲义.第二卷,关于几何的应用	2019—04	68.00	1022
解析数学讲义.第三卷,解析函数论	2019—04	78.00	1023
分析·组合·数论纵横谈	2019—04	58.00	1039
Hall代数:民国时期的中学数学课本:英文	2019—08	88.00	1106
基谢廖夫初等代数	2022—07	38.00	1531
数学精神巡礼	2019—01	58.00	731
数学眼光透视(第2版)	2017—06	78.00	732
数学思想领悟(第2版)	2018—01	68.00	733
数学方法溯源(第2版)	2018—08	68.00	734
数学解题引论	2017—05	58.00	735
数学史话览胜(第2版)	2017—01	48.00	736
数学应用展观(第2版)	2017—08	68.00	737
数学建模尝试	2018—04	48.00	738
数学竞赛采风	2018—01	68.00	739
数学测评探营	2019—05	58.00	740
数学技能操握	2018—03	48.00	741
数学欣赏拾趣	2018—02	48.00	742
从毕达哥拉斯到怀尔斯	2007—10	48.00	9
从迪利克雷到维斯卡尔迪	2008—01	48.00	21
从哥德巴赫到陈景润	2008—05	98.00	35
从庞加莱到佩雷尔曼	2011—08	138.00	136
博弈论精粹	2008—03	58.00	30
博弈论精粹.第二版(精装)	2015—01	88.00	461
数学 我爱你	2008—01	28.00	20
精神的圣徒 别样的人生——60位中国数学家成长的历程	2008—09	48.00	39
数学史概论	2009—06	78.00	50
数学史概论(精装)	2013—03	158.00	272
数学史选讲	2016—01	48.00	544
斐波那契数列	2010—02	28.00	65
数学拼盘和斐波那契魔方	2010—07	38.00	72
斐波那契数列欣赏(第2版)	2018—08	58.00	948
Fibonacci数列中的明珠	2018—06	58.00	928
数学的创造	2011—02	48.00	85
数学美与创造力	2016—01	48.00	595
数海拾贝	2016—01	48.00	590
数学中的美(第2版)	2019—04	68.00	1057
数论中的美学	2014—12	38.00	351

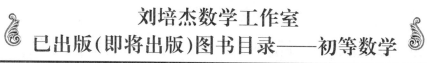

刘培杰数学工作室
已出版(即将出版)图书目录——初等数学

书　　名	出版时间	定　价	编号
数学王者　科学巨人——高斯	2015—01	28.00	428
振兴祖国数学的圆梦之旅:中国初等数学研究史话	2015—06	98.00	490
二十世纪中国数学史料研究	2015—10	48.00	536
数字谜、数阵图与棋盘覆盖	2016—01	58.00	298
时间的形状	2016—01	38.00	556
数学发现的艺术:数学探索中的合情推理	2016—07	58.00	671
活跃在数学中的参数	2016—07	48.00	675
数海趣史	2021—05	98.00	1314
数学解题——靠数学思想给力(上)	2011—07	38.00	131
数学解题——靠数学思想给力(中)	2011—07	48.00	132
数学解题——靠数学思想给力(下)	2011—07	38.00	133
我怎样解题	2013—01	48.00	227
数学解题中的物理方法	2011—06	28.00	114
数学解题的特殊方法	2011—06	48.00	115
中学数学计算技巧(第2版)	2020—10	48.00	1220
中学数学证明方法	2012—01	58.00	117
数学趣题巧解	2012—03	28.00	128
高中数学教学通鉴	2015—05	58.00	479
和高中生漫谈:数学与哲学的故事	2014—08	28.00	369
算术问题集	2017—03	38.00	789
张教授讲数学	2018—07	38.00	933
陈永明实话实说数学教学	2020—04	68.00	1132
中学数学学科知识与教学能力	2020—06	58.00	1155
怎样把课讲好:大罕数学教学随笔	2022—03	58.00	1484
中国高考评价体系下高考数学探秘	2022—03	48.00	1487
自主招生考试中的参数方程问题	2015—01	28.00	435
自主招生考试中的极坐标问题	2015—04	28.00	463
近年全国重点大学自主招生数学试题全解及研究.华约卷	2015—02	38.00	441
近年全国重点大学自主招生数学试题全解及研究.北约卷	2016—05	38.00	619
自主招生数学解证宝典	2015—09	48.00	535
中国科学技术大学创新班数学真题解析	2022—03	48.00	1488
中国科学技术大学创新班物理真题解析	2022—03	58.00	1489
格点和面积	2012—07	18.00	191
射影几何趣谈	2012—04	28.00	175
斯潘纳尔引理——从一道加拿大数学奥林匹克试题谈起	2014—01	28.00	228
李普希兹条件——从几道近年高考数学试题谈起	2012—10	18.00	221
拉格朗日中值定理——从一道北京高考试题的解法谈起	2015—10	18.00	197
闵科夫斯基定理——从一道清华大学自主招生试题谈起	2014—01	28.00	198
哈尔测度——从一道冬令营试题的背景谈起	2012—08	28.00	202
切比雪夫逼近问题——从一道中国台北数学奥林匹克试题谈起	2013—04	38.00	238
伯恩斯坦多项式与贝齐尔曲面——从一道全国高中数学联赛试题谈起	2013—03	38.00	236
卡塔兰猜想——从一道普特南竞赛试题谈起	2013—06	18.00	256
麦卡锡函数和阿克曼函数——从一道前南斯拉夫数学奥林匹克试题谈起	2012—08	18.00	201
贝蒂定理与拉姆贝克莫斯尔定理——从一个拣石子游戏谈起	2012—08	18.00	217
皮亚诺曲线和豪斯道夫分球定理——从无限集谈起	2012—08	18.00	211
平面凸图形与凸多面体	2012—10	28.00	218
斯坦因豪斯问题——从一道二十五省市自治区中学数学竞赛试题谈起	2012—07	18.00	196

刘培杰数学工作室
已出版(即将出版)图书目录——初等数学

书　名	出版时间	定　价	编号
纽结理论中的亚历山大多项式与琼斯多项式——从一道北京市高一数学竞赛试题谈起	2012—07	28.00	195
原则与策略——从波利亚"解题表"谈起	2013—04	38.00	244
转化与化归——从三大尺规作图不能问题谈起	2012—08	28.00	214
代数几何中的贝祖定理(第一版)——从一道IMO试题的解法谈起	2013—08	18.00	193
成功连贯理论与约当块理论——从一道比利时数学竞赛试题谈起	2012—04	18.00	180
素数判定与大数分解	2014—08	18.00	199
置换多项式及其应用	2012—10	18.00	220
椭圆函数与模函数——从一道美国加州大学洛杉矶分校(UCLA)博士资格考题谈起	2012—10	28.00	219
差分方程的拉格朗日方法——从一道2011年全国高考理科试题的解法谈起	2012—08	28.00	200
力学在几何中的一些应用	2013—01	38.00	240
从根式解到伽罗华理论	2020—01	48.00	1121
康托洛维奇不等式——从一道全国高中联赛试题谈起	2013—03	28.00	337
西格尔引理——从一道第18届IMO试题的解法谈起	即将出版		
罗斯定理——从一道前苏联数学竞赛试题谈起	即将出版		
拉克斯定理和阿廷定理——从一道IMO试题的解法谈起	2014—01	58.00	246
毕卡大定理——从一道美国大学数学竞赛试题谈起	2014—07	18.00	350
贝齐尔曲线——从一道全国高中联赛试题谈起	即将出版		
拉格朗日乘子定理——从一道2005年全国高中联赛试题的高等数学解法谈起	2015—05	28.00	480
雅可比定理——从一道日本数学奥林匹克试题谈起	2013—04	48.00	249
李天岩—约克定理——从一道波兰数学竞赛试题谈起	2014—06	28.00	349
整系数多项式因式分解的一般方法——从克朗耐克算法谈起	即将出版		
布劳维不动点定理——从一道前苏联数学奥林匹克试题谈起	2014—01	38.00	273
伯恩赛德定理——从一道英国数学奥林匹克试题谈起	即将出版		
布查特—莫斯特定理——从一道上海市初中竞赛试题谈起	即将出版		
数论中的同余数问题——从一道普特南竞赛试题谈起	即将出版		
范·德蒙行列式——从一道美国数学奥林匹克试题谈起	即将出版		
中国剩余定理:总数法构建中国历史年表	2015—01	28.00	430
牛顿程序与方程求根——从一道全国高考试题解法谈起	即将出版		
库默尔定理——从一道IMO预选试题谈起	即将出版		
卢丁定理——从一道冬令营试题的解法谈起	即将出版		
沃斯滕霍姆定理——从一道IMO预选试题谈起	即将出版		
卡尔松不等式——从一道莫斯科数学奥林匹克试题谈起	即将出版		
信息论中的香农熵——从一道近年高考压轴题谈起	即将出版		
约当不等式——从一道希望杯竞赛试题谈起	即将出版		
拉比诺维奇定理	即将出版		
刘维尔定理——从一道《美国数学月刊》征解问题的解法谈起	即将出版		
卡塔兰恒等式与级数求和——从一道IMO试题的解法谈起	即将出版		
勒让德猜想与素数分布——从一道爱尔兰竞赛试题谈起	即将出版		
天平称重与信息论——从一道基辅市数学奥林匹克试题谈起	即将出版		
哈密尔顿—凯莱定理:从一道高中数学联赛试题的解法谈起	2014—09	18.00	376
艾思特曼定理——从一道CMO试题的解法谈起	即将出版		

刘培杰数学工作室
已出版(即将出版)图书目录——初等数学

书　　名	出版时间	定　价	编号
阿贝尔恒等式与经典不等式及应用	2018—06	98.00	923
迪利克雷除数问题	2018—07	48.00	930
幻方、幻立方与拉丁方	2019—08	48.00	1092
帕斯卡三角形	2014—03	18.00	294
蒲丰投针问题——从2009年清华大学的一道自主招生试题谈起	2014—01	38.00	295
斯图姆定理——从一道"华约"自主招生试题的解法谈起	2014—01	18.00	296
许瓦兹引理——从一道加利福尼亚大学伯克利分校数学系博士生试题谈起	2014—08	18.00	297
拉姆塞定理——从王诗宬院士的一个问题谈起	2016—04	48.00	299
坐标法	2013—12	28.00	332
数论三角形	2014—04	38.00	341
毕克定理	2014—07	18.00	352
数林掠影	2014—09	48.00	389
我们周围的概率	2014—10	38.00	390
凸函数最值定理:从一道华约自主招生题的解法谈起	2014—10	28.00	391
易学与数学奥林匹克	2014—10	38.00	392
生物数学趣谈	2015—01	18.00	409
反演	2015—01	28.00	420
因式分解与圆锥曲线	2015—01	18.00	426
轨迹	2015—01	28.00	427
面积原理:从常庚哲命的一道CMO试题的积分解法谈起	2015—01	48.00	431
形形色色的不动点定理:从一道28届IMO试题谈起	2015—01	38.00	439
柯西函数方程:从一道上海交大自主招生的试题谈起	2015—02	28.00	440
三角恒等式	2015—02	28.00	442
无理性判定:从一道2014年"北约"自主招生试题谈起	2015—01	38.00	443
数学归纳法	2015—03	18.00	451
极端原理与解题	2015—04	28.00	464
法雷级数	2014—08	18.00	367
摆线族	2015—01	38.00	438
函数方程及其解法	2015—05	38.00	470
含参数的方程和不等式	2012—09	28.00	213
希尔伯特第十问题	2016—01	38.00	543
无穷小量的求和	2016—01	28.00	545
切比雪夫多项式:从一道清华大学金秋营试题谈起	2016—01	38.00	583
泽肯多夫定理	2016—03	38.00	599
代数等式证题法	2016—01	28.00	600
三角等式证题法	2016—01	28.00	601
吴大任教授藏书中的一个因式分解公式:从一道美国数学邀请赛试题的解法谈起	2016—06	28.00	656
易卦——类万物的数学模型	2017—08	68.00	838
"不可思议"的数与数系可持续发展	2018—01	38.00	878
最短线	2018—01	38.00	879
幻方和魔方(第一卷)	2012—05	68.00	173
尘封的经典——初等数学经典文献选读(第一卷)	2012—07	48.00	205
尘封的经典——初等数学经典文献选读(第二卷)	2012—07	38.00	206
初级方程式论	2011—03	28.00	106
初等数学研究(Ⅰ)	2008—09	68.00	37
初等数学研究(Ⅱ)(上、下)	2009—05	118.00	46,47

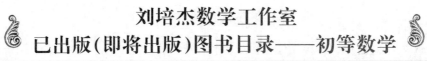

刘培杰数学工作室
已出版(即将出版)图书目录——初等数学

书　　名	出版时间	定　价	编号
趣味初等方程妙题集锦	2014—09	48.00	388
趣味初等数论选美与欣赏	2015—02	48.00	445
耕读笔记(上卷):一位农民数学爱好者的初数探索	2015—04	28.00	459
耕读笔记(中卷):一位农民数学爱好者的初数探索	2015—05	28.00	483
耕读笔记(下卷):一位农民数学爱好者的初数探索	2015—05	28.00	484
几何不等式研究与欣赏.上卷	2016—01	88.00	547
几何不等式研究与欣赏.下卷	2016—01	48.00	552
初等数列研究与欣赏·上	2016—01	48.00	570
初等数列研究与欣赏·下	2016—01	48.00	571
趣味初等函数研究与欣赏.上	2016—09	48.00	684
趣味初等函数研究与欣赏.下	2018—09	48.00	685
三角不等式研究与欣赏	2020—10	68.00	1197
新编平面解析几何解题方法研究与欣赏	2021—10	78.00	1426
火柴游戏(第2版)	2022—05	38.00	1493
智力解谜.第1卷	2017—07	38.00	613
智力解谜.第2卷	2017—07	38.00	614
故事智力	2016—07	48.00	615
名人们喜欢的智力问题	2020—01	48.00	616
数学大师的发现、创造与失误	2018—01	48.00	617
异曲同工	2018—09	48.00	618
数学的味道	2018—01	58.00	798
数学千字文	2018—10	68.00	977
数贝偶拾——高考数学题研究	2014—04	28.00	274
数贝偶拾——初等数学研究	2014—04	38.00	275
数贝偶拾——奥数题研究	2014—04	48.00	276
钱昌本教你快乐学数学(上)	2011—12	48.00	155
钱昌本教你快乐学数学(下)	2012—03	58.00	171
集合、函数与方程	2014—01	28.00	300
数列与不等式	2014—01	38.00	301
三角与平面向量	2014—01	28.00	302
平面解析几何	2014—01	38.00	303
立体几何与组合	2014—01	28.00	304
极限与导数、数学归纳法	2014—01	38.00	305
趣味数学	2014—03	28.00	306
教材教法	2014—04	68.00	307
自主招生	2014—05	58.00	308
高考压轴题(上)	2015—01	48.00	309
高考压轴题(下)	2014—10	68.00	310
从费马到怀尔斯——费马大定理的历史	2013—10	198.00	I
从庞加莱到佩雷尔曼——庞加莱猜想的历史	2013—10	298.00	II
从切比雪夫到爱尔特希(上)——素数定理的初等证明	2013—07	48.00	III
从切比雪夫到爱尔特希(下)——素数定理100年	2012—12	98.00	III
从高斯到盖尔方特——二次域的高斯猜想	2013—10	198.00	IV
从库默尔到朗兰兹——朗兰兹猜想的历史	2014—01	98.00	V
从比勃巴赫到德布朗斯——比勃巴赫猜想的历史	2014—02	298.00	VI
从麦比乌斯到陈省身——麦比乌斯变换与麦比乌斯带	2014—02	298.00	VII
从布尔到豪斯道夫——布尔方程与格论漫谈	2013—10	198.00	VIII
从开普勒到阿诺德——三体问题的历史	2014—05	298.00	IX
从华林到华罗庚——华林问题的历史	2013—10	298.00	X

刘培杰数学工作室
已出版(即将出版)图书目录——初等数学

书　名	出版时间	定　价	编号
美国高中数学竞赛五十讲.第1卷(英文)	2014－08	28.00	357
美国高中数学竞赛五十讲.第2卷(英文)	2014－08	28.00	358
美国高中数学竞赛五十讲.第3卷(英文)	2014－09	28.00	359
美国高中数学竞赛五十讲.第4卷(英文)	2014－09	28.00	360
美国高中数学竞赛五十讲.第5卷(英文)	2014－10	28.00	361
美国高中数学竞赛五十讲.第6卷(英文)	2014－11	28.00	362
美国高中数学竞赛五十讲.第7卷(英文)	2014－12	28.00	363
美国高中数学竞赛五十讲.第8卷(英文)	2015－01	28.00	364
美国高中数学竞赛五十讲.第9卷(英文)	2015－01	28.00	365
美国高中数学竞赛五十讲.第10卷(英文)	2015－02	38.00	366

书　名	出版时间	定　价	编号
三角函数(第2版)	2017－04	38.00	626
不等式	2014－01	38.00	312
数列	2014－01	38.00	313
方程(第2版)	2017－04	38.00	624
排列和组合	2014－01	28.00	315
极限与导数(第2版)	2016－04	38.00	635
向量(第2版)	2018－08	58.00	627
复数及其应用	2014－08	28.00	318
函数	2014－01	38.00	319
集合	2020－01	48.00	320
直线与平面	2014－01	28.00	321
立体几何(第2版)	2016－04	38.00	629
解三角形	即将出版		323
直线与圆(第2版)	2016－11	38.00	631
圆锥曲线(第2版)	2016－09	48.00	632
解题通法(一)	2014－07	38.00	326
解题通法(二)	2014－07	38.00	327
解题通法(三)	2014－05	38.00	328
概率与统计	2014－01	28.00	329
信息迁移与算法	即将出版		330

书　名	出版时间	定　价	编号
IMO 50年.第1卷(1959－1963)	2014－11	28.00	377
IMO 50年.第2卷(1964－1968)	2014－11	28.00	378
IMO 50年.第3卷(1969－1973)	2014－09	28.00	379
IMO 50年.第4卷(1974－1978)	2016－04	38.00	380
IMO 50年.第5卷(1979－1984)	2015－04	38.00	381
IMO 50年.第6卷(1985－1989)	2015－04	58.00	382
IMO 50年.第7卷(1990－1994)	2016－01	48.00	383
IMO 50年.第8卷(1995－1999)	2016－06	38.00	384
IMO 50年.第9卷(2000－2004)	2015－04	58.00	385
IMO 50年.第10卷(2005－2009)	2016－01	48.00	386
IMO 50年.第11卷(2010－2015)	2017－03	48.00	646

书 名	出版时间	定 价	编号
数学反思(2006—2007)	2020—09	88.00	915
数学反思(2008—2009)	2019—01	68.00	917
数学反思(2010—2011)	2018—05	58.00	916
数学反思(2012—2013)	2019—01	58.00	918
数学反思(2014—2015)	2019—03	78.00	919
数学反思(2016—2017)	2021—03	58.00	1286
历届美国大学生数学竞赛试题集.第一卷(1938—1949)	2015—01	28.00	397
历届美国大学生数学竞赛试题集.第二卷(1950—1959)	2015—01	28.00	398
历届美国大学生数学竞赛试题集.第三卷(1960—1969)	2015—01	28.00	399
历届美国大学生数学竞赛试题集.第四卷(1970—1979)	2015—01	18.00	400
历届美国大学生数学竞赛试题集.第五卷(1980—1989)	2015—01	28.00	401
历届美国大学生数学竞赛试题集.第六卷(1990—1999)	2015—01	28.00	402
历届美国大学生数学竞赛试题集.第七卷(2000—2009)	2015—08	18.00	403
历届美国大学生数学竞赛试题集.第八卷(2010—2012)	2015—01	18.00	404
新课标高考数学创新题解题诀窍:总论	2014—09	28.00	372
新课标高考数学创新题解题诀窍:必修1~5分册	2014—08	38.00	373
新课标高考数学创新题解题诀窍:选修2-1,2-2,1-1,1-2分册	2014—09	38.00	374
新课标高考数学创新题解题诀窍:选修2-3,4-4,4-5分册	2014—09	18.00	375
全国重点大学自主招生英文数学试题全攻略:词汇卷	2015—07	48.00	410
全国重点大学自主招生英文数学试题全攻略:概念卷	2015—01	28.00	411
全国重点大学自主招生英文数学试题全攻略:文章选读卷(上)	2016—09	38.00	412
全国重点大学自主招生英文数学试题全攻略:文章选读卷(下)	2017—01	58.00	413
全国重点大学自主招生英文数学试题全攻略:试题卷	2015—07	38.00	414
全国重点大学自主招生英文数学试题全攻略:名著欣赏卷	2017—03	48.00	415
劳埃德数学趣题大全.题目卷.1:英文	2016—01	18.00	516
劳埃德数学趣题大全.题目卷.2:英文	2016—01	18.00	517
劳埃德数学趣题大全.题目卷.3:英文	2016—01	18.00	518
劳埃德数学趣题大全.题目卷.4:英文	2016—01	18.00	519
劳埃德数学趣题大全.题目卷.5:英文	2016—01	18.00	520
劳埃德数学趣题大全.答案卷:英文	2016—01	18.00	521
李成章教练奥数笔记.第1卷	2016—01	48.00	522
李成章教练奥数笔记.第2卷	2016—01	48.00	523
李成章教练奥数笔记.第3卷	2016—01	38.00	524
李成章教练奥数笔记.第4卷	2016—01	38.00	525
李成章教练奥数笔记.第5卷	2016—01	38.00	526
李成章教练奥数笔记.第6卷	2016—01	38.00	527
李成章教练奥数笔记.第7卷	2016—01	38.00	528
李成章教练奥数笔记.第8卷	2016—01	48.00	529
李成章教练奥数笔记.第9卷	2016—01	28.00	530

刘培杰数学工作室
已出版(即将出版)图书目录——初等数学

书　名	出版时间	定　价	编号
第19～23届"希望杯"全国数学邀请赛试题审题要津详细评注(初一版)	2014－03	28.00	333
第19～23届"希望杯"全国数学邀请赛试题审题要津详细评注(初二、初三版)	2014－03	38.00	334
第19～23届"希望杯"全国数学邀请赛试题审题要津详细评注(高一版)	2014－03	28.00	335
第19～23届"希望杯"全国数学邀请赛试题审题要津详细评注(高二版)	2014－03	38.00	336
第19～25届"希望杯"全国数学邀请赛试题审题要津详细评注(初一版)	2015－01	38.00	416
第19～25届"希望杯"全国数学邀请赛试题审题要津详细评注(初二、初三版)	2015－01	58.00	417
第19～25届"希望杯"全国数学邀请赛试题审题要津详细评注(高一版)	2015－01	48.00	418
第19～25届"希望杯"全国数学邀请赛试题审题要津详细评注(高二版)	2015－01	48.00	419
物理奥林匹克竞赛大题典——力学卷	2014－11	48.00	405
物理奥林匹克竞赛大题典——热学卷	2014－04	28.00	339
物理奥林匹克竞赛大题典——电磁学卷	2015－07	48.00	406
物理奥林匹克竞赛大题典——光学与近代物理卷	2014－06	28.00	345
历届中国东南地区数学奥林匹克试题集(2004～2012)	2014－06	18.00	346
历届中国西部地区数学奥林匹克试题集(2001～2012)	2014－07	18.00	347
历届中国女子数学奥林匹克试题集(2002～2012)	2014－08	18.00	348
数学奥林匹克在中国	2014－06	98.00	344
数学奥林匹克问题集	2014－01	38.00	267
数学奥林匹克不等式散论	2010－06	38.00	124
数学奥林匹克不等式欣赏	2011－09	38.00	138
数学奥林匹克超级题库(初中卷上)	2010－01	58.00	66
数学奥林匹克不等式证明方法和技巧(上、下)	2011－08	158.00	134,135
他们学什么:原民主德国中学数学课本	2016－09	38.00	658
他们学什么:英国中学数学课本	2016－09	38.00	659
他们学什么:法国中学数学课本.1	2016－09	38.00	660
他们学什么:法国中学数学课本.2	2016－09	28.00	661
他们学什么:法国中学数学课本.3	2016－09	38.00	662
他们学什么:苏联中学数学课本	2016－09	28.00	679
高中数学题典——集合与简易逻辑·函数	2016－07	48.00	647
高中数学题典——导数	2016－07	48.00	648
高中数学题典——三角函数·平面向量	2016－07	48.00	649
高中数学题典——数列	2016－07	58.00	650
高中数学题典——不等式·推理与证明	2016－07	38.00	651
高中数学题典——立体几何	2016－07	48.00	652
高中数学题典——平面解析几何	2016－07	78.00	653
高中数学题典——计数原理·统计·概率·复数	2016－07	48.00	654
高中数学题典——算法·平面几何·初等数论·组合数学·其他	2016－07	68.00	655

刘培杰数学工作室
已出版(即将出版)图书目录——初等数学

书　　　名	出版时间	定价	编号
台湾地区奥林匹克数学竞赛试题.小学一年级	2017—03	38.00	722
台湾地区奥林匹克数学竞赛试题.小学二年级	2017—03	38.00	723
台湾地区奥林匹克数学竞赛试题.小学三年级	2017—03	38.00	724
台湾地区奥林匹克数学竞赛试题.小学四年级	2017—03	38.00	725
台湾地区奥林匹克数学竞赛试题.小学五年级	2017—03	38.00	726
台湾地区奥林匹克数学竞赛试题.小学六年级	2017—03	38.00	727
台湾地区奥林匹克数学竞赛试题.初中一年级	2017—03	38.00	728
台湾地区奥林匹克数学竞赛试题.初中二年级	2017—03	38.00	729
台湾地区奥林匹克数学竞赛试题.初中三年级	2017—03	28.00	730
不等式证题法	2017—04	28.00	747
平面几何培优教程	2019—08	88.00	748
奥数鼎级培优教程.高一分册	2018—09	88.00	749
奥数鼎级培优教程.高二分册.上	2018—04	68.00	750
奥数鼎级培优教程.高二分册.下	2018—04	68.00	751
高中数学竞赛冲刺宝典	2019—04	68.00	883
初中尖子生数学超级题典.实数	2017—07	58.00	792
初中尖子生数学超级题典.式、方程与不等式	2017—08	58.00	793
初中尖子生数学超级题典.圆、面积	2017—08	38.00	794
初中尖子生数学超级题典.函数、逻辑推理	2017—08	48.00	795
初中尖子生数学超级题典.角、线段、三角形与多边形	2017—07	58.00	796
数学王子——高斯	2018—01	48.00	858
坎坷奇星——阿贝尔	2018—01	48.00	859
闪烁奇星——伽罗瓦	2018—01	58.00	860
无穷统帅——康托尔	2018—01	48.00	861
科学公主——柯瓦列夫斯卡娅	2018—01	48.00	862
抽象代数之母——埃米·诺特	2018—01	48.00	863
电脑先驱——图灵	2018—01	58.00	864
昔日神童——维纳	2018—01	48.00	865
数坛怪侠——爱尔特希	2018—01	68.00	866
传奇数学家徐利治	2019—09	88.00	1110
当代世界中的数学.数学思想与数学基础	2019—01	38.00	892
当代世界中的数学.数学问题	2019—01	38.00	893
当代世界中的数学.应用数学与数学应用	2019—01	38.00	894
当代世界中的数学.数学王国的新疆域(一)	2019—01	38.00	895
当代世界中的数学.数学王国的新疆域(二)	2019—01	38.00	896
当代世界中的数学.数林撷英(一)	2019—01	38.00	897
当代世界中的数学.数林撷英(二)	2019—01	48.00	898
当代世界中的数学.数学之路	2019—01	38.00	899

刘培杰数学工作室
已出版(即将出版)图书目录——初等数学

书　名	出版时间	定　价	编号
105 个代数问题:来自 AwesomeMath 夏季课程	2019－02	58.00	956
106 个几何问题:来自 AwesomeMath 夏季课程	2020－07	58.00	957
107 个几何问题:来自 AwesomeMath 全年课程	2020－07	58.00	958
108 个代数问题:来自 AwesomeMath 全年课程	2019－01	68.00	959
109 个不等式:来自 AwesomeMath 夏季课程	2019－04	58.00	960
国际数学奥林匹克中的 110 个几何问题	即将出版		961
111 个代数和数论问题	2019－05	58.00	962
112 个组合问题:来自 AwesomeMath 夏季课程	2019－05	58.00	963
113 个几何不等式:来自 AwesomeMath 夏季课程	2020－08	58.00	964
114 个指数和对数问题:来自 AwesomeMath 夏季课程	2019－09	48.00	965
115 个三角问题:来自 AwesomeMath 夏季课程	2019－09	58.00	966
116 个代数不等式:来自 AwesomeMath 全年课程	2019－04	58.00	967
117 个多项式问题:来自 AwesomeMath 夏季课程	2021－09	58.00	1409
118 个数学竞赛不等式	2022－08	78.00	1526
紫色彗星国际数学竞赛试题	2019－02	58.00	999
数学竞赛中的数学:为数学爱好者、父母、教师和教练准备的丰富资源.第一部	2020－04	58.00	1141
数学竞赛中的数学:为数学爱好者、父母、教师和教练准备的丰富资源.第二部	2020－07	48.00	1142
和与积	2020－10	38.00	1219
数论:概念和问题	2020－12	68.00	1257
初等数学问题研究	2021－03	48.00	1270
数学奥林匹克中的欧几里得几何	2021－10	68.00	1413
数学奥林匹克题解新编	2022－01	58.00	1430
澳大利亚中学数学竞赛试题及解答(初级卷)1978～1984	2019－02	28.00	1002
澳大利亚中学数学竞赛试题及解答(初级卷)1985～1991	2019－02	28.00	1003
澳大利亚中学数学竞赛试题及解答(初级卷)1992～1998	2019－02	28.00	1004
澳大利亚中学数学竞赛试题及解答(初级卷)1999～2005	2019－02	28.00	1005
澳大利亚中学数学竞赛试题及解答(中级卷)1978～1984	2019－03	28.00	1006
澳大利亚中学数学竞赛试题及解答(中级卷)1985～1991	2019－03	28.00	1007
澳大利亚中学数学竞赛试题及解答(中级卷)1992～1998	2019－03	28.00	1008
澳大利亚中学数学竞赛试题及解答(中级卷)1999～2005	2019－03	28.00	1009
澳大利亚中学数学竞赛试题及解答(高级卷)1978～1984	2019－05	28.00	1010
澳大利亚中学数学竞赛试题及解答(高级卷)1985～1991	2019－05	28.00	1011
澳大利亚中学数学竞赛试题及解答(高级卷)1992～1998	2019－05	28.00	1012
澳大利亚中学数学竞赛试题及解答(高级卷)1999～2005	2019－05	28.00	1013
天才中小学生智力测验题.第一卷	2019－03	38.00	1026
天才中小学生智力测验题.第二卷	2019－03	38.00	1027
天才中小学生智力测验题.第三卷	2019－03	38.00	1028
天才中小学生智力测验题.第四卷	2019－03	38.00	1029
天才中小学生智力测验题.第五卷	2019－03	38.00	1030
天才中小学生智力测验题.第六卷	2019－03	38.00	1031
天才中小学生智力测验题.第七卷	2019－03	38.00	1032
天才中小学生智力测验题.第八卷	2019－03	38.00	1033
天才中小学生智力测验题.第九卷	2019－03	38.00	1034
天才中小学生智力测验题.第十卷	2019－03	38.00	1035
天才中小学生智力测验题.第十一卷	2019－03	38.00	1036
天才中小学生智力测验题.第十二卷	2019－03	38.00	1037
天才中小学生智力测验题.第十三卷	2019－03	38.00	1038

刘培杰数学工作室
已出版(即将出版)图书目录——初等数学

书　名	出版时间	定　价	编号
重点大学自主招生数学备考全书:函数	2020-05	48.00	1047
重点大学自主招生数学备考全书:导数	2020-08	48.00	1048
重点大学自主招生数学备考全书:数列与不等式	2019-10	78.00	1049
重点大学自主招生数学备考全书:三角函数与平面向量	2020-08	68.00	1050
重点大学自主招生数学备考全书:平面解析几何	2020-07	58.00	1051
重点大学自主招生数学备考全书:立体几何与平面几何	2019-08	48.00	1052
重点大学自主招生数学备考全书:排列组合·概率统计·复数	2019-09	48.00	1053
重点大学自主招生数学备考全书:初等数论与组合数学	2019-08	48.00	1054
重点大学自主招生数学备考全书:重点大学自主招生真题.上	2019-04	68.00	1055
重点大学自主招生数学备考全书:重点大学自主招生真题.下	2019-04	58.00	1056
高中数学竞赛培训教程:平面几何问题的求解方法与策略.上	2018-05	68.00	906
高中数学竞赛培训教程:平面几何问题的求解方法与策略.下	2018-06	78.00	907
高中数学竞赛培训教程:整除与同余以及不定方程	2018-01	88.00	908
高中数学竞赛培训教程:组合计数与组合极值	2018-04	48.00	909
高中数学竞赛培训教程:初等代数	2019-04	78.00	1042
高中数学讲座:数学竞赛基础教程(第一册)	2019-06	48.00	1094
高中数学讲座:数学竞赛基础教程(第二册)	即将出版		1095
高中数学讲座:数学竞赛基础教程(第三册)	即将出版		1096
高中数学讲座:数学竞赛基础教程(第四册)	即将出版		1097
新编中学数学解题方法1000招丛书.实数(初中版)	2022-05	58.00	1291
新编中学数学解题方法1000招丛书.式(初中版)	2022-05	48.00	1292
新编中学数学解题方法1000招丛书.方程与不等式(初中版)	2021-04	58.00	1293
新编中学数学解题方法1000招丛书.函数(初中版)	2022-05	38.00	1294
新编中学数学解题方法1000招丛书.角(初中版)	2022-05	48.00	1295
新编中学数学解题方法1000招丛书.线段(初中版)	2022-05	48.00	1296
新编中学数学解题方法1000招丛书.三角形与多边形(初中版)	2021-04	48.00	1297
新编中学数学解题方法1000招丛书.圆(初中版)	2022-05	48.00	1298
新编中学数学解题方法1000招丛书.面积(初中版)	2021-07	28.00	1299
新编中学数学解题方法1000招丛书.逻辑推理(初中版)	2022-06	48.00	1300
高中数学题典精编.第一辑.函数	2022-01	58.00	1444
高中数学题典精编.第一辑.导数	2022-01	68.00	1445
高中数学题典精编.第一辑.三角函数·平面向量	2022-01	68.00	1446
高中数学题典精编.第一辑.数列	2022-01	58.00	1447
高中数学题典精编.第一辑.不等式·推理与证明	2022-01	58.00	1448
高中数学题典精编.第一辑.立体几何	2022-01	58.00	1449
高中数学题典精编.第一辑.平面解析几何	2022-01	68.00	1450
高中数学题典精编.第一辑.统计·概率·平面几何	2022-01	58.00	1451
高中数学题典精编.第一辑.初等数论·组合数学·数学文化·解题方法	2022-01	58.00	1452

联系地址:哈尔滨市南岗区复华四道街10号　哈尔滨工业大学出版社刘培杰数学工作室
网　　址:http://lpj.hit.edu.cn/
邮　　编:150006
联系电话:0451-86281378　　13904613167
E-mail:lpj1378@163.com